"*Milpa: de Semilla a Salsa* es un libro extraordinario de muchas maneras: es un libro esperanzador que muestra con mucho detalle cómo, con las técnicas tradicionales de sembrar y de vivir en comunidad, se puede, extremadamente bien, alimentar poblaciones rurales y, además, proveerlos con medicinas y forraje para animales. Esta es una alternativa viable a la agricultura de gran escala, y las aparentes mejorías procedentes de fuera; y, además, es un buen ejemplo.

Milpa es excepcional también, porque así como la comunidad de familias cooperan para cuidar las milpas, así este libro es el fruto de la cooperación entre algunas personas extraordinarias—dos activistas, una chef, y una fotógrafa—quienes, juntos, han encontrado una manera de dar a la luz una historia de esperanza con gran sabiduría y belleza, con la cooperación de comunidades Mixtecas, protagonistas de la vida que este libro nos permite presenciar. Estoy muy agradecida por este libro. Es un tesoro."

"Milpa: from Seed to Salsa *is an extraordinary book in many ways. It is a hopeful book that shows in careful detail how extremely well the old ways of farming and living in community can not only feed rural populations but also provide them with medicine and fodder for animals. This is a viable alternative to big agriculture and so-called improvements from elsewhere; this is a fine example.*

Milpa *is also remarkable because, like the community of families that tends the milpa fields, this book is product of cooperation among some very extraordinary people—two activists, a chef, and a photographer—who all found a way to bring to light a story of hope with great wisdom and beauty with the cooperation of the Mixtec community who live the life this book allows us to witness. I am so grateful for this book. It is a treasure."*

Deborah Madison,
Chef estadounidense, escritora, maestra, y ganadora del Premio James Beard
American chef, writer, teacher, James Beard Award winner

"La milpa campesina ofrece un modelo ecológico prometedor ya que promueve la biodiversidad, prospera sin agroquímicos con poca energía fósil, y sostiene la producción todo el año"

"The milpa campesina *offers a promising ecological model as it promotes biodiversity, it prospers without agricultural chemicals while using little fossil fuel energy, and it sustains production throughout the year"*

Miguel Altieri
Professor de Agroecología en la Universidad de California, Berkeley
Professor of Agroecology at the University of California, Berkeley

"*Milpa: de Semilla a Salsa* es una joya: demuestra de una manera real y sin estridencias por qué la necesidad de una gran diversidad agrícola y de semillas en el mundo de hoy. Desde los métodos tradicionales de sembrar el maíz nativo, que rinde más que variedades comerciales, al conocimiento antiguo de como sembrar chile de agua, sin mucho agua, en un clima árido—hay mucho que aprender de las técnicas refinadas durante siglos de practica y de las semillas que han sido guardadas con cariño y seleccionadas por el mejor vigor para estos tiempos inseguros. Este libro es una mirada fundamentada en como verdaderamente podemos alimentarnos de manera sostenible y deliciosa."

"*Milpa: from Seed to Salsa* is a gem, showing in a real and gentle way why a large diversity of agriculture and seeds are so desperately needed in today's world. From the traditional methods of growing heirloom corn that out-produces the commercial varieties, to the ancient knowledge of growing *chile de agua* without much water in an arid climate—there is much to be learned from the techniques refined through centuries of use and from the seeds that have been lovingly saved and selected for the best vigor in these uncertain times. This book is a studied look at how we can truly feed ourselves sustainably and deliciously."

Stephen Scott
Productor de semillas nativas, dueño de Terroir Seeds y Underwood Gardens, Estados Unidos
Heirloom seedsman; owner, Terroir Seeds and Underwood Gardens, United States

~

"*Milpa: de Semilla a Salsa* nos ayuda a reconectarnos a la sabiduría de comer alimentos orgánicos de temporada producidos localmente, y a ser agradecidos por todo lo que es necesario hacer para tener acceso a los alimentos. La mayoría de nosotros anhelamos una vida más sencilla y natural con un verdadero sentido de comunidad. Viendo estas imágenes maravillosas de mujeres en sus cocinas tradicionales, de hombres barbechando sus campos con bueyes, y de personas disponiendo de tiempo para celebrar cosechas abundantes y saludables me recuerda de los tiempos en que he convivido con comunidades indígenas por el mundo. Y esto es lo que me hace volver año tras año."

"Milpa: from Seed to Salsa *helps us to reawaken to the wisdom of eating seasonal organic foods grown locally, and of being grateful for all that goes into making our food available to us. Most of us long for more simplicity, and more naturalness in our lives, combined with a sense of real community. Looking at these wonderful images of women in their traditional kitchens, of men plowing their fields with oxen, and of people remembering to take the time to celebrate their abundant, healthy, harvest transports me back to the time I've spent in indigenous communities around the world. It's what keeps me going back year after year.*"

Phil Borges
Fotógrafo, Autor de Espiritu Durdadera, Retrato Tibetano, El Regalo y Mujeres Empoderadas
Photographer, Author of Enduring Spirit, Tibetan Portrait, The Gift, and Women Empowered

"*Milpa: de Semilla a Salsa* nos da una mirada al interior de una cultura y de un sistema alimentario que se complementan entre sí, de manera positiva, tanto para las personas como para la Madre Tierra. Estas comunidades indígenas mixtecas nos dan "nuevas viejas ideas" sobre lo que es posible para nuestro mundo en crisis."

"Milpa: from Seed to Salsa *gives us an inside look at a culture and a food system that complement each other in ways that are good for both people and for the Mother Earth. These Mixtec indigenous communities give us new/old ideas as to what is possible for our modern world in crisis.*"

Peter Rosset, PhD.
Activista estadounidense por los derechos alimentarios, agroecólogo y especialista en desarrollo rural; escritor de Comida es Diferente
North American food rights activist, agroecologist and rural development specialist; author of Food is Different

"La milpa es una red de significados culturales y tradiciones milenarias, y su valor recae en la complejidad que representa: como método que proporciona una dieta completa y balanceada; como símbolo de unión y comunidad; y como una solución sustentable contra la crisis alimenticia a la que nos enfrentamos en la modernidad. En *Milpa: de Semilla a Salsa*, los elementos que conforman ésta práctica indígena mesoamericana cobran vida en hermosas fotografías y recetas que declaran que la milpa es mucho más que un sistema agrícola."

"*The milpa is a complex network of cultural significance and ancient traditions, and its value lies in the completeness it represents: an agricultural method that provides a full, nutritionally balanced diet; a symbol of community and togetherness; and a sustainable answer to the modern day food crises we all face. In* Milpa: from Seed to Salsa, *the elements that comprise this indigenous Mesoamerican food practice come to life through beautiful photography and delicious recipes, and demonstrate that the milpa is so much more than just an agricultural system.*"

Iliana de la Vega
Chef ejecutivo y propietario del Restaurante El Naranjo (Austin, Texas y anteriormente Oaxaca, México), Instituto Culinario de América
Executive chef and owner, El Naranjo Restaurant (Austin, Texas and formerly Oaxaca, Mexico), Culinary Institute of America

¡Milpa!

de semilla a salsa
~
from seed to salsa

Antiguos Ingredientes para un Futuro Sostenible
~
Ancient Ingredients for a Sustainable Future

¡Milpa!

de semilla a salsa
~
from seed to salsa

Phil Dahl-Bredine

Jesús León Santos

Judith Cooper Haden

Susana Trilling

Antiguos Ingredientes para un Futuro Sostenible

~

Ancient Ingredients for a Sustainable Future

© Francisco Toledo, Permission Granted.
Oaxaca says NO to GMOs.

DEDICACIÓN | DEDICATION

Milpa, de Semilla a Salsa es dedicado a las campesinas y campesinos de la Mixteca Alta que son guardianes de una tradición agrícola, una cocina sábia y sabrosa, y una visión comunal de convivencia con la Madre Tierra que tiene mucho que enseñar al mundo de hoy.

Milpa, From Seed to Salsa is dedicated to the women and men campesinos of the Mixteca Alta, the guardians of an agricultural tradition, a wise and delicious cuisine, and a communal vision of life with the Mother Earth from which the modern world has much to learn.

PRÓLOGO

"¡La milpa es la base de nuestro sustento! ¡Hace posible nuestra cultura, nuestro trabajo comunitario, y nuestros cargos!" exclama el Tío Joel. El sistema antiguo de sembrar juntos el maíz, el frijol, la calabaza, el amaranto y el chile es simbólico de la gran sabiduría agrícola y cultural Mixteca de la que el mundo exterior es ignorante, y la que nosotros mismos algunas veces, despreciamos. En nuestra milpa, plantas que fueron cuidadosamente seleccionadas durante milenios se complementan y se ayudan mutuamente para producir altos rendimientos en todas las comidas y plantas medicinales que necesitan nuestras comunidades para mantener su salud y la salud de los suelos y de la Madre Tierra. Entre los tallos del maíz crecen plantas silvestres o quelites, con muchas vitaminas y nutrientes, en conjunto con plantas medicinales y frijoles ricos en proteínas y también las calabazas. La milpa es una maravilla agroecológica con su biodiversidad y la vida "comunal" que comparten las plantas. Es producto de las sociedades comunales de complementariedad, ayuda mutua y respeto que representan la genialidad social de nuestras comunidades indígenas."

PROLOGUE

"The milpa is the basis of our sustenance! It is what makes possible our culture, our community work, and our cargos!" Tío Joel exclaimed. "The ancient agricultural system of companion planting of corn, beans, squash, amaranth, and chile is merely symbolic of the great agricultural and cultural wisdom the outside world ignores and we sometimes also disdain. In our milpa, plants carefully chosen over millennia complement and mutually assist one another to produce high yields of all the food and medicinal plants our communities need for our health and that of the soil and the Mother Earth. Among the corn stalks wild plants we call *quelites*, rich in vitamins and nutrients, sprout side by side with medicinal plants and the protein-rich beans and squash. The milpa is an agro-ecological wonder of biodiversity and plant "communal" life. It is the product of the communal societies of complementarity, mutual aid, and respect that are the social genius of our indigenous communities."

CONTENIDOS | CONTENTS

All recipes have been locally researched and tested by Chef Susanna Trilling.

PREFACIO

Jesús León Santos

Cómo recuerdo cuando los señores de la comunidad se juntaban para sembrar el cajete, un maíz especial para tiempos de sequía, y una parte integral de muchas milpas. En verdad era una fiesta entre todos, contando historias, compartiendo los problemas y pensando qué hacer para salir de la pobreza. Resultó una manera de hacer comunidad. Cuando la gente se ríe junta y comparte la vida ayudándose los unos a los otros, hace comunidad. Hoy ya casi no se ven los cajetes de ese tiempo, ni sus mazorcas de gran tamaño. Ni muchas veces esa manera de ayudarnos mutuamente, lo que hace comunidad.

Tuvimos una tradición en la casa, el día del cumpleaños de mi papá se comían elotes del cajete. Nuestros sistemas de alimentación contribuyeron mucho a que creciéramos sanos—mis abuelos siempre dijeron esto, y solamente hoy me doy cuenta de que tenían razón, que lo que comíamos nos protegió de muchas enfermedades. También viviendo más cerca de la tierra, he venido a creer, que nos hizo más sanos en muchos aspectos.

Siempre agradecieron a la tierra, dándole primero algo de la comida o bebida antes de comer o beber nosotros. Hoy día muchos hemos perdido esta forma de respeto que teníamos para la tierra, a lo mejor esto contenía una sabiduría que nos hacía más saludables. Este sentido de relación con la tierra era más realista en términos de nuestro lugar en la tierra, que la creencia "moderna" que somos independientes y superior al resto de la naturaleza.

Conforme pasaron los años, llegó la revolución verde y las parcelas empezaron a cambiar. Se empezó a ver el maíz solo en la parcela. Algunos empezaron a usar el término "milpa" para referirse solamente al maíz. Empezó el alto uso de fertilizantes químicos. Esto es muy delicado no solamente para la salud de la gente y de la tierra, sino porque crea una dependencia de los campesinos a una tecnología ajena. Siempre he dicho que los pueblos de Mesoamérica crearon un sistema increíblemente sostenible, productivo y eficiente con la milpa. Ahora a pesar de que nosotros los Mixtecos somos un pueblo que siempre se ha sido visto como muy independiente y con gran sabiduría, ponemos en riesgo toda esa independencia por hacernos altamente dependientes de alimentos e insumos externos. Creamos nuevas necesidades y olvidamos los conocimientos de nuestros antepasados.

Siempre hemos dicho que la milpa es como un bosque. En un bosque no hay solo un tipo de árbol sino muchas plantas diferentes que se complementan. Sigo pensando que nuestros antepasados tomaron como ejemplo el bosque cuando inventaron la milpa. Pero sigo preguntándome, si es un sistema que tiene muchas ventajas ¿como es que pocos estamos luchando para protegerlo? No es un sueño o una idea, sino una experiencia exitosa milenaria, que a pesar de eso ha sido despreciada por los sistemas científicos. Es algo tan productivo y eficiente, que tenemos que escribir y hablar de la milpa para el beneficio de nuestra gente campesina de la Mixteca y para este mundo en crisis alimenticia.

Al mismo tiempo que recordamos y revaloramos la milpa, recordaremos y revaloraremos los sistemas culturales en que la milpa funcionó, que no solamente son eficientes sino también recreativas y regeneradoras de comunidad en contraste a los sistemas individualistas. Tenemos que recordar y volver a sistemas que funcionaron cuando andábamos solucionando problemas juntos, en comunidad. Esto es difícil de explicar en términos técnicos, pero es tan importante en la creación y funcionamiento de comunidades frente al individualismo destructivo de hoy.

Desde luego hay una alta preocupación sobre la seguridad alimentaria para las familias campesinas hoy. Pero no es solamente una cuestión técnica, sino una cuestión de organización y de sistemas culturales. La milpa es un sistema clave, frente a los cambios climáticos, y con la variedad de plantas en la milpa, se puede enfrentar fenómenos naturales (sequías, fuertes vientos, plagas, heladas o inundaciones) que tienen grandes efectos sobre los monocultivos. Muchas de las crisis de hoy son de otro tipo y a pesar de esto, seguimos pensando que solamente

nuevos inventos modernos van a solucionar nuestros problemas. Los pueblos indígenas ya representan una inteligencia y conocimientos desarrollados durante siglos, en contraste a los sistemas actuales que desprecian el pasado. El sistema agrícola esta enfrentando una serie de problemas, en parte porque solo lo vemos en términos económicos. En cambio, el sistema indígena de conocer y aprender, es para compartir conocimientos en vez de patentarlos y obstaculizar la acumulación de conocimientos y de información. Aquí tenemos sistemas que son el fruto de esta vida intelectual de compartir y aprender generación tras generación y está demostrando de nuevo su valor frente a los problemas actuales, en parte causados por nuestras formas de conocer y valorar el conocimiento.

Los pueblos indígenas no buscamos una acumulación de cosas sino de satisfacción por compartir y convivir en las fiestas, mayordomías, y tequios de nuestras comunidades. Valoramos una redistribución de la información y la riqueza. Estos valores funcionan como un control que evita que la gente vaya despreciando a los demás.

Yo creo que si podemos dar a conocer el poder de la milpa, podemos hacer renacer este sistema en las parcelas de la Mixteca. En cuanto hacemos exitoso este sistema, contribuye a la producción sana de alimentos en forma independiente que tiene mucho potencial para resistir cambios climáticos. Podemos volver a ocupar con milpa las parcelas que han sido reemplazados por técnicas y plantas de afuera. Al mismo tiempo podemos volver a valorar los sistemas culturales que no son egoístas sino que funcionan en base a la comunalidad y la ayuda mutua. Así podemos no solamente recrear las comunidades de solidaridad que han sido tan importantes en nuestra historia como pueblos indígenas, sino también ofrecer unos ejemplos interesantes a otras culturas en crisis, crisis sociales más que técnicas.

TOP: Five meters of topsoil have been lost since the Spanish Conquest.

BOTTOM: In Mixteco and Spanish, "*our grandparent's traditions will assure our future.*"

RIGHT: Burned out agricultural lands are on the mend.

PREFACE

Jesús León Santos

How well I remember when the people of the community got together to plant *cajete** corn, something that was an integral part of many milpas! It was truly a *fiesta*, with everyone telling stories, sharing their problems, and thinking together about how to rise out of our poverty. It turned out to be a way of building community. When people laugh together and share life helping one another, *that* is community! But today you don't see the huge cajete ears of those times, and you don't often see this kind of mutual help either. Yet it is a critical part of what makes community.

We had a tradition at home that on the actual day of my father's birthday we would eat the first ears of the tender cajete. Our dietary systems contributed to the fact that we grew up healthy. My grandparents always said that, and it's only now that I'm realizing they were right. What we ate did indeed protect us from many illnesses. I have come to believe that living very close to the earth also played a large part in making us healthier in many ways.

We always gave thanks to the Earth, giving the first food or drink to the Mother Earth before eating or drinking. Today we are losing this kind of respect that we had for the Earth, and perhaps this blessing contained a wisdom that made us healthier. This sense of our relationship to the Earth is more realistic in terms of our true place on the planet than the "modern" belief that we are independent of and superior to the rest of the natural world.

As the years passed and as the "green revolution" arrived in the Mixteca, our fields began to change, and we began to see corn planted alone in our family parcel—without its companion beans and squash, which are essential to the milpa. Some people even began to use the term "milpa" to refer to corn itself. And the use of chemical fertilizers became common. This was very risky, not only in terms of its effect on the health of people and of the earth, but also because it created a dependence on products and forces, an entire technology, external to the region, access to which was beyond our control. I've always said that the peoples of Mesoamerica created, with the milpa, an incredibly sustainable, productive, and efficient agricultural system. But now, in spite of the fact that we Mixtec people have always been seen as very independent and a people of great wisdom, we are putting at risk this sense of independence. We are making ourselves highly dependent on foods and on agricultural inputs that come from outside. We are actually allowing this to create new "necessities" for us and we are forgetting the knowledge and understandings of our ancestors.

We've always said that the milpa is like a forest. In a forest there is not only one type of tree, but rather many different plants that complement one another. I continue to think that our ancestors took the forest as their example when they invented the milpa. But I keep asking myself why, in spite of the fact that the system of milpa has so many advantages, so few are now struggling to protect it. It's not a dream or a mere idea, but a millennia-old successful experience. In spite of this, it has been disparaged in favor of "scientific" systems. The milpa is something so productive and efficient that we have to write and talk about it for the benefit of our own campesino people of the Mixteca, and also so that a world experiencing a food crisis can learn from this ingenious agricultural system.

At the same time as we remember and revalue the milpa, we also remember and revalue the cultural systems in which the milpa functions. They too are efficient, but in addition they re-create and regenerate community, in contrast to individualist cultural systems. We need to remember and return to social systems which function only when we work together building solutions to our problems in community. These ideas are difficult to express in technical terms, but they are key to the creation of communities that can confront the destructive forces of the individualism of today.

Of course today there is much concern about the food security of the campesino family. But this is not merely a question of new technology, but rather a question of organization and of cultural systems. The milpa is a key agricultural and cultural system for confronting climate change, and with the rich diversity of plants which the milpa contains, our fields are prepared to confront natural phenomena—droughts, strong winds, insect infestations, freezes, and excess rain—which strongly affect monocultures.

Yet many of the crises we face today are of a different type, and in spite of this we continue to think, incorrectly, that new "modern" inventions and technology will solve our problems. The knowledge of the indigenous peoples represents something different: intelligence and an understanding developed over centuries of intellectual sharing, in community. By contrast, many current systems scorn the past. The world's agricultural systems are facing a series of serious problems, in part because of a penchant for seeing everything only in economic terms. In contrast, the indigenous way of knowing and learning is through sharing understandings and knowledge instead of patenting and placing obstacles to the collective accumulation of knowledge and information. With the milpa we see systems that are the fruit of this intellectual life of sharing and learning from generation to generation, and once again these systems are demonstrating their value in confronting the problems we face today. Many of these problems are caused, in part, by our ways of knowing and of valuing knowledge.

We, the indigenous peoples, don't seek to accumulate things, but rather we seek satisfaction, the satisfaction of sharing and celebrating together in the fiestas, the *mayordomias*, and the *tequios* of our communities.** We value a redistribution of information and of wealth, and the fact that we value these things acts as a control to prevent people from having contempt for others.

I believe that if we can make the power of the milpa known, we can help the rebirth of this system in the fields of the Mixteca. And to the extent that we are successful, we can contribute to the production of healthy foods by means of independent technologies which can do much to create resistance to climate changes. We can once again populate the fields of the Mixteca with milpa, where today it has been replaced in many places with technologies and plants not adapted to indigenous realities.

At the same time we can learn to value once again cultural systems that are not self-centered, but rather function to create *comunalidad* or "communality"—living and sharing together in community and offering mutual aid. We can re-create the communities of solidarity which have been so important in our history as indigenous peoples, and also offer viable and successful examples to other cultures in crisis, a crisis perhaps more social than technological.

*An ancient variety of native corn that is extremely drought-resistant and unaffected by poor soils. It is planted in the months of January and February in the dry season.

** See the explanation of the social customs of Mixtec villages in the following pages.

Vista in Yukuyoko Tilantongo.

INTRODUCCIÓN

La Milpa Mixteca, Semillas Nativas y la Crisis Alimentaria

Guillermo Santiago Cruz

De porqué modelos convencionales de producción agrícola nos están fallando y creando crisis alimenticias, y cómo el sistema tradicional de la Milpa nos puede ayudar

Mi nombre es Guillermo Santiago Cruz*. Soy campesino. Nací y crecí en el campo de Santiago Tilantongo en la comunidad de Yukuyoko, (Monte de Panales). Por eso conozco bien las tradiciones de mi pueblo y también el trabajo y el conocimiento ancestral de la agricultura indígena. Por medio del Centro de Desarrollo Integral Campesino de la Mixteca (CEDICAM), una Asociación Civil formada por nuestra gente Mixteca, he tenido la oportunidad de ver otras realidades y visitar otras regiones y países. Regresé de estas experiencias con una apreciación de la importancia de nuestros sistemas de cultivo y nuestra cultura. Hasta pienso que tenemos algo que enseñar al mundo entero que está en crisis y en necesidad de otras visiones y conceptos sobre cómo convivir con nuestra Madre Tierra de una manera más inteligente y con más respeto.

Una de las crisis más serias que enfrentamos como familia humana es la crisis alimentaria. Esta crisis está estrechamente vinculada con las otras crisis de nuestros tiempos que desafían la forma de vida humana en el planeta, la crisis medio ambiental, económica y política. El sistema industrializado de producción de alimentos y su envasado, fundamentados en productos derivados del petróleo y en el transporte de comida—en promedio 1,500 kilómetros antes de llegar a la mesa familiar en lugares como los Estados Unidos—dependen altamente del acceso al petróleo abundante y barato.

Es riesgoso producir nuestra comida por medio de estos sistemas "modernos" en un tiempo donde nos acercamos al "pico" de la disponibilidad de petróleo barato accesible con métodos seguros para el medio ambiente y la gente. Pero, además, estos sistemas dañan el medio ambiento produciendo, según algunos estudios, más de 30% del total de los gases de efecto invernadero. Al mismo tiempo, toman un "préstamo" impagable en cuanto a la fertilidad de los suelos de las generaciones futuras, y hasta concentran en las manos de pocos el control sobre los precios de los alimentos básicos y sobre

el acceso a los alimentos mismos. Y en el colmo de todo, son altamente ineficientes, en términos de energía gastada. Como si esto no fuera suficiente, las culturas del Norte Global y los centros urbanos del Sur están experimentando un aumento sin precedentes en la incidencia de enfermedades crónicas y letales relacionadas con lo que comemos y respiramos.

¿Necesitamos más razones por buscar alternativas saludables, productivas y sostenibles para producir nuestra comida frente a las crisis que están provocando hambre y consigo inestabilidad política en el mundo?

La milpa, una manera de sembrar y producir comida que se originó en Mesoamérica, ha sido descrita como "uno de los inventos más exitosos de la familia humana." Además de ser nutritiva y ecológicamente sostenible, es la base para una de las cocinas más conocidas en el mundo, la cocina mexicana, reconocida recientemente por la ONU como patrimonio cultural de la humanidad.

El antiguo sistema de sembrar la milpa, consiste en intercalar una variedad de plantas complementarias en una sola parcela. Durante siglos las culturas indígenas de Mesoamérica escogieron y adaptaron esa combinación de plantas que se beneficiaron mutuamente unas a otras. Los tres miembros fundamentales de la milpa entre los pueblos Mixtecos de hoy son el maíz, el frijol y la calabaza. En vez de competir por el sol y los nutrientes en los suelos, estas tres plantas se apoyan mutuamente. El frijol fija nitrógeno de la atmósfera al suelo en una forma accesible para el maíz, y este sirve al frijol como sostén para alcanzar el sol que necesita, la calabaza, por su parte, agrega sombra y una sustancia alelopática para ayudar en el control de hierbas indeseables.

Estudios hechos en el estado de Tabasco, México, demostraron que la siembra de maíz en los policultivos de la milpa tenía la capacidad de estimular rendimientos hasta 50% más altos que en monocultivos de maíz en condiciones semejantes. Las otras siembras, de frijol y calabaza, tenían rendimientos más bajos que en monocultivos, pero el gran total de comida producida por hectárea cuando se sembró en milpa superó los rendimientos de cualquiera de los tres cuando fueron sembrados en monocultivo.

La milpa Mixteca como la promovemos los campesinos y campesinas del Centro de Desarrollo Integral Campesino de la Mixteca, representa una riqueza alimenticia y genética mucho más grande que la representada por los tres miembros principales por separado. En "experimentos campesinos" recientes, reconocíamos once productos importantes que forman parte de la cosecha de nuestras milpas incluyendo maíz, frijol, haba, flor de calabaza, calabaza, ejotes, quelites, miltomate, huitlacoche, elotes y forraje. El valor económico por hectárea de estos once productos rebasa el valor de una hectárea de maíz en monocultivo. Además, en conjunto con otras plantas que rodean la milpa, forma la base de una rica cocina incluyendo platillos como el molito de frijol (ndeyuuñuu en Mixteco), el mole de frijol blanco, y muchos más.

Casi 70% de la comida de la familia humana en este planeta, todavía es producida en granjas y parcelas pequeñas apropiadas para el sistema de la milpa. Los números son claros. Apoyar a este 70% de agricultores y campesinos a producir el doble, con técnicas tradicionales, y sistemas productivos sostenibles como es nuestra milpa, una meta claramente alcanzable con políticas públicas en apoyo al pequeño productor, tiene mucho más potencial para solucionar las crisis alimentarias de hoy que apoyar al 30% que practica una agricultura industrializada. Estos últimos, sólo tienen la capacidad de mejorar su producción pocos puntos porcentuales, mientras estudios recientes demuestran que la producción en parcelas pequeñas y diversas produce más comida total por hectárea que estas grandes extensiones de monocultivos.

Tenemos que hablar de comida y de milpa porque hoy en día la producción de alimentos con métodos convencionales está fallando a la familia humana y al planeta del que todos nosotros dependemos. La milpa, con técnicas y visión indígena como las del pueblo Mixteco, puede producir más comida mientras está mejorando suelos para las generaciones venideras. Con su dependencia del trabajo humano y de los animales, produce con más eficiencia energética, y al mismo tiempo puede proveer empleo para reducir la migración que han provocado los sistemas de producción y de libre comercio de las últimas décadas. Además, con el apoyo a proyectos que transfieren producción de insumos agrícolas de fábricas químicas urbanas a cooperativas rurales locales de producción de abonos naturales y bio-controles de plagas, se generaría más empleo rural.

Les invito a conocer a nuestra gente, guardianas y guardianes de la milpa, aprender de su conocimiento, probar los ricos sabores de su comida y entender más sobre su visión para el mundo de hoy.

•Guillermo Santiago Cruz no representa una persona real. Cuenta aquí las experiencias y observaciones de varios de los campesinos y campesinas de CEDICAM. Guillermo trata de representar fielmente estas voces.

INTRODUCTION

The Milpa Mixteca, Native Seeds, and the Food Crisis

Guillermo Santiago Cruz

Why current conventional agricultural production models are failing and how the traditional Mixtec milpa system can help

My name is Guillermo Santiago Cruz.* I am a campesino. I was born and grew up in the fields of Santiago Tilantongo in the community of Yukuyoko, which means "mount of bees." I know the traditions of my people very well and I also know how to work the fields. I understand and appreciate the ancient agricultural knowledge of my indigenous people. Because of my experience with the Center for Integral Campesino Development of the Mixteca (CEDICAM), a non-profit organization established by our Mixtec people here in Oaxaca, I have had the opportunity to experience other realities and visit other regions and other countries. I always returned from these experiences with an increased appreciation for our indigenous agricultural systems and for our culture. I have even come to believe that we have something to teach the rest of the world. The present crisis desperately needs other visions and other understandings of how we can live together with our Mother Earth in a more intelligent manner and with more respect. This is why I want to talk to you about food and about producing it in an ancient indigenous system called "milpa."

Perhaps the most serious impass that threaten the human family is the food crisis. It is closely linked with the financial, environmental, and political impasses, which threaten the current form of the human presence on the planet. One key factor that links them all together is petroleum.

The industrial agriculture system produces food with petroleum products, from diesel to fertilizers and pesticides. It transports our food an average of 1500 miles to reach the family table, in packaging also made from petroleum; it is heavily dependent on access to cheap and abundant petroleum.

**Guillermo Santiago Cruz is not a real person, but his narrative throughout is a composite of the experiences and observations of numerous men and women campesinos of CEDICAM.*

Depending on such "modern" agricultural, processing, and transportation systems to supply our food is risky in a time in which we are approaching, or have passed, the "peak" of cheap, environmentally safe oil on this planet. But these systems also damage our environment. Industrial food production alone causes at least 17% of the greenhouse gases associated with climate change, without taking into consideration those produced by food transportation. They borrow soil fertility from future generations, leaving behind exhausted soils, while allowing control of prices of basic foods to be placed in the hands of a few, therefore preventing access to food for the majority of the human family. In addition, industrial food systems are highly inefficient in terms of energy spent to create a calorie of food (it takes ten calories of energy to get one calorie of food on U.S. tables). If this were not sufficient reason for concern, the cultures of the global North and the urban centers of the South are experiencing unprecedented growth in the incidence of chronic and lethal diseases related to what we eat and breathe.

We need no more motivation than this to look for ways to produce our food that are healthier, more productive, and more sustainable in the face of the prospect of more hunger, and as a result, more political instability in our world.

The milpa, a way of planting and producing food which originated exclusively in Mesoamerica, has been described as "one of the most successful human inventions ever created." In addition to being ecologically sustainable and nutritionally balanced, it forms the basis of one of the most widely known cuisines in the world, recently declared a "patrimony" of humanity by the United Nations: Mexican food.

The ancient system of planting in milpa involves intercropping a variety of complementary plants in a single field. Throughout centuries the indigenous cultures of Mesoamerica selected and adapted a combination of plants which, when sown together, mutually benefited each other. The three fundamental members of the milpa among the Mixtec people of today are corn, beans, and squash. Instead of primarily competing with each other for sun and soil nutrients, these three plants offer each other mutual assistance. The beans fix nitrogen from the atmosphere in the soil in a form that is accessible to corn. The corn offers the climbing bean access to the sun it needs, while the squash contributes shade and an allelopathic substance (substances which plants produce to inhibit the growth of other plants nearby), which helps control undesirable weeds.

Studies carried out in the state of Tabasco, Mexico, demonstrated that planting of corn in the polycultures of the milpa could stimulate corn yields up to 50% higher than mono-cropped corn planted under similar conditions. The other two crops, beans and squash, had yields below those in mono-cropped systems, but the total food produced per hectare in these experimental milpas exceeded that produced when planting any of the three alone.

The Mixtec milpa which we, the men and women campesinos of the Center for Integral Campesino Development of the Mixteca (CEDICAM), promote represents a genetic and nutritive wealth much greater than that of its three principal members. In recent "campesino" experiments, we isolated twelve important products which we harvest from our milpas including corn, beans, fava beans, squash flower, squash, green beans, tomatillo, huitlacoche (a highly prized fungus that grows on corn), sweet corn, wild greens called *quelites,* medicinal herbs, and forage. Our study showed that the economic value of these twelve products exceeded the value per hectare of corn planted as a monoculture. These products, along with other plants that surround the milpa, are the basis for a rich cuisine of dishes such as *molito de frijol* (black bean *mole, Ndeyu nde'e* in Mixteco), *mole de frijol blanco,* and many more.

Almost 70% of the food that the human family eats on this planet is still produced on small and medium-sized farms and campesino plots. The numbers are clear. Assisting the 70% of campesinos and small farmers to double their yields with traditional technologies and systems, which are more productive and sustainable, like our milpa Mixteca, is a goal clearly obtainable with policies that favor small producers. Such support has much more potential to solve the food crises of today than continuing to subsidize the 30% that practices industrialized agriculture. These latter agricultural practices only have the potential to improve their productivity a few percentage points, while various studies indicate that small, diversified parcels already produce more total food per hectare.

We need to talk about food and the milpa because the current dominant food production systems are failing the human family and the planet on which we all depend. The milpa, with indigenous technologies and agricultural wisdom such as we have inherited here in the Mixteca Alta, can produce more food while improving soils for future generations. With its heavy use of human and animal power, it produces more efficiently in terms of energy yield while at the same time providing more employment for rural people. If this higher on-farm employment were combined with projects to relocate production of agricultural inputs like natural fertilizers and biological controls from urban areas to local cooperatives, we could combat the new rural emigration which free trade and industrialized farming have caused in recent decades.

We invite you to come with us to visit our Mixtec villages and our people, guardians of the milpa, to learn from their agricultural understanding, to taste the rich flavors of their foods, and to understand more about their compelling vision for the world of today.

Capítulo 1

LA FERIA DE LA MILPA

THE MILPA FAIR

LA FERIA DE LA MILPA

Una Herencia Común para Celebrar

Celebrando nuestra herencia de semillas nativas y luchando para preservarlas como una herencia común de la familia humana

Cada marzo la plaza del municipio de Nochixtlán, sede de la organización de CEDICAM, se viste de amarillos, rojos y azules de las ricas semillas y comidas del campo de la Mixteca Alta. Campesinos y campesinas de las comunidades montañosas del distrito llegan con tenates llenos de mazorcas, semillas de frijol moradas, rojas, negras y pintas, tamales, pinoles y ollas de ricos moles y sopas. Mientras algunos estudiantes bailan danzas folklóricas y los niños corren entre la muchedumbre, los adultos andan de mesa en mesa admirando las semillas y probando las comidas de otras comunidades. Intercambian semillas y recetas mientras escuchan ponencias sobre la importancia de las semillas criollas frente a los cambios climáticos que todos estamos experimentando.

En verdad es una fiesta de colores y olores que celebra los conocimientos y las herencias agrícolas de las comunidades campesinas de la Mixteca Alta. Para muchos que vienen de fuera a visitar nuestras comunidades, somos pobres pero nosotros pensamos que somos ricos no sólo en colores y sabores sino en las cosas importantes de la vida, a saber, en los recursos y conocimientos que el mundo va a requerir para enfrentar un futuro de cambio climático, y escasez de alimentos y fuentes de energía.

Hace unos años, durante una visita a la Universidad de Iowa en los Estados Unidos, nos encontramos con un investigador mexicano que estaba estudiando una comunidad cerca de la sede de CEDICAM. San Miguel Jaltepec es una pequeña comunidad de aproximadamente 50 familias. El investigador nos dijo que había encontrado en esta comunidad más de 100 variedades de maíces nativos. Además de ser sorprendente esta riqueza de biodiversidad agrícola en una pequeña población de la Mixteca Alta es sumamente importante.

Tres cuartas partes de todas las semillas que existieron en Canadá antes del siglo XX ya no existen, incluyendo el maíz de los Ojibwe que era el maíz adaptado al clima más norteño del mundo. Sólo 10% de este 25% de semillas que aún existen son comercialmente disponibles. En Europa, estudios de la Unión Europea hablan de una reducción drástica en la biodiversidad agrícola debido a leyes restrictivas sobre semillas que sólo promueven uniformidad y protegen patentes. Francia está experimentando una sequía profunda, y sin embargo, según Michel Pimbert del Instituto para el Medio Ambiente y el Desarrollo: "Nuestras leyes sobre semillas exigen uniformidad. Francia sólo puede sembrar semillas aprobadas y estas semillas necesitan mucha agua."

La diversidad biológica puede crear resistencia frente al cambio climático en nuestros sistemas de producción agrícola. Según Pimbert, la libertad que deben tener los agricultores de escoger y mejorar semillas en sistemas de producción ricos en biodiversidad, será clave para enfrentar cambios climáticos en Europa.

Aquí en México, todavía existen de 59 a 65 razas de maíz y de estas, 36 razas se encuentran en el estado de Oaxaca. Nosotros campesinos manejamos miles de variedades de estas 36 razas en nuestras milpas de la Mixteca Alta en comunidades como San Miguel Jaltepec. Tenemos variedades que resisten la sequía, inundaciones y heladas, otras que resisten los fuertes vientos que corren por las laderas de nuestras montañas. Tenemos variedades especiales para hacer tortillas, pozoles, atoles, o para cocer con chilacayota y cientos de otras comidas tradicionales de nuestros pueblos.

Esta rica variedad de biodiversidad agrícola no sólo sirve para sostener a nuestros hijos y nuestra cultura alimenticia, sirve también como una póliza de seguridad para el mundo. Hoy día en el mundo se siembran principalmente cuatro o cinco razas de maíz que son muy homogéneas entre sí. La semejanza biológica de estos maíces representa un serio riesgo frente a nuevas plagas y enfermedades. Comparten características fuertes pero también comparten las mismas debilidades. Ante esta situación, los maíces nativos de México forman una defensa esencial. En los años 70, una plaga amenazó con extinguir los maíces "modernos" del planeta hasta que científicos encontraron resistencias en los maices nativos de México.

Para nosotros esta biodiversidad de semillas de la que somos guardianes, no es algo para patentar y comercializar. Hoy el mito de que las patentes son necesarias para asegurar la invención y la investigación científica ha sido desmentido. Al contrario, las patentes hoy se utilizan para obstaculizar los estudios de científicos e investigadores, limitando los permisos sólo para científicos asociados con las corporaciones que son dueñas de las patentes. Para nosotros, nuestra rica biodiversidad de semillas y el conocimiento agrícola asociado con la milpa representan una herencia de nuestros sabios ancestros y también una herencia de la familia humana. Como hemos dicho, esta herencia y estos sistemas son el fruto de toda una vida de compartir y aprender de generación en generación, lo que permitió a la comunidad intelectual indígena calcular cosas como el ciclo de más de 5,200 años de las Pléyades. Muchas de las crisis del mundo actual están vinculadas con la manera occidental de conocer y valorar el conocimiento, porque excluye los entendimientos y ciencias de las sociedades no occidentales, desprecia el pasado, y distorsiona el quehacer intelectual por priorizar el valor comercial del conocimiento.

¡Por ello, celebremos el conocimiento agrícola y la biodiversidad en semillas que representa nuestra herencia Mixteca! Invitamos a los pueblos del mundo unirse a esta fiesta.

THE MILPA FAIR

Celebrating Our Seed Commons

Celebrating our native seed heritage and struggling to defend and promote it as a commons of the human family

Each March, the plaza of the city of Nochixtlán dresses itself in vibrant yellows, blues, and reds, imitating the colors of the rich varieties of seeds and succulent dishes of the countryside of the Mixteca Alta. Men and women campesinos come from surrounding villages with baskets full of multicolored ears of corn, with beans of brilliant purples and reds, others black and dappled, and with *tamales, pinoles,* and pots of sweet-smelling *moles* and *sopas* (see glossary). While students twirl in regional folkloric dances and children race through the crowds, the adults wander from table to table admiring the seeds and tasting the dishes of neighboring villages. They exchange seeds and recipes while listening to talks about the importance of our native seeds in confronting the climate changes being experienced around the world.

The Mixtec Milpa and Native Corn Fair is indeed a fiesta of colors and aromas that celebrates the agricultural wisdom and the technical heritage of the campesino communities of the Mixteca Alta. To many who come from outside, it may appear that we, and our villages, are poor. But we think we are wealthy, not only in colors and tastes, but also in the things we most value in life—knowledge and resources. We believe that this world could benefit from our wisdom and knowledge in assisting in the growing challenge of changing climates, food scarcity, and diminishing energy sources.

A few years ago, during a visit to the University of Iowa in the United States, we ran into a Mexican researcher who was studying a community near the CEDICAM center. San Miguel Jaltepec is a small village of perhaps fifty families. The researcher told us that in this tiny village, his research had found over one hundred varieties of native corn seed. This agricultural biodiversity in such a small village is not only surprising, it is extremely important.

Three quarters of all the seeds that existed in Canada before the twentieth century no longer exist, including an Ojibwe indigenous corn, which was adapted to the most northern agricultural climate in the world. Only 10% of the remaining 25% of seeds still in existence are available commercially. Recent studies in the European Union speak of a drastic reduction in agricultural biodiversity due to restrictive seed laws that promote uniformity and protect multinational agrochemical patents. France is experiencing a profound drought according to Michel Pimbert of the Institute for Development and the Environment. He explains the current challenge: "Our seed laws demand uniformity and France can only sow approved seeds. Unfortunately, these seeds need a great deal of water."

To confront changing climates, biological diversity is critical to developing resistances within our agricultural production systems. According to Pimbert, a key factor in Europe's ability to deal with climate change will be the degree of freedom that farmers will have to choose and improve seeds within a richly biodiverse production system.

In Mexico, there still exist at least 59 races of ancient, native corn and 36 of these are found in the state of Oaxaca. In communities like San Miguel, we plant thousands of varieties of these 36 races in our milpas of the Mixteca Alta,. We have developed and conserved varieties that resist drought and others that resist floods and freezes. Other varieties stand up to the strong winds that blow across our mountain hillsides. We have many special varieties. Some are used for tortillas and others for making *pozoles*—and still more for making *atoles* or cooking with *chilacoyota* squash and for making hundreds of traditional village dishes.

This rich agricultural biodiversity not only serves to sustain our children and food culture, it also serves as an insurance policy for the world. Today 5 to 6 similar races of corn are the principal ones sown across the globe. Their very homogeneity and biological similarity to one another represents a serious risk in the face of new diseases and insect pest infestations. They share similar strengths, but also share similar weaknesses. In the 1970s, a virulent disease threatened the "modern" corn varieties with extinction until scientists discovered resistant characteristics in some of the Mexican native corn varieties.

As keepers of this incredible seed biodiversity, we believe that this is not something to patent and market. The myth that patents are necessary to assure the financial rewards that stimulate invention and investigation has been debunked. Instead, patents are being used to put obstacles in the path of scientists and investigators, limiting the right of research only to those scientists associated with the corporations that hold the patents. We believe that our agricultural inheritance from our wise ancestors should be available to the human family, the people of the world. They are the fruit of an intellectual life of sharing and learning from generation to generation. This has allowed the indigenous intellectual community to calculate such things as the 5,200/26,000-year cycle of the Pleiades star system. Today many of the world's crises are related to western culture's ways of knowing and valuing knowledge, which exclude the understandings and science of non-western societies such as the ancient cultures of Mesoamerica. The West tends to discount the past in favor of a questionable notion of "progress," and by prioritizing utilitarian information that has market value, distorts what is to be considered as "knowledge."

The seed biodiversity and agricultural knowledge that is our Mixtec inheritance is truly something for us to celebrate. The indigenous communities of the Mixteca and also the many peoples of the planet can join together in the fiesta!

Capítulo 2

EL MAÍZ

CORN

EL MAÍZ

Soberanía Alimentaria Sin Organismos Genéticamente Modificados

De cómo nuestros ancestros indígenas "inventaron" el maíz y cómo la biodiversidad de la agricultura nativa puede confrontar los cambios climáticos

El maíz fue inventado, según los datos más recientes de los investigadores, hace 9 o 10 mil años por nuestros antepasados indígenas de Mesoamérica. Decimos "inventado" porque no sabemos cómo los científicos indígenas de esos años lograron hacer el maíz. La mayoría de estudiosos están de acuerdo que el pariente silvestre del maíz era una planta llamada "teocintle," pero el teocintle tiene poca semejanza con el maíz como lo conocemos hoy. No tiene totomoxtle, ni olote y trae una cabeza chica con sólo unos seis a ocho granos. En el caso de los demás granos básicos del mundo de hoy, se puede encontrar intermediarios entre sus parientes más remotos y las razas actuales. ¡Pero en el caso del maíz no existen intermediarios entre el teocintle y el maíz de hoy! Este misterio ha confundido los esfuerzos académicos para explicarlo.

La leyenda que compartimos con nuestros hermanos y hermanas indígenas de todo Mesoamérica cuenta que el dios Quetzalcóatl cuidaba de los seres humanos y se transformó en una hormiga para descender a la cueva de otros dioses y robarles los primeros granos de maíz para regalarlos a nuestros antepasados. Hasta hoy, esta es quizá la mejor explicación que tenemos del origen del maíz.

Actualmente, el maíz es el grano más usado en todo el planeta. Culturas de Europa, Asia y África han adoptado el maíz como un ingrediente básico en sus dietas, algunas veces sin aprender bien cómo usar a nuestro hermano maíz. Nuestros antepasados aprendieron cómo prepararlo mediante un proceso de "nixtamalización." Remojamos los granos en una mezcla de cal y agua antes de hacer pozole o molerlo para hacer tortillas. Algunas culturas que adoptaron el maíz como el centro de su dieta no se fijaron en estos detalles de cómo prepararlo, pero sin el ingenioso proceso de nixtamalización, el cuerpo humano no puede aprovechar la importante cantidad de vitaminas B que contiene el maíz. Culturas de todo el mundo que omitieron el proceso de nixtamalización han sufrido altas incidencias de la enfermedad llamada pelagra, algunas veces mortal, por deficiencias en vitaminas B.

Algunos investigadores preocupados por los efectos del cambio climático sobre la producción alimentaria del mundo, insisten en que necesitamos semillas genéticamente modificadas para resistir nuevas sequías, inundaciones y heladas. Pero nosotros pensamos que entre los cientos de variedades de maíces que aquí tenemos en los climas variados de nuestras montañas tenemos la base genética para enfrentar estos cambios. ¡Por ejemplo el maíz cajete!

El cajete es una variedad de maíz que aquí se siembra en los meses de sequía en varias comunidades de la Mixteca Alta. Posiblemente somos los únicos que todavía lo sembramos. En la comunidad de San Isidro Yukuyoko, hasta hace poco, solamente el Tío Juan y el Tío Juvenal todavía lo sembraban, en los meses de febrero o marzo, el tiempo más seco del año. Con una vieja herramienta, la coa, excavaron pequeños "cajetes" en el suelo seco hasta encontrar la humedad residual del verano pasado. Entonces, con el otro lado de la coa hacían un pequeño hueco donde depositaban tres semillas de maíz cajete, un fríjol enredadera y una semilla de calabaza o chilacayota. Sin más humedad, el maíz cajete nacía y crecía resistiendo hasta cuatro meses sin una gota de agua. Cuando llegaban las lluvias en mayo o junio tenían una cosecha casi garantizada. En los últimos tres años, en San Isidro, el maíz cajete ha aguantado severas sequías, inundaciones, heladas tempranas, y granizadas fuertes y sigue produciendo. Ahora, a pesar del trabajo adicional que requiere, hay cuatro familias en San Isidro sembrando el cajete, ayudándose mutuamente entre ellas para hacer más ligero el trabajo.

Hay variedades de este maíz cajete que tienen raíces expuestas al aire con nódulos que contienen una sustancia gelatinosa. La gente siembra este tipo de cajete año tras año en el mismo lugar sin que los suelos pierdan su fertilidad. Investigadores de una de las universidades de postgrado de Oaxaca piensan que estos nódulos son capaces de fijar en los suelos nitrógeno de la atmósfera en forma accesible

a las raíces de las plantas, hazaña exclusivamente reservada a las plantas leguminosas, según la sabiduría de las ciencias botánicas.

Nosotros, los campesinos y campesinas de CEDICAM, pensamos que todas las ricas variedades de maíces y otras semillas nativas que hemos heredados de nuestros ancestros, pueden formar la base para sistemas agrícolas resistentes frente a cambios climáticos, sin la necesidad de semillas modificadas, homogéneas y caras, vinculadas con paquetes tecnológicos costosos y contaminantes.

Como ya mencionamos, el gobierno federal estaba en 2013 por aprobar la siembra de más de tres millones de hectáreas de maíz genéticamente modificado en los estados de Sinaloa y Tamaulipas, los centros de distribución para maíz comercial en todo el país. Afortunadamente, una demanda colectiva de campesinos y científicos en los cortes federales ha logrado parar temporalmente esos permisos. Sin embargo, si aprueban estas siembras, el maíz transgénico llegará a los rincones más remotos del país y contaminará gran parte de nuestro maíz nativo. Una vez ocurrido, las autoridades mexicanas tendrán, según la ley de bioseguridad federal, dos opciones: destruir nuestros sembradíos para prevenir más contaminación y/o hacernos pagar a las empresas que son dueñas de los genes patentados alojados en nuestro propio maíz. Cualquier de las dos opciones sería desastrosa para las comunidades Mixtecas y para pequeños agricultores en todo México.

Frente a esta amenaza, las comunidades indígenas de Oaxaca hemos formado el Colectivo para la Defensa de los Territorios de los Pueblos Indígenas, y estamos organizándonos para prevenir la contaminación de nuestro maíz nativo. Si no son contaminadas nuestras semillas nativas, no solamente podemos asegurar el futuro del maíz aquí en la Mixteca, sino también aseguraremos nuestra independencia de las empresas internacionales que patentan hasta seres vivos para captar mercados y eliminar una más de las herencias comunes de la familia humana: nuestras semillas.

CORN

Food Sovereignty Without Genetically Modified Organisms

How indigenous ancestors "invented" corn and how this native agricultural biodiversity can help combat climate change

According to the most recent investigations, our indigenous ancestors of Mesoamerica invented "modern" corn between 9,000 and 10,000 years ago. We say "invented" because we don't know how the indigenous scientists of that time were able to create corn. Most scholars agree that corn's wild parent was a plant called *teocintle*. But teocintle has little resemblance to the corn we know today. Teocintle has no cob or husk and has a small head of grain with only six to eight triangular grains. In the cases of the other basic grains on which the world depends, one can find intermediary plants between the remote parent and the races of today. But in the case of corn, no intermediaries have been found between teocintle and today's corn! Academics still struggle to explain this mystery.

The legends which we share with our indigenous brothers and sisters of Mesoamerica tell us that it was the god Quetzalcóatl who took a special interest in the human family. He transformed himself into an ant in order to descend into the cave of the gods and steal the first grains of corn and present them to our great-great-grandparents. Still today, this may be one of the best explanations of the origin of corn.

Corn is perhaps the grain that is most universally used on the planet. Cultures of Europe, Asia, and Africa have adopted corn as a basic part of their diet—sometimes without learning how to use our brother corn well. Our ancestors learned how to prepare corn by a process called *nixtamalización*. Today we still soak the grains in a solution of lime and water overnight before making *pozole* or milling the corn to make *tortillas*. Some of the cultures that adopted corn and made it the center of their diet skipped over the details of how it should be prepared. But without the ingenious process of nix*tamali*zación, the human body cannot access the important quantities of vitamin B that corn contains. Around the world, cultures that have omitted the nix*tamali*zación process have suffered from high incidences of the sometimes-fatal illness called pellagra—caused by vitamin B deficiencies.

Some investigators have worried about the effects of climate change on world food production. They insist that we need genetically modified seeds to resist new droughts, flooding, and freezes. But we feel that, among the thousands of varieties of native corn that exist in the various climates of our mountains, we still have the genetic base to confront these changes. And we think we can do this without becoming dependent on expensive seeds and fertilizer contributed by industries from the outside.

Take, for instance, the corn we call cajete. Cajete is a type of corn that we plant in the dry months here in this part of the Mixteca Alta. It is possible that this region is the only one that still plants this corn. A little while ago, in the small community of San Isidro Yukuyoko, only Tío Juan and Tío Juvenal still planted cajete. They planted it in February or March, the driest time of the year. With an ancient tool called a *coa,* which has a pick-point on one end and a shovel-like tool on the other, they would dig small indentations in the dry soil until they found residual moisture from last summer's rains. Then, with the pointed other end of the coa, they would make a small hole in the moist soil and deposit three corn seeds, one climbing bean seed, and a squash or *chilacayota* seed. Without additional moisture, the cajete would sprout and grow up to four months without a drop of rainwater. Then, when the seasonal rains did arrive in May or June they had a crop virtually guaranteed. Now, in spite of the extra work the planting process requires, there are four families planting cajete in San Isidro. And when it comes time for planting, they go from parcel to parcel, helping each other to make the work lighter.

There are varieties of cajete that have roots exposed to the air, and there are roots on the nodules that are covered with mucilage. People plant this kind of cajete year after year in the same plots without seeming to lower soil fertility. Now, investigators from one of the postgraduate universities of Oaxaca suspect that these nodules are capable of fixing atmospheric nitrogen in soils in forms that are accessible to plant roots—a feat exclusively reserved for leguminous plants, according to the wisdom of the botanical sciences.

Yes, we think that the rich varieties of our corn and other seeds, which we inherited from our ancestors, can form the basis for agricultural systems that will be resistant to climate changes. This system does not need genetically modified, homogeneous, and expensive seeds that require technological additions of fertilizers and herbicides.

In the spring of 2013, the Mexican federal government was poised to approve the planting of almost three million hectares of genetically modified corn in the states of Sinaloa and Tamaulipas, the primary corn distribution centers for Mexico. In 2014, a federal ruling on a suit brought by citizens groups, scientists, and indigenous communities halted all plantings of genetically modified corn until further research could be done on their safety for human consumption and their possible effects on native corn varieties. Currently, Mexican government entities and international corporations are trying to have this ruling overturned. If these plantings are approved, genetically modified corn will reach the farthest corners of the nation and will surely contaminate a large portion of our native corn for the following planting season. Once this occurs, Mexican officials will have two options according to federal bio-security laws: destroy our plantings to prevent further contamination, or make us pay the companies that own the invading patented genes for our own corn. Of course, either option will be disastrous for the Mixtec communities and for small farmers across all of Mexico.

In the face of such threats the indigenous communities of Oaxaca have formed the Collective for the Defense of the Territories of the Indigenous Pueblos and are organizing to prevent contamination of the native corn. Uncontaminated native seeds can not only assure the future of corn here in the Mixteca Alta and around the world, but also insure our independence from international businesses which have gone to the extreme of patenting living things to capture markets and, in the process, eliminating one of the remaining common inheritances of the human family—our seeds.

RECETAS | RECIPES

MAÍZ | CORN

TORTILLA DE ELOTES

Estas tortillas son hechas de maíz tierno, cosa que les otorga un toque naturalmente dulce, y tienen forma de triángulos en vez de ser redondas. Las tortillas de elote, son uno de los alimentos básicos de la Mixteca, disponibles en el gran mercado regional de Nochixtlán durante el inicio de la temporada de cosecha del maíz. Esta receta exige el uso de elote tierno, pero se necesita que los granos estén ligeramente secos, esto da a la masa suficiente cuerpo para manejarla y hacer la forma triangular de las tortillas. El maíz, joven y tierno, es también utilizado para hacer *Chileatole*, pg. 53; *Tamales de Elote*, pg. 45; o la *Crema de Elote*, pg.50.

INGREDIENTES

3 elotes tiernos, cortar los granos de la mazorca, (2 tazas de granos de *elote*)

PROCEDIMIENTO

En una licuadora o molinito de mano, moler los granos de elote hasta que suavicen, colocar la masa en un recipiente mediano.

Calentar un comal o sartén, a fuego medio. Con una cuchara colocar ¼ de taza del elote molido haciendo una figura de triangulo. Dejarlo cocinar por unos dos minutos, hasta que se puedan voltear, como un "Hot Cake," para poder cocinar el otro lado. Si se pega al comal, dejarlo cocinar un poco más. Cuando esté dorado en ambos lados, remover del comal y colocar en una servilleta de tela para mantener el calor. Repetir el mismo proceso con el resto del elote molido. Se deben comer inmediatamente porque se endurecen muy rápido. Puedes calentarlas al vapor en el segundo día para que suavicen, toma en cuenta que ¡yo me quebré un diente tratando de comerme una de dos días! **Porciones 6 a 8 tortillas**

FRESH CORN TORTILLAS

These tortillas are made of fresh corn, which makes them naturally a bit sweet, and they are shaped as triangles. They are a staple in La Mixteca, and are available in the large, regional Nochixtlán market when corn is just coming into season. While this recipe calls for fresh corn, it needs the tooth of the kernel to be slightly indented, which gives the masa enough substance to make the triangle form. The most tender, fresh young corn is used to make *Chileatole*, pg. 53, *Tamales de Elote, pg. 45, or the Creme de Elote, pg. 50.*

INGREDIENTS

3 fresh corn cobs, cut the kernels from the cob (2 cups corn kernels)

METHOD

In a blender or hand molinito, blend or grind the corn kernels until smooth. Place them in a medium-sized bowl.

Heat a comal or a heavy, large frying pan over medium heat. Spoon about ¼ cup of the blended corn, forming it into the shape of a triangle. Cook for about 2 minutes, until you are able to turn it over like a pancake. Cook the other side. If it sticks to the hot, dry surface, let it cook for a bit longer. When golden brown on both sides, remove the tortilla from the pan and keep it warm in a cloth *servilleta* (cloth napkin). Repeat the process with the rest of the blended corn. Enjoy immediately, or at least consume the same day since they harden quickly. You can steam to reheat them on the second day, but beware—I have broken a tooth on one that was just two days old. **Makes 6-8 tortillas**

TORTILLA DE TRIGO

Reyna Cruz Méndez es una mujer guapa y joven de San Isidro Jaltepec. Ella y su marido cultivan dos diferentes tipos de trigo en sus tierras, de las variedades del *Nana* y *Pavón*. El día que ella me enseñó a hacer estas tortillas, tan propias de La Mixteca, ella cargaba un cordero bebé que había sido apartado de su madre y era alimentado con un gran biberón, Reyna lo cuidaba como si fuera un hijo suyo. Aunque Reyna molió el trigo en su molinito, nosotros obtuvimos buenos resultados moliéndolo en la licuadora en nuestra cocina de Oaxaca. Usar una prensa tortillera es más fácil que estirar las tortillas a mano. Utilice estas tortillas para hacer *Tacos de Huitlacoche,* pg. 38.

INGREDIENTES

2 tazas (370 gramos) semillas de trigo

PROCEDIMIENTO

Moler el trigo en tandas pequeñas en la licuadora, hasta obtener una harina. Colocar la harina en un recipiente mediano y agregar una taza de agua tibia, mezclar bien hasta que se forme una masa firme. Amasar por un minuto. Dividir la masa en 6 o 7 bolitas de tres onzas (85gr). Presione cada bola de masa en medio de dos hojas de plástico en una prensa tortillera, o se presiona con una sartén de hierro fundido hasta que esté delgada, igualmente colocando cada bola de masa entre dos láminas de plástico. Estire la masa, tomando un extremo con una mano, luego con la otra extender hacía arriba, pasando encima de la muñeca y el antebrazo, cómo hacer buñuelos, con movimientos suaves, haga este proceso con cada una.

Colocar cada tortilla en un comal caliente o en una sartén antiadherente dejando cocinar por 3 minutos. Voltear la tortilla y cocinar el otro lado. Colocarlas en una servilleta de algodón para mantenerlas calientes. Conservar la servilleta con las tortillas dentro de una bolsa de plástico hasta la hora de servir. **Porciones 6 a 7 tortillas**

WHEAT TORTILLAS

Reyna Cruz Méndez is a spunky young woman from San Isidro Jaltepetongo. She and her husband grow two kinds of wheat on their land, the *Nana* and the *Pavón* varieties. Wheat and corn are sometimes used simultaneously in tortilla recipes in the event of unusually early freezing temperatures in the cornfields. The day she taught me to make these tortillas that are so indicative of La Mixteca she was carrying a baby lamb. It had become separated from its mother and she was feeding it with a giant baby bottle as if it were her own. Although Reyna ground the wheat in her molino, we had good results grinding them in the blender in our kitchen in Oaxaca. Using a tortilla press is much easier than stretching the tortillas out by hand. Use these tortillas to make *Tacos de Huitlacoche,* pg. 39.

INGREDIENTS

2 cups (16 oz.) wheat berries

METHOD

Grind the wheat berries in small batches in the blender to make flour. Place the wheat flour in a medium bowl and add 1 cup warm water and mix until it turns into a stiff dough. Knead the dough for one minute. Divide the dough into 6 or 7 three-ounce balls. Press each ball flat on a tortilla press between sheets of plastic. Or, press the ball of dough down with a cast-iron frying pan between sheets of plastic until it becomes thin. Stretch the dough out between your hands by folding the dough over one wrist and pulling gently with the free hand, one by one. Place each tortilla on a hot comal or a dry, non-stick frying pan, and let it cook about 3 minutes. Turn it over and cook through on the other side. Place on a cotton cloth and fold it around the tortilla to keep it warm. Keep the cotton cloth in a plastic bag until serving time. **Makes 6-7 tortillas**

Huitlacoche, coyul and chiles canarios.

TACOS DE HUITLACOCHE

Blanca Hernández López, su hermana Flor y su hijo, nos llevaron a caminar un día de principios de otoño para conocer las delicias de temporada que podíamos encontrar en la milpa. La cosecha de verano ya estaba terminada, pero todavía había calabazas grandes y hallamos unos huitlacoches que aún estaban en los tallos de los maíces. El huitlacoche, es un hongo que crece en los granos de maíz, volviéndolos grises y acrecentados. Mucha gente lo señala como un hongo invasivo del maíz.

Para usar el huitlacoche, debes retirar los granos pasando un cuchillo a lo largo de los elotes. Solamente se usa huitlacoche gris y seco, si esta negro y mojado, significa que ya está pasado. Si no puedes obtener huitlacoche fresco, puedes usar el que viene enlatado.

Cuando hicimos esta receta, nosotros juntamos tréboles de tres y cuatro hojas llamados *coyul* combinándolos con el chile canario, que crecía en la milpa, elaborando así, una salsa ácida y picante, muy sabrosa.

Ellos tenían grandes tortillas de trigo de Nochixtlán, las cuales la señora Blanca enrolló rellenadas con la preparación de huitlacoche junto con la salsa, haciendo unos tacos. De vuelta a Oaxaca, nosotros le agregamos nueces dándole otro toque a esta delicia de temporada.

INGREDIENTES

2 cucharadas de aceite vegetal
½ cebolla blanca mediana, finamente picada
2 tazas de huitlacoche, picado
5 dientes de ajo, finamente picado
½ taza de perejil, finamente picado
½ taza de nueces, picado
Sal de mar, al gusto
4 tortillas medianas (blanditas) o sustituir por tortillas frescas de *maíz*

8-12 cucharadas de queso crema

PROCEDIMIENTO

En una sartén, calentar aceite y freír la cebolla por 3-5 minutos hasta que transparente. Añadir el huitlacoche y mover constantemente por 3 minutos. Agregar el ajo y perejil y freír por 2 minutos más. Sumar las nueces y la sal de mar, continuar moviendo la mezcla para que el *huitlacoche* no se pegue en el fondo de la sartén. Freír por 3 minutos más y retirar del fuego.

En un comal calentado a fuego medio, colocar una tortilla y voltear para que se cocine en ambos lados, después ubicar la tortilla en una tabla para cortar. Extender dos cucharadas del queso crema y cubrir ligeramente una parte de la tortilla. Agregar ½ taza del huitlacoche haciendo una línea en el medio de la tortilla. Doblar la tortilla a la mitad y enrollar para hacer un taco, cortar el taco en el centro y servir.

Servir con *Salsa de Coyul,* pg. 144 o *Chiles en Escabeche* pg. 141. **Porciones 4-6 tacos, dependiendo del tamaño**

CORN FUNGUS TACOS

Blanca Hernández López, her sister Flor, and her son took us walking one day in the early fall to see what seasonal goodies we could find in the milpa. The summer crops were over, but there were still large squashes and we also found some ears containing *huitlacoche* still on the cornstalks. Huitlacoche is a corn fungus that grows and turns the corn kernels grey and enlarged. Commonly referred to as corn smut, to us it is a delicacy. You shave the large kernels off the cob in order to use them. Only use dry grey huitlacoche. If it is black and wet, it is overripe. If you cannot get this fresh, you can substitute canned huitlacoche. We gathered three- and four-leaf clovers called *coyul* to combine with the *chile canario* to make a very tart and hot salsa. It was quite good. The women had large wheat tortillas from Nochixtlán, which Blanca rolled up with this taco filling and the salsa. Back in Oaxaca, we added pecans to enhance this seasonal goodness.

INGREDIENTS

2 tablespoons vegetable oil
½ medium white onion, finely chopped
2 cups huitlacoche, roughly chopped
5 cloves garlic, finely chopped
½ cup parsley, finely chopped
½ cup pecans, roughly chopped
Sea salt, to taste

4 medium flour tortillas (*blanditas*) or substitute fresh corn tortillas
8-12 tablespoons cream cheese, whipped

METHOD

Heat the oil in a frying pan and cook the onion until transparent, about 3-5 minutes. Add the huitlacoche and stir constantly for about 3 minutes. Add the garlic and parsley and fry for another 2 minutes. Add the pecans and the sea salt and continue moving the mixture so the huitlacoche doesn't stick. Fry for an additional 3 minutes and set aside.

On a hot comal over medium heat, place a tortilla and turn it on both sides. Place the tortilla on a cutting board. Spread two tablespoons of whipped cream cheese thinly on one side of the tortilla. Add ½ cup of the huitlacoche, making a line across the middle of the tortilla. Fold the tortilla in half and roll it to make a taco. Cut the taco in half and serve. **Serves 4-6 tacos, depending on size**

Serve with *Salsa de Coyul*, pg. 144 or *Chiles en Escabeche*, pg. 141.

EMPANADAS DE MOLLEJAS

La mañana previa a la *Feria de la Milpa* que se celebra en Nochixtlán, fuimos a la cocina de la Señora Zeferina García Santiago en el pequeño pueblo de Buena Vista Tilantongo. Este festival es un gran encuentro de campesinos cultivadores de maíz, frijol y calabaza como parte de su vida. Luego de los discursos de varios agrónomos y algunos bailes locales realizados por los niños de primaria y secundaria, la verdadera diversión inició. Todos comenzaron a intercambiar semillas para plantar el año venidero y todas las señoras prepararon platillos para compartir con los asistentes. Zeferina y su nuera, Lourdes, estuvieron desde la madrugada moliendo el maíz para la masa de su platillo especial: unas empanadas con un delicioso y picante relleno de mollejas.

INGREDIENTES

Para el relleno:
2 litros de caldo de pollo
½ kilo de mollejas de pollo, puede sustituir por muslos de pollo
1 chile poblano fresco
2 chiles jalapeños frescos
1 cebolla blanca mediana, finamente picada
4 chiles guajillos, sin rabo, sin semilla y desvenado
7 dientes de ajo, pelados
4 clavos
1 cucharadita de semilla de comino
1½ cucharadita de sal de mar
150g (2/3 taza) de masa
5 hojas de hierba santa sin tallo y cortadas en pedazos chicos, (se puede substituir por hojas de cilantro picadas)

Para la masa:
1 kilo de masa fresca preparada para tortillas o 3½ tazas de harina de maíz nixtamalizado para tortillas
1 cucharadita de sal de mar, o al gusto

PROCEDIMIENTO

Para el relleno:

En una cazuela mediana, calentar el caldo de pollo hasta que hierva. Agregar las mollejas y bajar la flama para que se cocinen por aproximadamentel hora, o hasta que suavicen. Escurrir las mollejas y dejarlas enfriar; reservar el caldo de pollo. Picar las mollejas en piezas pequeñas y ponerlas en un recipiente mediano. Agregar la cebolla y mezclar bien.

Asar el chile poblano y los jalapeños directo al fuego, hasta que aparezcan ampollas, volteándolos hasta asar ambos lados. Colocarlos en un tazón y cubrir con otro recipiente para que suden. Una vez que se enfríen, pelar los chiles y quitar las semillas (no enjuagar con agua). Córtalos en trozos pequeños.

En una olla, calentar 2 tazas de agua hasta hervir. En un comal, tostar los chiles guajillos en ambos lados. Colocar en un recipiente, cubrir con agua hirviendo y dejar que remojen por 10-15 minutos.

Usar el comal para asar los dientes de ajo hasta que suavicen. En una sartén pequeña a fuego medio, tostar los clavos y comino, moviéndolos constantemente para que no se quemen. Colocar en una licuadora los chiles guajillos remojados, ajo, especias y suficiente agua de los chiles, moler bien hasta obtener un puré. Pasar la mezcla por un molino o colador y agregar la mezcla a las mollejas. Añadir la sal de mar, mezclar bien y sazonar al gusto. Agregar los chiles pelados y cortados.

En un recipiente chico, deshacer la masa y agregar la ½ taza del caldo de pollo previamente reservado. Con un batidor globo o con los dedos, diluir la masa hasta obtener una consistencia fluida y cremosa, que recuerde a una béchamel. Colocar esto en la mezcla de las mollejas y agregar las piezas de hoja santa.

Para la masa:

Si está usando masa fresca, deshacer la masa con sus dedos en un recipiente grande. Amasar, agregar la sal y 3 cucharadas de agua tibia si es necesaria para que esté completamente suave.

Si está usando harina de maíz *nixtamalizado* mezclar con 1 taza y 2 cucharadas de agua tibia para hacer una masa suave, pero no muy húmeda. Cubrir con un paño y dejar que la masa repose por 15 minutos. Se agrega la sal y amase durante un minuto. Adicione dos cucharadas de agua tibia y amase.

Divida la masa en 22 bolas, 1½ onzas (43gr) cada una y cubra con un paño.

Colocar una bola entre dos hojas de plástico o papel encerado dentro de una prensa tortillera y presione; saldrá una tortilla redonda que lucirá como un panqueque. Si usted no tiene una tortillera, colocar la bola de masa en medio de 2 hojas de plástico y con ayuda de un rodillo o vaso extender hacia afuera para obtener una figura redonda.

Retirar el plástico (o papel encerado) de encima y levantar la tortilla con el otro plástico, retirarlo, se invierte la tortilla cayendo en el centro del comal caliente. Colocar 2 cucharas del relleno de mollejas en un lado de la tortilla. Moje sus dedos con agua y páselos por toda la orilla de la tortilla. Doblar la mitad de la tortilla encima de la otra mitad, formando la empanada, y presionar las orillas con sus dedos y sellarla. Cocinarlas por un minuto, volteándola, después mover a la orilla del comal para que se cocine más despacio. Continuar haciendo las tortillas, rellenándolas, y al cocinarlas, empezar por disponerlas en el centro del comal después moverlas a la orilla y dejarlas cocer por 6-8 minutos en cada lado, hasta que empiecen a dorar y levantarse fácilmente del comal sin que se rompan. También se puede usar una plancha o una sartén (las de hierro fundido funcionan bien). Yo he usado dos sartenes con diferentes temperaturas: uno con temperatura caliente para hacer el primer paso, después el otro con una temperatura más baja para cocinarlas más lentamente y por mucho más tiempo.

Servir inmediatamente o envolver las empanadas en una servilleta de tela para mantenerlas calientes hasta el momento de servirlas. **Porciones 20 a 22 empanadas**

CHICKEN GIZZARD EMPANADAS

The morning before the annual *Feria de La Milpa* in Nochixtlán, we went to Señora Zeferina García González's kitchen in the little pueblo of Buena Vista Tilantongo. This festival is an enthusiastic gathering of campesinos who grow corn, beans, and squash as a part of their day-to-day life. After speeches by various agronomists and local dances performed by the primary and secondary school children, the real fun begins. Everyone exchanges seeds to plant the coming year and all the *señoras* prepare dishes to share with the crowd. Zeferina and her daughter-in-law, Lourdes, had been busy since the wee hours grinding corn for the masa used in their special dish. Spicy empanadas were made with chicken gizzards, thickened with roughly textured masa and baked individually on the comal. The results are very spicy and tasty.

INGREDIENTS

For the filling:

2 quarts chicken broth
1 pound chicken gizzards, or substitute chicken thighs
1 fresh chile poblano
2 fresh chiles jalapeños
1 medium white onion, finely chopped
4 chiles guajillos, stemmed, seeded, and deveined
7 garlic cloves, peeled
4 cloves
1 teaspoon cumin seed
1½ teaspoons sea salt
5 oz. (slightly less than 2/3 cup masa for tamales, roughly ground or substitute prepared masa harina for tortillas)
5 hoja santa leaves (also called hierba santa), ribs removed and torn into small pieces

For the masa:

2 pounds fresh prepared masa for tortillas or 3½ cups masa harina for tortillas
1 teaspoon sea salt, or more to taste

METHOD

For the filling:

In a medium saucepan, heat the chicken broth to a boil. Add the gizzards and lower the heat to simmer and cook about 1 hour, or until soft. Drain the gizzards and allow them to cool. Reserve the broth. Chop the gizzards into small pieces and place in a medium-sized bowl. Add the onion and mix well.

Roast the chile poblano and the jalapeños on the flame of a gas burner until they blister, turning them to roast all sides. Place them in a bowl, with another bowl inverted on top to sweat them, and then let them cool. When they are cool enough to handle, peel the blackened skin off the poblano and jalapeño chiles, then seed them. Do not rinse them in water. Dice them into small pieces.

In a small saucepan or kettle, heat 2 cups of water to a boil. On a comal or dry skillet, toast the chiles guajillos on both sides. Place in a bowl and cover with boiling water and let them soak 10-15 minutes.

Use the comal to toast the garlic cloves until soft. In a small dry frying pan over medium heat toast the cloves and cumin, stirring them constantly so they don't burn. Place the soaked chiles guajillos, garlic, spices, and just enough of the chile soaking liquid into a blender to make a puree. Pass this mixture through a food mill or strainer. Add to the gizzard mixture. Add the sea salt, mix. Add the peeled diced chiles and adjust the taste.

In a small bowl, crumble the textured tamal masa and add ½ cup of the reserved chicken broth. With a whisk or your fingers, dilute the masa till it resembles a medium béchamel. Stir that into the mixture. Add the hoja santa pieces.

For the masa:

If using fresh masa, break the masa into pieces in a large mixing bowl. Knead the masa with salt and add 3 tablespoons warm water if needed to make a soft, even dough.

If using masa harina, mix with 1 cup plus 2 tablespoons warm water to make a soft, moist, but not wet dough. Cover with a damp cloth and allow the dough to rest 15 minutes. Add the salt and knead for 1 minute. Add 2 tablespoons warm water and knead.

Divide the dough into approximately two dozen balls, 1-1/2 ounces each, and cover them with a damp cloth.

Place a ball between 2 sheets of plastic or waxed paper inside a tortilla press and press down to form a round shape that will resemble a pancake. If you don't have a tortilla press, place the masa ball between 2 small sheets of plastic and roll into a round shape using a rolling pin or a water glass.

Remove the top plastic, lift the tortilla with the remaining plastic and invert it onto the middle of the hot comal. Place 2 tablespoons of the gizzard filling on one side of the tortilla. Moisten your finger with water and run it around the edge of the tortilla. Fold one half of the empanada over the other, and press with your finger to seal it closed. Cook about a minute, turn over, then slide it to the edge of the comal to continue cooking slowly. Continue making the tortillas and filling them. Start them in the middle of the hot comal, then move them to the side to bake 6-8 minutes on each side, until they start to brown and lift easily, not breaking. You can also do this on a dry griddle or frying pan (cast iron works well too). I've used two pans at different temperatures; a hot one for the first cooking step, then one on a lower fire for the longer cooking time.

Serve at once. If you must keep them warm, wrap the empanadas completely in a cloth napkin until serving time. **Makes 20-22 empanadas**

TAMALES DE ELOTE

Hacer estos tamales es como un ritual de verano, cuando el elote tierno esta es su mejor momento. Catalina López Maldonado, hizo esta receta para nosotros moliendo el elote en un molino de mano, asistida por su esposo Pedro. Ella nos dijo que el secreto más importante de hacer estos tamales era: moler, preparar y cocer los granos de elote rápidamente, porque una vez que este molido, el elote se puede amargar si se deja reposar por mucho tiempo sin que se cocine. Usted puede saber cuando estén listos estos tamales, cuando la masa se separa fácilmente de la hoja de maíz. Son suaves y con una consistencia de budín y siempre se sirven con una salsa picante especial.

INGREDIENTES

6 elotes frescos o suficientes para hacer 2½ tazas de granos
1 pieza de 2 cm de largo de canela Mexicana (1 cucharada), en pedazos, y después molidos en un molcajete, licuadora o molino de especias
⅓ taza de azúcar
Sal de mar para la tamalera
Totomoxtles (hojas de maíz seco) para colocar en la parte de abajo de la tamalera o vaporera (opcional)

PROCEDIMIENTO

Cuidadosamente desprender las hojas del elote y tratar de que no se rompan, ya que los estará usando para rellenarlos y formar los tamales. Cortar los granos del elote. Moler los granos en un molino de mano o use la licuadora para molerlo con un poco de agua si fuera necesario. Colocarlo en un recipiente, agregar la canela y azúcar.

Calentar agua y agregar un poco de sal en la parte de abajo de la tamalera con una parrilla encima del nivel del agua. Colocar totomoxtle seco sobre la parrilla, esto agrega un toque delicioso a los tamales al cocinarse. Cubrir la tamalera y calentar.

Usar las hojas verdes del *elote* para formar los tamales. Abriendo las hojas en la mano, se rellenan con unas pocas cucharadas de la mezcla, después envolver y amarrar si es necesario. Si tiene suerte y vive en una granja, o tiene acceso a conseguir hojas de la planta del maíz, también puede usarlas para envolver la mezcla y cocinar los tamales adentro. Tendrá que remojarlas en agua tibia primero para tener las hojas suaves y manejables. Repita este proceso hasta que la mezcla se termine.

Llenar la tamalera o vaporera, colocando los tamales uno encima del otro, dejando que se cocinen al vapor por una hora aproximadamente. Tendrá que agregar más agua a la tamalera si fuera necesario. Probar el tamal para verificar que la masa se separe fácilmente del totomoxtle. Servir caliente y con *Salsa de Molcajete de Catalina*, pg. 143. **Porciones 8-10 tamales**

NOTA: Pueden calentarse nuevamente en un microondas, o en un comal, también en una parrilla con una tapadera encima para que se caliente totalmente.

FRESH CORN TAMALES

Making these tamales is like a rite of summer, when the fresh corn is in its prime. Catalina López Maldonado, assisted by her husband, Pedro, made these for us by grinding the corn kernels in a hand meat grinder. She told us that the most important secret of making these tamales was to grind, prepare, and steam them very quickly, because once ground, the corn can turn bitter if it sits too long without cooking. You can tell they are done when the tamal masa separates easily from the cornhusk. The tamales are soft and pudding-like and always served with a special hot salsa.

INGREDIENTS

6 large ears of fresh corn, or enough to make 2½ cups kernels
1 inch Mexican (1 tablespoon) cinnamon stick, broken into pieces, and then ground in a *molcajete* (see Glossary), blender, or spice grinder
⅓ cup sugar
Sea salt for the tamalera (steamer pot)
Dry cornhusks to line the bottom of the steamer rack (optional)

METHOD

Carefully remove fresh green husks from the corn and try not to tear them. You will be using them to stuff and form the tamales. Cut the kernels off the cob. Grind the kernels in a hand grinder or use the blender to grind them with a little water. Place in a bowl and add the cinnamon and sugar. Heat the water and a little salt in the bottom of a steamer pot. Place a rack above the water level. Place dried cornhusks on the rack to add some flavor to the steamer. Cover the steamer to heat.

To form the tamales, use the green husks, which have been soaked for about ½ hour until pliable, opening them flat in your hand and filling them with a few spoonfuls of the mixture. Wrap them tightly; fold the ends and tie shut if necessary. If you are lucky and live on a farm, or have access to fresh corn leaves, you can also use the corn leaves to wrap the mixture and steam the tamales. Repeat until you have used all of the mixture.

Load the steamer with the tamales, laying them flat on top of one another and steam for about an hour. Check as they cook. You may need to add more water to the steamer. Test a tamal to see if the masa easily separates from the cornhusk. Serve hot with *Salsa de Molcajete de Catalina*, pg. 143. **Makes 8-10 *tamales***

NOTE: They can be reheated in a microwave, or on a dry comal or griddle, with a lid placed on top to steam.

CHICOBÍN DE HIDALGO JALTEPEC

Fuimos muy afortunadas al ser invitadas por las cocineras del pueblo a comer en Hidalgo Jaltepec. Me enamoré inmediatamente de la cocina de Francisca García Ferrer, muy limpia y tradicional, había un rayo de sol que entraba por un hueco en el techo y alumbraba su comal como si fuera un escenario vacío. Después de algunas bromas y risas, comenzamos a ayudar a hacer *chicobin*, o tamales sencillos. Observamos como su nuera Rosa acomodaba capas de tamales y nopales para cocerlos al vapor en una enorme tamalera. Fue una comida muy sana en efecto. Una hora después, nos los comimos con dos salsas distintas, roja y verde; ambas bastante picantes, a la manera en que les gustan las salsas en la Mixteca.

INGREDIENTES

Para la masa:

1 kilo de masa preparada para tamales o 3½ tazas de harina de maíz para tamales
2 cucharaditas de polvo para hornear
1 taza de manteca (¼ kilo), suave, o sustituir con aceite para tamales vegetarianos
3 cucharaditas de sal de mar
1¼ tazas de caldo de pollo o caldo de maiz*

Para los nopales:

1 kilo de nopales, limpios

Para hacer los tamales:

2 ó 3 paquetes de totomoxtle seco, remojados en agua durante ½ hora para ablandarlos (totomoxtles secos a granel están ampliamente disponibles en mercados mexicanos; totomoxtles recortados empacados se venden en mercados mexicanos en los EE.UU.)

Para la salsa roja:

5 chiles pulla, sin rabo, sin semilla y desvenados, o sustituir con 2 chiles guajillos y 3 chiles de árbol
2 chiles guajillos, sin rabo, sin semilla y desvenados
2 tomates ciruelo
3 dientes de ajo
½ cucharadita de sal de mar

Para la salsa verde:

¼ kilo de tomatillos (5 a 6 medianos), sin cáscara
½ cebolla blanca chica, en trozos
3 chiles jalapeños o 7 chiles serranos, sin rabo, sin semilla
2 dientes de ajo
1 manojo chico de hojas de cilantro, aproximadamente 17 ramitas
1 cucharadita de sal de mar
½ cucharadita de azúcar

PROCEDIMIENTO

Para la masa:

Si está usando masa preparada, separar la masa en un tazón grande. Si está usando harina de maíz, colocarla en un tazón para mezclar y agregar 2¼ tazas de caldo tibio. Mezclar bien y dejar que la masa repose por 15 minutos.

Agregar el polvo para hornear a cualquiera de las masas y mezclar bien con los dedos. Adicionar la manteca suave fresca. Si utiliza la manteca que viene en bloque, batirla hasta que quede ligera, y entonces agréguela a la masa. Mezclar bien la manteca o aceite con las manos o con batidora eléctrica. Agregar 3 cucharaditas de sal a 1¼ de taza de caldo de pollo o maíz y adicionarlo a la masa, revolviendo bien. Probarlo y agregar más sal en caso necesario. Debe ser capaz de distinguir la sal al final de la lengua, pero no deberá estar salado. Batir la masa hasta que quede ligera, por unos 20 minutos.

Para los nopales:

Limpiar cada nopal y colocarlos en la tabla de cortar, como una mano. Hacer cortes largos en cada nopal como si fueran dedos, pero no hasta el final del nopal.

Para hacer los tamales:

Secar 24 totomoxtles con un trapo de cocina. Extender el totomoxtle seco sobre su mano y colocar 2 cucharadas de masa (¼ de taza) en el tercio inferior hacia la parte más ancha del totomoxtle. Juntar los dos lados de la hoja, enrollarlo hasta que quede firme, y después doblar el lado delgado sobre la punta gruesa, rellena. Colocar el tamal doblado hacia abajo dentro de otro totomoxtle. Repetir con el resto de la masa.

Llenar una tamalera (olla vaporera) con agua salada y agregar una parrilla. Llenar la *cazuela* con agua hasta el nivel de la parrilla. Cubrir la parrilla con los totomoxtles extras y llenar la tamalera con una capa de tamales. Alternar con una capa de nopales, cubriendo los tamales completamente, y entonces continuar con otra capa de tamales, y después los nopales hasta terminar. Cubrir con más totomoxtles luego poner encima un trapo de cocina limpio. Cubrir y ajustar la tapa con un objeto pesado para mantenerla bien cerrada. Cocinar al vapor con hervor lento por una hora, o hasta que los tamales se separen fácilmente del totomoxtle y "huela a tamales". Servir cada tamal con un nopal encima y colocar tazones de Salsa Roja y Salsa Verde en la mesa.

Para la salsa roja:

En un comal seco, plancha o sartén, tostar el *chile pulla* y el *chile guajillo* hasta que suelten su aroma y se doren ligeramente. Asar los tomates en el mismo recipiente con fuego medio a alto volteándolos frecuentemente. Cuando estén completamente suaves (10 a 15 minutos aproximadamente), retirarlos del fuego y apartar. Cuando estén fríos, retirar la piel y colocarlos en la licuadora junto con los chiles tostados, sal de mar y moler bien.

Para la salsa verde:

En una cacerola de 2 cuartos de galón a fuego alto, hervir los tomatillos en ½ taza de agua hasta que cambien su coloración, más o menos 15 minutos. Colocar los tomatillos con el agua de su cocción ya fría, en una licuadora junto a la cebolla, chiles, ajo, cilantro, sal y azúcar. Licuar bien. **Rinde 20 tamales**

Nota: Puede recalentar los tamales al día siguiente asándolos en un comal seco o plancha, en sus "envolturas", cubiertos con una tapa, o calentándolos en una vaporera. Yo prefiero la ligera carbonización de las hojas cuando se calientan en un comal o plancha, añadiéndoles un sabor ahumado.

***Para el caldo de maíz:**

Colocar 4 ó 5 mazorcas de maíz, y una cebolla pelada cortada en cuartos en una cacerola con 2 cuartos de galón de agua. Llevar a ebullición y reducir el fuego, hervir a fuego lento durante 45 minutos. Sal al gusto. Enfriar, colar y reservar el líquido.

BASIC TAMALES WITH NOPALES FROM HIDALGO JALTEPEC

We were lucky enough to be invited for lunch by the village cooks in Hidalgo Jaltepec. I immediately fell in love with the catering kitchen of Francisca Garcia Ferrer: very clean and traditional, with a beam of sunlight coming through a hole in the roof and lighting her comal like an empty stage. After some joking and laughing, we began helping to make chicobin, or plain tamales. We watched her daughter-in-law Rosa arrange alternate layers of tamales and *nopales* to be steamed together in a giant *tamalera*. It was a healthy lunch indeed. An hour later, we ate them with two sauces, red and green, both very *picante*, the way they love the salsas in the Mixteca.

INGREDIENTS

For the masa:

2 pounds prepared masa for tamales, or 3½ cups packaged masa harina for tamales
2 teaspoons baking powder
1 cup lard (½ pound), softened, or substitute oil for vegetarian tamales
3 teaspoons sea salt
1¼ cups chicken stock or corn stock*

For the nopales:

2 pounds nopal paddles, cleaned

To make the *tamales*:

2-3 packages dried cornhusks, soaked ½ hour in water to soften (bulk dried husks are widely available in Mexican markets; trimmed packaged husks are sold in U.S. Mexican markets)

For the *salsa roja*:

5 chiles pullas, stemmed, seeded, and deveined, or substitute 2 guajillos and 3 chiles de arbol
2 chiles guajillos stemmed, seeded, and deveined
2 plum tomatoes
3 garlic cloves
½ teaspoon sea salt

For the *salsa verde*:

½ pound tomatillos (5-6 medium), husks removed
½ small white onion, diced
3 chiles jalapeños or 7 chiles serranos, stemmed, seeded
2 garlic cloves
1 small bunch of cilantro leaves, about 17 sprigs
1 teaspoon sea salt
½ teaspoon sugar

METHOD

For the masa:

If you are using prepared masa, break up the masa in a large bowl. If using masa harina, put it in a mixing bowl and add 1¼ cups warm stock. Mix well and allow the dough to rest 15 minutes.

Add the baking powder to either masa and mix well with your fingers. Add the fresh soft lard. If using the block-style lard, whip it until it is light, and then add it to the masa. Mix the lard or oil in well by hand or electric mixer. Add 3 teaspoons salt to 1¼ cups chicken or corn stock and add to the dough, stirring well. Taste and add more salt if necessary. You should be able to taste the salt at the back of your tongue, but it should not be salty. Whip the masa until light, about 20 minutes.

For the nopales:

Clean each paddle of nopal and place on the cutting board, like a hand. Make long cuts in each nopal like fingers but not all the way to the end of the paddle.

To make *tamales*:

Blot 24 cornhusks until dry in a tea towel. Spread the dried husk in your hand and place two spoonfuls of masa (1/4 cup) in the lower third towards the wider end of the cornhusk. Join the two sides of the husk together, roll it up until firm, and then fold the thin side over the fat, filled end. Fit the tamal folded side down into another husk. Repeat with the rest of the masa.

Fill a *tamalera* (steamer pot) with salted water and add a rack. Fill the pan with water up to the rack. Cover the rack with extra cornhusks and fill the steamer with one layer of tamales. Alternate with a layer of nopal paddles, covering the tamales completely. Continue with another layer of tamales, and then the nopales until finished. Cover with more cornhusks, then top with a clean tea towel. Cover

and weigh down the lid with a heavy object to keep it closed. Steam over a slow rolling boil for about 1 hour, or until the tamal separates easily from the husk and it "smells like tamales." Serve each tamal with a nopal paddle on top and place bowls of *Salsa Roja* and *Salsa Verde* on the table.
Makes 20 tamales.

For the *salsa roja*:
On a dry comal, griddle or frying pan, toast the chiles pulla and chiles guajillo until they brown slightly and give off their scent. Roast the tomatoes in the same cooking vessel over medium to high heat, turning often. When they are completely soft (about 10-15 minutes), remove them from the heat and set aside. When they are cool, remove the skins and place in the blender jar with the toasted chiles; add sea salt and blend well.

For the *salsa verde*:
In a 2-quart saucepan over high heat, boil the tomatillos in ½ cup of water until they change color, about 15 minutes. Place the tomatillos with their cooled cooking liquid in a blender with the onion, chiles, garlic, cilantro, salt, and sugar. Blend well.

Note: You can reheat the tamales the next day by grilling them on a dry comal or griddle in their "wrappers," covered with a lid, or by heating them in a steamer. I prefer the slight charring of the leaves when heated on the comal or griddle, giving them an added smoky flavor.

***For the corn stock:**
Place 4-5 corncobs, and one peeled and quartered onion in a stockpot with 2 quarts of water. Bring to a boil and reduce heat; simmer for 45 minutes. Salt to taste. Cool, strain, and reserve liquid.

CREMA DE ELOTE

Esta es una sopa cremosa y ligera hecha en la cocina de Catalina, usando elote fresco recogido en su milpa. El extraordinario sabor, viene de una variedad de elotes criollos y orgánicos. Ella y su esposo Pedro tiene un campo en Nochixtlán, donde año tras año siembran este maíz. Cada temporada, ellos seleccionan sus mejores elotes para secarlos y son las semillas para sembrar el siguiente año, tal y como sus ancestros lo han hecho por siglos. Esta receta, es algo que los Mixtecos han hecho desde los tiempos pre-hispánicos, pero gracias a la influencia francesa, se le comenzó a agregar leche para volverla crema o bisque. Se pueden sumar chiles asados o queso para realizar otras variantes.

INGREDIENTES

2 cucharadas de mantequilla sin sal
1/4 cebolla blanca cortada en rebanadas gruesas
2 dientes de ajo, pelados
6 elotes de maíz desgranados.
4 tazas de leche
Sal de mar al gusto

PROCEDIMIENTO

En una olla, calentar la mantequilla a fuego bajo y freír la cebolla y ajo por cinco minutos. Retirar de la olla el ajo y cebolla, escurrirlos, se pueden utilizar para otra receta. Reservar la mantequilla.

Usando una licuadora, procesar el *elote* y la leche hasta que se haga una mezcla suave, pasar por un colador para remover la cáscara. Usar la parte trasera de una cuchara, para presionar y extraer la leche, descartar lo sólido. Agregar a la mantequilla, moviendo constantemente por 30 minutos o hasta que espese, sazonar al gusto.

Servir caliente con la *Salsa de Molcajete de Catalina*, pg. 143. **Porciones 4 a 6**

CREAM OF CORN SOUP

This was a light, creamy soup made in Catalina's kitchen using her fresh corn—just picked from the milpa that morning. Its extraordinary flavor was created by the wonderful *criollo* (native) corn, the organic corn variety she and her husband, Pedro, grow year after year in their fields in Nochixtlán. Each season they sacrifice the best ears and let them dry on the stalk to be used as the upcoming years' seeds, as their people have been doing for centuries. Mixtecos have probably been making this ground soup since pre-Hispanic times, but we owe it to the French influence when they added the milk to finish this off this as a *crema* or a bisque. Roasted chiles and/or cheese could be added for another version.

INGREDIENTS

2 tablespoons unsalted butter
1/4 white onion, sliced thickly
2 cloves garlic, peeled
6 ears of corn, kernels removed
4 cups milk
1 teaspoon salt, or to taste

METHOD

In a soup pot, heat the butter over low heat and fry the onion and garlic for five minutes. Remove the onion and garlic; let it drain and discard, or use in another dish.

In a blender add the corn and milk, blend until smooth, and pass through a sieve or food mill to remove the skins. Use the back of a spoon to extract all of the milk. Add to the butter, stirring constantly for 30 minutes or until it thickens. Add salt to taste. Serve hot with *Catalina's Hot Sauce*, pg. 143. **Serves 4-6**

SOPA DE CALABAZA Y ELOTE

Rosa Hernández García es una cocinera muy talentosa de Hidalgo Jaltepec, es la encargada de la cocina comunitaria, donde prepara diariamente desayunos saludables para todos los niños del pueblo que asisten a la escuela, una escuela que sólo cuenta con dos aulas. Ella es de las personas de "buen sazón," como decimos aquí en México, alguien que tiene buena mano para la cocina. Afortunadamente se hizo parte de una familia de cocineras del pueblo, donde están Francisca García Ferrer y su hija Silvia; y ahora todos gozan de su talento culinario.

INGREDIENTES

1 kilo de tomates maduros en cuartos
3 cucharadas de aceite de girasol o de olivo
3 elotes grandes, desgranados, suficiente para hacer 1½ taza de granos
1 cebolla blanca pequeña, finamente rebanada
3 tazas de calabaza italiana o calabacines (zucchini) cortada en cubos
3 dientes de ajo, finamente picados
3 tazas de caldo de elote hecho con las mazorcas
Sal de mar al gusto
1 taza de cilantro, solo hojas
6 limones en mitades

PROCEDIMIENTO

En una licuadora agregar los tomates, 1 taza de agua y moler hasta que se suavice, reservar.

Desgranar los elotes y colocar las mazorcas peladas (olotes) en 4 tazas de agua y hervir para hacer el caldo. Bajar a fuego medio y continuar cocinando destapado por unos 20 minutos más.

Mientras, en una cacerola grande calentar el aceite, agregar la cebolla y freír hasta que este traslucida, para añadir luego la calabaza y el ajo, seguir friendo por 10 minutos más, moviendo constantemente. Agregar los granos de elote y continuar cocinando hasta que la calabaza este suave, entonces se adiciona el puré de tomate con 3 tazas de caldo de elote. Cocinar por otros 15 minutos y sazonar al gusto.

Al servir agregar las hojas de cilantro encima y acompañar con los limones.
Porciones 12

SQUASH AND CORN SOUP

Rosa Hernández Garcia is a very talented cook from Hidalgo Jaltepec. She manages the *cocina comunitaria* (community kitchen), where she cooks a healthy breakfast each day for the village school children studying in the two-room schoolhouse. She has a *buen sazón*, as we say here in Mexico—which means to have a good palette or a good hand for seasoning (or both!). Lucky for her, she married into the family of the village *cocineras*, Francisca Garcia Ferrer and her daughter, Silvia. Now everyone benefits from her talent!

INGREDIENTS

2 pounds ripe plum tomatoes, quartered
3 tablespoons sunflower or olive oil
3 large ears of corn, kernels removed, or enough to make 1½ cups kernels
1 small onion, halved and finely sliced
3 cups zucchini squash, cubed
3 cloves garlic, finely chopped
3 cups corn stock made from the corn cobs
Sea salt, to taste
1 cup cilantro, leaves only
6 key limes, halved

METHOD

In the blender add the tomatoes and 1 cup of water and blend until smooth. Set aside.

Remove kernels from the corn and place the corn cobs in 4 cups of water and bring to a boil to make the stock. Lower heat to medium flame and continue to simmer uncovered for about 20 minutes more.

Meanwhile, in a 7-quart heavy soup pot or cazuela, heat the oil and add the onion, and fry until transparent. Add the squash and the garlic and continue frying for 10 minutes more. Stir constantly while adding the corn kernels and continue cooking for 10 minutes more or until the squash is soft. Add the tomato puree and 3 cups of corn stock. Simmer 15 minutes. Add sea salt to taste.

Add the cilantro leaves on top and serve. Serve with the limes. **Serves 12**

CHILEATOLE

Esta receta es una de las tantas que Catalina López Maldonado nos enseñó mientras estuvimos en su cocina en Nochixtlan. Con su perico, Héctor, mirando sobre su hombro, ella hizo varios platillos basados en elote tierno, fresco y dulce. Ella nos instruyó en como probar la frescura del elote: consiste en undir la uña del dedo en los granos y la lechecilla debe salir disparada.
Yo averigüe que, si yo uso chiles guajillos en vez de usar el equivalente más picoso, el chile pulla, que es muy popular en la Mixteca, necesito agregar algunos chiles de árbol para darle el sabor correcto. Mientras cocinaba Catalina, contaba que había aprendido a cocinar bien gracias a su madre en el tradicional pueblo de San Miguel Huatla, donde ella creció.

INGREDIENTES
2 cucharadas de sal de mar
12 elotes tiernos, desgranados
40 flores de calabaza, sin tallo y sin pistilo
1½ tazas de hojas de epazote
8 chiles guajillos (90 gramos) y 3 chiles de árbol o 10 chile pulla, sin rabo
3 dientes de ajo
½ cebolla blanca mediana
7 onzas (1 taza) de masa preparada (masa para tortillas)

PROCEDIMIENTO
En una olla sopera, hervir 2 cuartos de agua a fuego alto (reservando 1 taza del agua para después). Al apenas hervir, agregar la sal y los granos de elote. Mientras los granos se cocinan, agregar las flores de calabaza, llevar a fuego medio y mover suavemente, tratando de que no se rompan las flores.

En un comal, plancha o sartén, asar los chiles en ambos lados a fuego medio-alto, hasta que el color cambie y suelten su peculiar aroma. Colocar los chiles en un recipiente mediano y agregar agua caliente hasta que los cubra. También en un comal caliente, asar el ajo y cebollas hasta que estén transparentes, asegurándose de que no se quemen.

Procesar los chiles, ajo y cebollas en una licuadora, agregando agua hasta cubrirlos. Moler bien por varios minutos y luego pasar el puré por un colador o un pasapuré. Agregar la mezcla al maíz cocido y las flores de calabaza, cocinar esto por 10 minutos.

En la misma licuadora, agregar la masa en pedazos del tamaño de una pelota de golf y cubrir con la taza de agua reservada. Moler hasta que suavice, y agregar a la sopa hirviente, moviendo constantemente.

Añadir las hojas de epazote, rectificar la sal y servir. **Porciones 10-12**

FRESH CORN AND CHILE SOUP

This recipe was one of several that Catalina López Maldonado taught us while we were in her kitchen in Nochixtlán. With her parrot, Hector, overlooking on her shoulder, she made several dishes based on young sweet corn called *elote tierno*. She showed how to test for tenderness: you put your thumbnail into the kernels and milk squirts out. I found if I used the *chiles guajillos* instead of their hotter counterpart, the *chiles pullas* that are so popular in the Mixteca, I needed to add some *chiles de arbol* to give it the right heat. While she was cooking, she spoke of learning dishes from her mother in the traditional village of San Miguel Huautla where she grew up.

INGREDIENTS
2 tablespoons sea salt
12 elotes, kernels removed
40 squash blossoms, stems and pistils removed
1½ cups fresh epazote leaves
8 chiles guajillos (90 grams) and 3 chiles de arbol or 10 chiles pullas, stemmed
3 garlic cloves
½ medium white onion
8 oz. (1 cup) prepared masa (tortilla dough)

METHOD
In a soup or stock pot, heat 2 quarts water (reserving one cup of the water for later) to boil over high heat. Add the salt and the corn kernels. As the corn is cooking, add the squash flowers, lower heat to medium and stir lightly, trying not to break up all the flowers.

On a comal, dry griddle, or frying pan roast the chiles on both sides over medium to high heat, until the color changes and the scent is released. Place chiles in a small bowl and add hot water to cover. Also on a dry comal, roast the garlic and onions until translucent, making sure they do not burn.

Place the chiles, garlic, and onion in a blender jar and add water to cover. Blend well for several minutes until smooth, and then pass this puree through a sieve or a food mill. Add this mixture to the cooking corn and squash blossoms and heat through for 10 minutes.

In the same blender, add the masa, broken up in pieces the size of golf balls and cover with the reserved 1 cup of hot water. Blend until very smooth, and add to the bubbling soup, stirring constantly.

Add the epazote leaves and heat through, adjust the salt if needed, and serve. **Serves 10-12**

TAMALES DE GALLINA CON MOLE AMARILLO

Una tarde, María Luisa y Efigenia comenzaron a preparar estos tamales en San Isidro Jaltepetongo y, como es costumbre en la Mixteca, más y más familiares empezaron a llegar y a ayudar. Así se inició un ambiente festivo, animado aún más por la visita sorpresa de "Don Felipe," (Phil Dahl-Bredine) justo antes de que los tamales terminaran de cocinarse. Efigenia cocinó la gallina con hierba santa para que el caldo y la gallina tuvieran más sabor. El caldo se utilizó para la masa de los tamales y para la salsa del mole; mejorando en general el sabor de todo el platillo. Usaron la misma masa para hacer los tamales de rajas y de queso; y servidos juntos ¡no pudo haber sido mejor! Abajo están las instrucciones para el uso de masa fresca o de masa de harina de maíz.

INGREDIENTES

Para la gallina:
1 cebolla blanca mediana
1/2 cabeza de ajo
3 hojas de hierba santa
2 cucharadas de orégano oaxaqueño seco o fresco (mejorana)
3/4 kilo de pollo, cortado en trozos, sin piel
Sal de mar al gusto

Para el mole:
110 gramos de chiles guajillos limpios (sin rabo, sin semillas y desvenados)
1 cucharada de semillas de ajonjolí
1 cebolla blanca mediana, en cuartos
1 cabeza de ajo, los dientes pelados
2 cucharaditas de comino
1 cucharada de orégano Oaxaqueño seco o fresco (mejorana)
2 cucharadas de aceite
1/4 cebolla blanca mediana cortada a la mitad
1 taza de masa preparada para tortillas, ó 1 taza de harina de maíz mezclada con 2/3 taza de agua, más otras dos cucharadas de agua.
3 cucharaditas de sal de mar, o al gusto

Para la masa:
Favor de consultar **INGREDIENTES** para masa, pg. 46.
Para hacer los tamales:
3 ó 4 paquetes de totomoxtle seco, remojados en agua caliente durante media hora (totomoxtles secos a granel están disponibles en mercados mexicanos en los EE.UU.)
Los rellenos ya fríos

Una vaporera o tamalera, u olla de barro con parrilla para vaporizar, forrada con totomoxtles

PROCEDIMIENTO

Para la gallina:
Poner cinco litros de agua en una olla y llevar a ebullición a fuego alto. Agregar la cebolla, ajo, hierba santa y el orégano, dejar hervir por 10 minutos. Se agrega la gallina en piezas y se pone a hervir, retirar la grasa, luego bajar a fuego lento y cocer por 45 minutos, o hasta que esté completamente cocida. Sazonar agregando la sal de mar y dejar reposar 5 minutos. Retirar las piezas de gallina, colocarlas en un tazón y dejar enfriar. Cuando esté completamente fría, desmenuzar la gallina. Ponerla a un lado. Colar el caldo y reservar para la salsa del mole y la masa de tamal.

Para el mole:
Poner los chiles guajillos en un pequeño tazón, agregar agua hirviendo para cubrir y dejarlos remojar de 10 a 15 minutos.

En un comal o sartén caliente, tostar las semillas de ajonjolí a fuego lento hasta que se doren ligeramente, moviéndolas constantemente para evitar que se quemen. Retirar del fuego y reservar.

En el mismo comal, colocar la cebolla y el ajo; y asar de 5 a 8 minutos, volteando hasta que estén traslúcidos, retirar del fuego y reservar.

Los chiles remojados, se drenan y se ponen en una licuadora junto con cebolla, ajo, comino, orégano, ajonjolí y 1¼ taza del agua de remojo del chile. Licuar hasta que se suavice, colar en un pasapuré o colador. Agregar ¼ de taza del agua de remojo del chile para enjuagar la licuadora y remover los restos de mole dentro de la jarra. Colar y apartar.

En una cazuela con fuego bajo a medio, agregar el aceite y la cebolla, y freír hasta que se dore. Retirar la cebolla y agregar la mezcla del mole a la cazuela, revolviendo constantemente de 10 a 15 minutos hasta que empiece a burbujear enérgicamente. En la licuadora, colocar 2 tazas de caldo de pollo y una taza de masa, mezclar hasta que se convierta en una mezcla delgada, como una ligera bechamel. Añadir esta al mole en pequeñas tandas y continuar revolviendo por 15 minutos más. Agregar la sal de mar al gusto. Retirar del fuego y dejar que enfríe. La mezcla debe estar espesa ahora.

Para la masa:
Favor de consultar PROCEDIMIENTO para la masa, pg. 47.

Para montar los tamales:
Para atar los tamales, rasgar 3 ó 4 totomoxtles en tiras pequeñas y colocarlas en agua tibia. Escurrir las tiras mojadas para secarlas. Colocar un totomoxtle en una mano y esparcir una cucharada de masa en forma rectangular hacia el lado más ancho, dejando aproximadamente la mitad superior del totomoxtle vacía. Poner 2 cucharadas de mole y encima una cucharada de la carne de gallina deshebrada. Colocar el tamal en la mesa horizontalmente y juntar los dos extremos largos de la hoja totomoxtle y enrollar hasta que quede firme. El relleno debe quedar envuelto completamente. Doblar la parte delgada sobre la punta rellena. Asegurar con las ataduras hechas de tiras de totomoxtle. Repetir el proceso con la masa restante.

Si usa totomoxtles empacados y recortados:
Colocar dos hojas de totomoxtles con los extremos más anchos superpuestos en la mesa y esparcir ¼ de taza de masa en forma rectangular en medio de las hojas, dejando 5 centímetros en cada extremo. Continuar como se indicó anteriormente.

Colocar una parrilla dentro de una vaporera (tamalera) y llenarla con agua salada hasta el nivel de la parrilla. Cubrir con los totomoxtles extra, sobre la parrilla y encima de los lados. Llenar la tamalera con los tamales. Tapar y agregar peso a la tapadera con algún objeto para mantenerla cerrada firmemente. Cocinar al vapor con hervor lento por una hora o hasta que la masa se separe fácilmente del totomoxtle y "huela a tamales."

Servir calientes. **Porción 24 tamales**

CHICKEN TAMALES WITH YELLOW MOLE

María Luisa and Efigenia made these tamales one afternoon in San Isidro Jaltepetongo. As is the way in La Mixteca, more and more extended family members kept appearing to help. Soon there was a party atmosphere percolating, fueled by a surprise visit by "Don Felipe" (Phil Dahl-Bredine) just as the tamales finished steaming. Efigenia poached the chicken with hierba santa leaves, which added more flavor to both the chicken and the stock. The stock was used for the tamal dough as well as the mole sauce and generally enhanced the flavor of the entire dish. They used the same tamal dough to make *rajas* (chile strips) and cheese tamales, and the two served together couldn't have been better! Below are instructions for using fresh masa or packaged corn flour.

INGREDIENTS

For the chicken:

1 medium white onion
½ head garlic
3 leaves hierba santa
2 tablespoons fresh or dried Oaxacan oregano (marjoram)
1½ pounds skinless chicken, cut into pieces
Sea salt, to taste

For the mole:

¼ pound chiles guajillos, stemmed, seeded, and deveined
1 tablespoon sesame seed
1 medium onion, quartered
1 head garlic, cloves peeled
2 teaspoons cumin
1 tablespoon Oaxacan fresh or dried oregano (marjoram)
2 tablespoons vegetable oil
¼ white medium onion, halved
8 oz. prepared masa for tortillas, or 1 cup masa harina mixed with 2/3 cup plus 2 tablespoons water
3 teaspoons sea salt, or to taste

For the masa
Please refer to masa INGREDIENTS, pg. 48.

For the tamales:

3-4 packages dried cornhusks, soaked in hot water about ½ hour (bulk dried cornhusks are available in Mexican markets, or packaged husks with trimmed ends are available in U.S. Mexican markets)

The cooled fillings

A steamer or tamalera, or clay pot with a steam rack inside, lined with cornhusks

To assemble the tamales:

3 packages cornhusks, opened and set in cold water to soak
A large steamer pot or tamalera

METHOD

For the chicken:

Put 5 quarts of water in a stockpot and bring to a boil over high heat. Add the onion, garlic, hierba santa, and oregano to boil for 10 minutes. Add the chicken in pieces and bring to a boil, skim, then lower the heat to simmer and poach for 45 minutes, or until completely cooked. Add sea salt to taste and let it sit 5 minutes. Remove the chicken pieces and place in bowl to cool. When completely cool, shred the chicken. Set it aside. Strain the stock and reserve it for the mole sauce and the tamal masa.

For the mole:
Put the chiles guajillos in a small bowl; add boiling water to cover and soak them for 10 to 15 minutes.

On a hot comal or dry frying pan, toast the sesame seeds over low heat until lightly browned, moving them constantly so they won't burn. Remove them from the heat and set aside.

On the same comal, place the onion and garlic and roast for 5 to 8 minutes, turning until they are translucent, then remove and set aside.

In a blender put the soaked, drained chiles, onion, garlic, cumin, oregano, sesame seed, and 1¼ cups of the chile soaking water. Blend until smooth, strain through a food mill or sieve. Add ¼ cup of the chile soaking water to rinse the blender and remove the mole left inside the blender jar.

Strain and set aside.

In a cazuela over low to medium heat, add the oil and the onion, and fry until the onion is browned. Remove the onion and add the mole mixture to the cazuela, stirring. Stir the mole constantly for 10 to 15 minutes until it bubbles briskly. In a blender, place 2 cups of chicken broth and the 1-cup masa and blend until it becomes a thin béchamel. Add this to the mole in small batches and continue stirring for 15 more minutes. Add sea salt to taste. Set this aside and allow it to cool. The mixture should now be thick.

For the masa:
Please refer to masa METHOD, pg. 48.

To assemble the tamales:
Tear 3 or 4 cornhusks into small strips for tying the tamales closed and keep them in warm water. Blot the soaked cornhusks to dry them. Open a cornhusk in your hand and spread a spoonful of masa in a rectangle toward the wider end of the husk, leaving about ½ of husk empty on top. Spoon on 2 tablespoons of mole and then add 1 tablespoon shredded chicken on top. Lay the tamal on the table horizontally and join the two long edges of the husk together and roll them up until firm. The filling should be enclosed. Fold the thin side over the fat-filled end. Secure it with the ties made of shredded husks. Repeat with the remaining masa.

If using packaged, trimmed cornhusks:
Lay two cornhusks with the wide ends overlapping on the table and spread ¼ cup of masa in a rectangle in the middle, leaving about 3 inches on each end. Continue as above.

Place a rack in a steamer pot and fill with salted water to the level of the rack. Cover with extra cornhusks on the rack and up the sides of the pan. Fill the steamer with the tamales. Cover and weight the lid with a heavy object to keep it closed snugly. Steam over slow rolling boil for about 1 hour, or when the masa separates easily from the husk and it "smells like tamales."
Serve hot. **Makes 24 tamales**

TAMALES DE RAJAS CON QUESO

El término *rajas* se refiere a rebanadas o julianas de chile fresco, un relleno común del tamal. Estos tamales también llevan queso y se convierten en un gran platillo vegetariano cuando en vez de usar manteca y caldo de pollo, se utiliza aceite y caldo de elotes (mazorcas). Los chiles canarios son extremadamente picantes, y ya he hecho sugerencias para sustituir y conseguir un picor similar. Para mayor variedad, agregar a los tomates calabaza u otros vegetales blandos. Recalentar estos tamales en una sartén y cubrir con un huevo frito para el desayuno. Acompañar con Salsa de *Molcajete de Catalina,* pg. 143. La receta contiene instrucciones para usar masa fresca o masa de harina.

INGREDIENTES

2 paquetes de totomoxtles (48 para los tamales), otros más para alinear en la parrilla de la vaporera

Para el relleno:

3 cucharadas de aceite
½ cebolla blanca grande, en rebanadas
1 kilo de tomates o tomatillos, o una combinación, en rebanadas
3 dientes de ajo, finamente picados
1 ó 2 chiles canarios, sin semilla y en tiras delgadas (rajas), o substituya con chiles habaneros, jalapeños o serranos
1 cucharadita de sal de mar, o al gusto
1 cucharada de orégano Oaxaqueño fresco, retirar el tallo y picar finamente, o sustituir con mejorana fresca o seca

Para la masa de tamal:
Favor de consultar INGREDIENTES de la masa, pg. 46.
Para montar los tamales:

3 paquetes de totomoxtles, abiertos y puestos a remojar media hora en agua caliente
El relleno enfriado.
340 gramos de quesillo o queso Oaxaca de hebra o queso Chihuahua cortado en "dedos" de 4 centímetros (aproximadamente 24 piezas, 1 para cada tamal)
Una vaporera o tamalera, u olla de barro con parrilla para vaporizar

PROCEDIMIENTO

Para el relleno:

Calentar el aceite en una sartén mediana, agregar la cebolla y saltear hasta que esté transparente. Añadir el tomate, ajo, las rajas de chile y cocinar por 3 minutos. Agregar la sal de mar, el orégano y freír cerca de 1 minuto más. Dejar a un lado para enfriar.

Para la masa:
Favor de consultar PROCEDIMIENTO para la masa, pg. 47.

Preparar los totomoxtles:

Romper en tiras 3 ó 4 totomoxtles para atar y cerrar los tamales; y mantenerlos en agua tibia. Escurrir los totomoxtles empapados para secarlos. Colocar un totomoxtle abierto en una mano y esparcir una cucharada de masa en forma rectangular hacia el lado más ancho, dejando aproximadamente la mitad superior del totomoxtle vacía. Colocar 2 cucharadas de relleno en el totomoxtle. Agregar las piezas de 4 cm. de quesillo encima. Colocar el tamal horizontalmente en la mesa, juntar las dos puntas largas del totomoxtle y enrollarlas hasta que queden firmes. El relleno debe quedar envuelto. Después doblar hacia abajo un lado sobre el otro para encerrar completamente la masa. Asegurar los tamales con las ataduras hechas de tiras de totomoxtle. Repetir el proceso con la masa restante.

Llenar una tamalera con agua ligeramente salada hasta el nivel de la parrilla. Cubrir el fondo y los lados de la cazuela con los totomoxtles extra, y colocar los tamales uno encima del otro hasta llenar la tamalera. Tapar y agregar peso a la tapadera con un objeto para mantenerla bien cerrada. Cocinar al vapor con hervor lento por una hora, o hasta que la masa se separe fácilmente del totomoxtle y "huela a tamales." Servir calientes. **Porción 24 tamales**

TAMALES WITH CHILE STRIPS AND CHEESE

The term *rajas* refers to slices of fresh chile, a common tamal filling. These tamales also have cheese and make great vegetarian tamales when substituting oil and corn stock in place of the lard and chicken broth. The chiles canarios are extremely hot and I've made substitute suggestions to get that same kick. For variety, add squash or other soft vegetables to the tomatoes. Reheat these tamales in a frying pan topped with a fried egg for breakfast. Serve with *Salsa de Molcajete de Catalina*, pg. 143. The recipe gives instructions for using fresh masa or corn flour.

INGREDIENTS

2 packages dried cornhusks (48 for the tamales), more to line the steamer rack.

For the filling:

3 tablespoons blended oil
½ large white onion, sliced
2 pounds tomatoes or tomatillos, or a combination, sliced
3 cloves garlic, finely chopped
1 to 2 chiles canarios, seeded and sliced in thin strips (rajas), or substitute chiles habañeros, jalapeños, or serranos
1 teaspoon sea salt, or to taste
1 tablespoon fresh Oaxacan oregano, stem removed and finely chopped, or substitute fresh or dried marjoram

For the *tamal* masa:
Please refer to Masa INGREDIENTS, pg. 48.

To assemble the tamales:
3 packages cornhusks, opened up and soaked for ½ hour in hot water

The cooled filling
12 oz. *quesillo* or Oaxacan string cheese or *queso* Chihuahua cut into 2-inch "fingers" (about 24 pieces, 1 for each tamal)
A steamer or tamalera, or clay pot with a steam rack inside

METHOD

For the filling:
Heat the oil in a medium sauté pan, add onions and sauté until transparent. Add the tomato, garlic, and chile strips and cook through, about 3 minutes. Add the sea salt and oregano and fry for about 1 more minute. Set aside to cool.

For the masa:
Please refer to Masa METHOD, pg. 48.

Preparing cornhusks:
Tear 3 or 4 cornhusks into strips for tying closed the tamales and keep them in warm water. Blot the soaked cornhusks to dry them. Place an open cornhusk in your hand and spread a spoonful of masa in a rectangle toward the wider end of the husk, leaving about ½ of husk empty on top. Spoon 2 tablespoons of filling onto the husk. Add the 2-inch piece of cheese on top. Lay the tamal on the table horizontally and join the two long edges of the husk together and roll them up until firm. The filling should be enclosed. Then fold one side down over the other to completely enclose the dough itself. Secure it with ties made of shredded husks. Repeat with the remaining masa.

Fill a steamer with lightly salted water to the level of the rack. Cover the bottom and the sides of the pot with the extra cornhusks, and lay the tamales on top of each other to fill the steamer. Cover and weigh down the lid with a heavy object to keep it tightly closed. Steam over a slow rolling boil for about 1 hour, or when the masa separates easily from the husk and it "smells like tamales." Serve hot. **Makes 24 tamales**

POZOLE MIXTECO

Este pozole, es una de las mejores maneras de consumir el mole rojo que he encontrado, aparte de las enchiladas oaxaqueñas, que son buenas ya sea con esta salsa o con el mole coloradito. El mole rojo, obtiene su feroz picante del chile chilhuacle rojo o el costeño rojo, pero combinado con el aromático maíz pozolero, cocinado con hierba santa y las semillas de ajonjolí encima, la intensidad del picante se reduce. También he usado el epazote en este platillo para darle sabor. Si no puedes conseguir pozole seco, usa pozole preparado (precocido) que viene en empaques, y omite el primer párrafo de las instrucciones de esta receta. Se debe lavar bien el pozole precocido antes de cocinarse con la hierba santa.

INGREDIENTES

Para el caldo de pollo:

1 pollo entero en piezas (incluyendo pescuezos y espaldas)
1 cebolla blanca grande, con un clavo
2 tallos de apio con hojas, o 1 corazón de apio con hojas
½ cabeza de ajo grande o una pequeña
2 zanahorias, peladas y cortadas en rodajas gruesas
1 hoja de laurel
1 chile de árbol seco entero, o chile japonés, con rabo
3 granos de pimienta negra
1 ramita de tomillo fresco o una pisca del seco
1 pimienta gorda
Sal al gusto

Para el pozole:

½ kilo de maíz pozolero seco
Un trozo de cal (7 cm) disuelto en 2 litros de agua
½ cebolla blanca
½ cabeza de ajo
3 hojas de hierba santa medianas
Sal de mar al gusto.

Para el mole rojo:

9 chiles anchos rojos (85 gramos) sin tallos, venas, ni semillas
15 chilhuacles rojos, (85 gramos) ó 50 chiles costeños rojos (55 gramos) sin tallos, venas, ni semillas
4 pimientas negras
3 clavos de olor enteros
2 pimientas gordas
2 ramitos de orégano fresco ó 1 cucharadita si es seco
½ kilo de tomates
1 cebolla blanca mediana cortada en cuartos
½ cabeza de ajo con los dientes separados
1 cucharada más otras 2 de aceite de girasol o vegetal
¼ de taza más 2 cucharaditas de semillas de ajonjolí
5 nueces partidas a la mitad
8 almendras
3 cucharadas de semillas de ajonjolí (para decorar)
2 cucharadas de manteca, aceite de girasol o aceite vegetal
Sal de mar al gusto

PROCEDIMIENTO

Para el caldo de pollo:

Poner a hervir 3 litros de agua con la cebolla, apio, ajo, las zanahorias, la hoja de laurel, el chile de árbol, las pimientas (negra y gorda) y el tomillo. Cuando este hirviendo, agregar el pollo, taparlo y cocinar de 45 minutos a 1 hora, o hasta que el jugo de la carne del pollo salga claro al picarlo con un tenedor. Añadir sal. Una vez listo retirar las piezas del ave y colar el caldo, dejar enfriar. Descartar las especias y hierbas aromáticas. Una vez frio, retirar el exceso de grasa de la superficie.

Para el pozole:

Limpiar el maíz para pozole y dejarlo hervir en una olla con 1½ litros el agua de cal (no use la cal decantada en el fondo del recipiente). Cueza el maíz hasta que se ponga suave y sea fácil de pelar, esto es por ½ hora. Retírelo de la lumbre, cuélelo y permita que se enfríe. Cuando esté completamente frío enjuagarlo varias veces. Retire las cáscaras y la cabecita de cada grano de maíz. El pozole deberá ser blanco.

En otra olla empezar a hervir 2 litros del caldo de pollo que reservó y las hojas de hierba santa. Tape la olla, póngala a fuego mediano y cueza por 3 horas. Vaya añadiendo más caldo de ser necesario. El pozole deberá abrirse un poco o "florearse". Permita que el pozole hierva hasta que se seque y obtenga una consistencia como de arroz, cerca de unos 20 a 30 minutos. Reservar.

Para el mole rojo:
Poner a hervir 1 ½ litro de agua. Al mismo tiempo, en un comal tostar los chiles anchos y los chilhuacles rojos a fuego medio hasta que se empiecen a dorar y suelten su aroma. Colocarlos en un tazón y remojar con agua caliente por unos 20 minutos.

En el mismo comal, tostar las pimientas, los clavos y el orégano. Retirar de la lumbre cuando estén listos y reservar, continuar con los tomates, cebolla y ajo volteándolos constantemente para que no se quemen, durante unos 15 minutos.

En una sartén, calentar a fuego bajo 1 cucharada de aceite y freír ¼ de taza de ajonjolí, moviendo constantemente hasta que comiencen a dorarse, agregar las almendras y las nueces. Retirar del fuego y dejar enfriar. Freír las 3 cucharadas restantes de ajonjolí, con las 2 cucharaditas de aceite sobrantes y reservar para la decoración.

Licuar los chiles con un poco de agua del remojo, solo lo suficiente como para facilitar el licuado. Pasar la mezcla por un colador y retirar las cascaras, guardar en un tazón.

Luego licuar los tomates, cebolla, ajo y las especias con la taza de caldo que tenemos apartada. Moler finamente las semillas de ajonjolí, en un molcajete o licuadora.

Cuando ya tengamos todo molido, calentar la manteca en la cazuela hasta que esté humeante. Agregar el puré de chiles, mover con una cuchara de madera, dejar freír alrededor de 20 minutos (tener cuidado puede salpicar), para luego añadir el puré de tomate y las especias.

Seguir moviendo la mezcla constantemente por lo menos 15 minutos o hasta que la salsa se seque. Entonces, se adicionan las semillas de ajonjolí molidas, 4 tazas de caldo; éste mole debe quedar lo suficientemente espeso como para cubrir la parte de atrás de una paleta. Dejar hervir la salsa a fuego bajo por otros 30 minutos, reducir e ir agregando caldo para el balance de los sabores. Sazonar con sal. Si la salsa está muy áspera y se queda en la garganta, adicionar más caldo.

Para servir:
Servir en platos hondos, colocar una porción de *maíz* pozole y hacer un pequeño

SPICY RED MOLE OVER HERBED HOMINY

This *pozole* dish is one of the best uses for mole rojo. Oaxacan-style enchiladas are also good with this mole rojo or the mole coloradito sauce. Mole rojo gets a fiery heat from the chilhuacles rojos, or costeños rojos. Combined with a layer of aromatic pozole corn, cooked with hierba santa, and the nuttiness of the sesame seed topping, the intensity distributes and is less overwhelming. I have also had this dish flavored with epazote. If you can't find dry posole or hominy, use packaged prepared posole and omit the first paragraph of the posole directions. Remember you must rinse the precooked posole well before cooking with the hierba santa.

INGREDIENTS

For the chicken stock:

3½ pounds chicken parts (including necks and backs), or 1 whole chicken
1 large white onion, studded with 1 whole clove
2 celery ribs with leaves, or 1 celery heart with leaves
½ large or 1 small head garlic
2 carrots, peeled and sliced thick
1 bay leaf
1 whole dry chile de árbol, or chile japonés
3 black peppercorns
1 fresh sprig thyme or a pinch of dried
1 allspice berry
Salt to taste, approximately 1 tablespoon

For the *pozole*:

1 pound dried white posole corn (maiz pozolero)
3-inch chunk of cal (calcium oxide), dissolved in two quarts cold water
½ white onion
½ head of garlic
3 medium hierba santa leaves
2 teaspoons sea salt, or to taste

For the *mole rojo*:

9 chiles anchos rojos (3 oz.), stemmed, seeded, and deveined
15 chiles chilhuacles rojos (3 oz.) or 50 chiles costeños rojos (2 oz.), stemmed, seeded, and deveined
4 black peppercorns
3 whole cloves
2 whole allspice
2 sprigs of Oaxacan oregano or 1 teaspoon dried marjoram
1 pound ripe tomatoes (2 medium-large round, or 8-10 plum tomatoes)
1 medium white onion, quartered
½ head of garlic, cloves separated
1 tablespoon plus 2 teaspoons sunflower or vegetable oil
¼ cup plus 3 tablespoons sesame seeds
10 pecan halves
8 almonds
2 tablespoons lard, sunflower or vegetable oil
1½ tablespoons sea salt, or to taste

METHOD

For the chicken stock:

In a heavy 6-quart stockpot, add enough cold water to cover (about 3 quarts). Add the onion, celery, garlic, carrots, bay leaf, chile de árbol, peppercorns, thyme, and allspice and bring to a boil. Add the chicken parts or the whole chicken and simmer over low heat, with the pot covered for about 45 minutes to 1 hour, or until juices run clear when the dark meat is pierced with a fork. Add salt. Remove the chicken pieces and strain the stock. Discard the seasonings. Cool the stock and skim the fat off of the top.

For the *pozole*:

Clean the posole corn and bring to a boil in a 4-quart saucepan with 6 cups of *cal* water. Cook the corn about ½ hour or until it boils. Remove from heat and drain. Wash off the skins and pick off the head of each kernel. The posole should be white.

In a heavy 4-quart stockpot, cook the posole with 2 quarts of the reserved chicken stock and the hierba santa leaves, cover and heat over low to medium heat for about 3 hours. Add more stock as needed. The posole will "flower" or burst open a bit. Continue to cook over a low flame until it begins to dry out, almost to the consistency of rice, about 20 to 30 minutes more. Set aside.

For the *mole rojo*:

Bring 1½ quarts of water to a boil. Toast the *chiles anchos* and *chilhuacles rojos* on a dry comal or griddle or in a cast-iron frying pan. Toast chiles over medium heat

for about 3 minutes or until the chiles start to blister and brown and give off their aroma. Remove the chiles from the pan and place in a medium bowl, pour hot water over them, and soak chiles about 20 minutes.

On the same comal, frying pan, or griddle, toast the peppercorns, cloves, allspice, and oregano. Remove from the comal and set aside, and then, on the same comal, grill the tomatoes, onions, and garlic, turning often to not burn. Cook chiles through, about 15 minutes. ,

Heat one tablespoon of oil in an 8-inch frying pan over low heat, and fry 1/4 cup sesame seeds lightly, stirring until they start to brown. Add the pecans and almonds and keep stirring until they brown to a toasty color. Remove them from the pan and cool. In the remaining 2 teaspoons of oil, brown the remaining 3 tablespoons of sesame seeds in the frying pan and reserve them for the garnish.

In a blender, grind and blend the soaked chiles, adding plenty of soaking liquid to turn the blades of the blender. Pass the puree through a sieve or a food mill to remove the skins. Place in a separate bowl.

Blend the tomatoes, onion, garlic, and spices with one cup of reserved stock. Grind the sesame seed/nut mixture bit by bit in a molcajete, metate, or blender until silky smooth.

When everything is well ground, heat the lard until smoking in a large cazuela or heavy pot. Add the chile puree, and stir with a long wooden spoon until well fried, about 20 minutes (be careful, it might splatter). Add the tomato puree and spices. Keep stirring for at least 15 minutes or until it dries out. Add the ground sesame seeds/nut mixture and stir well to incorporate them into the sauce. Add 4 cups of the stock to thin the sauce so it coats the back of a spoon. Continue to simmer 30 minutes, reduce and add stock to balance the flavors. Add salt to taste and heat through. If the sauce is harsh and catches in your throat, add more stock.

To serve:
In shallow soup bowls, place a serving of posole corn and make a well in the middle. Place a piece of chicken in the well and ladle a serving of mole rojo. Garnish with the toasted sesame seeds. Serve with plenty of fresh corn tortillas.
Serves 8

ATOLE DE GRANILLO

El día que fuimos a cocinar a la casa de Fermina Zárate Domínguez, esposa de Jesús León Santos, fundador de CEDICAM estábamos acompañados por su suegra Guillermina y su hija Irene. Hicimos varios platillos, pero mi favorito, fué este caliente y agradable atole de granillo. A mí, particularmente me gustó porque no es suave como los otros atoles, este tiene una textura y sabor más fieles al maíz, maíz que viene directo de sus campos en la Mixteca.

Cuando tomas este atole es como si regresaras a través del tiempo. Tres generaciones se turnaron para moler a mano el maíz, usando un molinito, fue como observar en esa escena el pasado, presente y futuro, todos juntos entregando su energía para realizar nuestra comida del día.

INGREDIENTES

½ kilo de maíz blanco o negro
Azúcar o piloncillo, opcional, al gusto

PROCEDIMIENTO

En una olla agregar el agua, el maíz y dejar hervir por 30 minutos.

Moler el maíz en un molinito de mano, debe ser un molido rústico. Colocarlo en un recipiente y agregar 4 tazas de agua. Mover el maíz con una cuchara para que las pielecitas se separen. Remover las pieles con un colador, no debe quedar ninguna flotando encima.

En una olla, verter el agua que se usó para limpiar los granos, junto con el maíz molido y limpio, dejar que hierva a fuego medio. Mover constantemente con una cuchara para que el maíz no se pegue en el fondo.

*Agregar azúcar o piloncillo al gusto.
Cuando empiece a hervir, continuar movíiendo constantemente. Con la cuchara tome el granillo (las piezas de maíz) y verificar si esta suave. Si el granillo está suave, el atole está listo. Retirar del fuego y dejar que se enfríe un poco. Servir caliente. **Porciones 6-8**

Nota: Es mejor si lo prueba sin azúcar, y si lo desea dulce le puede agregar azúcar o piloncillo, al gusto.

HOT CORN DRINK

We were fortunate to cook at the home of Fermina Zárate Domínguez, wife of Jesus León Santos, CEDICAM's founder. Fermina's mother-in-law, Guillermina, and her daughter, Irene, also accompanied us. We made a variety of dishes, but my favorite was this hot and satisfying corn drink. I particularly liked this because it is not smooth like most *atoles,* but has texture and a very honest corn flavor. The corn came straight from their fields in the Mixteca. When you drink, you feel like you are stepping back in time. As three generations took turns grinding on the hand-cranked molinito, it was the past, present, and future putting their energy into our food that day.

INGREDIENTS

1 pound dried white or black corn
Sugar or light brown sugar, optional, to taste

METHOD

In a stockpot add the water and corn and bring to a boil for about 30 minutes.

Roughly grind the corn in a hand grinder. Place the corn in a bowl and add 4 cups water. Stir the corn with a spoon so the corn peels (skins) will separate. Remove the peels with a sieve and continue cleaning until no skins remain floating on top. Set aside the water you used to clean.

In a stockpot, pour the water you used to clean the corn and add the corn. Bring to a boil over medium heat. Stir constantly so the corn doesn't stick on the bottom. Add raw sugar or piloncillo (Mexican light brown sugar) to taste.* When the mixture begins boiling, continue to stir. Test a grain of corn, and when it is soft, the atole is ready. Be careful to let it cool a bit before you drink.
Serve hot. **Serves 6-8**

*Note: Try it first without sugar. If you find you'd like it sweeter, add a little sugar or piloncillo, to taste.

BUDÍN DE ELOTE

Esta es una de mis recetas favoritas, tomada de mi libro "Seasons of My Heart y puede ser dulce o salada. Hacer este postre es una clara señal de que llegó el verano, cuando el *maíz* está tierno. Siempre hay que "pinchar" los granos para verificar su frescura, si salpican los jugos, significa que están perfectos para esta preparación.

INGREDIENTES

Para el budín:

3 tazas de granos de elote tierno (de unas 4 mazorcas)
½ taza de leche
½ taza de leche condensada azucarada
5 cucharadas de harina de trigo
1 cucharada de polvo para hornear
4 huevos grandes (separar las yemas de las claras)
¼ de taza de azúcar
¼ de taza (½ barra) de mantequilla suave
1 cucharada de canela molida
Pizca de sal

Para la salsa:

1 cono de piloncillo (175 gramos) o ¾ taza de azúcar morena
1 taza de jugo de naranja
1 trozo de canela de 5 centímetros
1 copa (60 mililitros) de crema de naranja, mezcal o el licor de su elección
Cáscara de 1 naranja, sin la parte blanca de esta.
½ taza de crema o leche

PROCEDIMIENTO

Para el budín:

Precaliente el horno a 180° C (350° F). Engrase un molde o un refractario de vidrio de 2 litros o en 12 moldecitos de 17 gr. (moldes timbal).

Licuar los granos de *elote*, leche y la leche condesada hasta formar un puré. Reservar.

Cernir la harina junto al polvo para hornear en un tazón chico y guardar.

Batir las yemas a alta velocidad hasta que se espesen, deben tomar una consistencia cremosa y un color amarillo limón, se debe batir durante unos 15 minutos. Poco a poco agregar el azúcar, mantequilla y batir hasta que la mezcla tenga una consistencia blanda. A esta mezcla hay que agregar, alternando, la mezcla de elote y la mezcla de harina. Juntar a esto la canela molida.

Batir las claras a punto de turrón o que haga picos, adicionar a la pasta con movimientos envolventes.

Verter esta pasta en el molde y hornee de 50 a 60 minutos, o hasta que se inserte un cuchillo y este salga limpio.

Retirar del horno y dejar enfriar.

Para la salsa:

Poner a fuego lento una cacerola con el piloncillo o azúcar morena junto a ½ taza de agua y jugo de naranja, tapar, cocinar por 10 minutos o hasta que el azúcar se haya disuelto. Añadir la canela, mezcal y la cascara de naranja, dejar en el fuego unos 15 minutos.

Agregar la crema o leche y dejar cocinar unos 5 minutos más. Verter en un recipiente o jarra.

Servir el budín con la salsa encima o úsela sobre helados, crepas y panqueques.
Porciones 10 a 12

CORN PUDDING

This is one of my favorite *Seasons of My Heart* cookbook recipes and it can be made to be either sweet or savory. Making this dessert is a sure sign of summer at its peak when the corn is *tierno* or young! To ensure its tenderness, stab the young corn kernels to see the milk spurt out.

INGREDIENTS

For the pudding:

3 cups of tender fresh corn kernels (from about 4 ears)
½ cup milk
½ cup sweetened condensed milk
5 tablespoons all-purpose flour
1 tablespoon baking powder
4 large eggs
¼ cup sugar
¼ cup (½ stick) butter, softened
1 tablespoon ground Mexican cinnamon
Pinch of salt

For the sauce:

1 cone piloncillo (6 oz.) or ¾ cup brown sugar
1 cup orange juice
1 piece Mexican cinnamon, 2 inches long
1 shot glass (2 oz.) of *crema de naranja*, *mezcal*, or any liquor of choice
Peel of 1 orange, being careful not to include the white part
½ cup cream or ½ cup milk

METHOD

For the pudding:

Preheat the oven to 350° F. Grease a Bundt pan or 2-quart glass casserole dish.

Place the corn kernels, milk, and condensed milk in a blender. Blend until smooth.

In a small bowl, sift the flour with the baking powder and set aside.

Separate the eggs into two bowls. Put the whites aside to beat later. Beat the yolks on high speed until they are thick and lemon-colored, about 15 minutes.

Add the sugar slowly to the egg yolks and beat well. Add the butter and beat until smooth. Alternately add the corn mixture and the flour mixture. Add ground cinnamon.

Beat the egg whites with the salt until they are foamy and fold them into the batter.

Pour the batter into the prepared pan and bake for 50 to 60 minutes or until a knife inserted comes out clean. Allow the pudding to cool.

For the sauce:

Place the piloncillo, or brown sugar, in a saucepan with the orange juice and ½ cup of water. Heat over low heat, covered, for 10 minutes or until the sugar is melted. Add the cinnamon, mezcal, and the orange peel and cook for 15 minutes longer. Add the cream or milk and simmer for 5 minutes more. Strain into a pitcher or bowl. Serve the sauce over the pudding or use it as a topping for crepes, pancakes, or ice cream. **Serves 10-12**

NIXTAMAL

Esta es la receta ó fórmula clásica para hacer nixtamal, la base de muchos platillos de maíz seco como las tortillas, pozole, empanadas y tamales. El maíz se deja remojando toda la noche, para luego lavarlo y molerlo al día siguiente. No importa el color del maíz ya que todos son tratados de la misma forma, usando la cal. La cal también se utiliza para tratar a la calabaza madura u otras frutas, antes de que sean preservadas en siropes, como la receta de *Calabaza en Dulce*, pg. 129.

Rinde 1 kilo de nixtamal (todos los granos, ya cocidos, pueden ser molidos para hacer la masa o pueden ser usados enteros)

INGREDIENTES

60 g de cal (como 3 cucharadas de cal en polvo)
½ kilo de *maíz* seco, puede ser de cualquier color

PROCEDIMIENTO

En una olla grande hervir 2 litros de agua.

En un contendor de plástico (o en una lata), romper la cal en trozos y disolverla en 1½ taza de agua, la cal se activara sola. Medir ¾ taza del agua de cal y agregar a la olla grande donde está hirviendo el agua. Añadir el maíz seco, una vez que empiece la ebullición dejar a fuego medio, tapar y dejar al fuego 50 a 60 minutos. Cuando el maíz está cocido, cambia su color a amarillo y se puede morder el grano. Apagar y dejar remojando toda la noche o por lo menos varias horas.

Para limpiar, escurrir y enjuagar el maíz, se usa un colador grande, luego se van frotando entre las manos los granos para que la piel se le quite, esto bajo agua fría. Repetir el proceso varias veces. Se sigue lavando el maíz hasta que el agua salga clara.

Después de esto, el nixtamal está listo para el pozole, o para moler para hacer masa. La masa, a su vez, se puede volver a moler lo necesario para hacerla más suave para tortillas, memelas, o se deja con una textura gruesa para hacer tamales u otros platillos.

CALCIUM OXIDE TREATED CORN

This is the classic formula for making nixtamal, the base for many dishes made with dried corn, such as tortillas, pozoles, empanadas, and tamales. The corn is soaked overnight, to be washed and ground in the morning. It doesn't matter what color the corn is, all colors are processed the same way, using calcium oxide, or cal. Cal is also used to treat mature squash or pumpkin or other fruits before they are preserved in syrup, such as in *Calabaza en Dulce*, pg. 129.

Makes 2 pounds nixtamal
(the whole, cooked corn kernels can be ground into masa or used as is)

INGREDIENTS:

2.2 oz. (about 3 tablespoons) powdered calcium oxide
1 pound dried corn of any color

METHOD:

In a clay pot or 4-quart stainless steel stockpot, bring 2 quarts of water to a boil.

In a plastic container or a large empty can, crumble the cal in 1½ cups of water. It will activate by itself. Measure 3/4 cup and add it to the boiling water. Add the dried corn. Bring to a boil, cover, and cook for 50-60 minutes over medium heat. Allow the corn to soak in the cooking pot overnight or for at least several hours.

When the corn is cooked, it will be slightly yellow and you will be able to barely bite into a still-hard kernel. Drain and rinse the corn, using a big strainer, rubbing kernels between your hands to take the skin off, rinsing and running it under cool water. You will have to repeat this process several times. Wash the corn until the water runs clear.

The nixtamal is now ready. It can be used for posole, or it can be ground into masa with a hand grinder or at the mill using volcanic grinding stones. The masa can be ground smooth to make tortillas and memelas and any number of wonderful treats, or ground coarsely for making tamales or other dishes.

Capítulo 3

LOS QUELITES

WILD GREENS

LOS QUELITES

Nutrición Gratuita de Sentido Común

Hace más de veinticinco años nosotros y la gente de las comunidades donde trabajamos, empezamos a reforestar las laderas erosionadas, algunas consideradas entre las más erosionadas de toda América Latina. En las barrancas desnudas sembramos millones de árboles nativos, principalmente ocote y elite. Hoy día, estas barrancas son bosques verdes con sombra fresca y ocho a diez centímetros de suelo nuevo. En este nuevo clima, brotan y crecen solos otros árboles nativos, el fresno, zumaque y otros, sin la necesidad de sembrarlos, porque en este nuevo clima tienen lo que necesitan para germinar donde no habían podido vivir durante siglos.

Algo semejante sucede con nuestros quelites. Son plantas silvestres pero sólo crecen en tierra cultivada y el rico y sombroso clima de nuestras milpas. Como el maíz, ellos dependen de nosotros y nosotros de ellos. Estas plantas tienen un alto contenido de fibra, además de vitamina C y D, hierro y potasio en concentraciones mucho más altas que cualquier legumbre de origen europeo. Un estudio hecho por el Instituto de Biología de la Universidad Autónoma de México registró 244 especies de quelites, incluyendo 121 géneros pertenecientes a 46 familias botánicas, los cuales son comidos en todas las regiones de México.

Este grupo de plantas verdes comestibles nacen en nuestras milpas sin tener que sembrarlos. Empiezan a crecer con las primeras lluvias y se elevan verdes y frondosos entre el maíz y el frijol durante toda la temporada de lluvia. Producen una segunda o tercera cosecha aprovechando los mismos nutrientes con que hemos abonado el maíz, frijol y calabaza, sin ningún costo ni trabajo adicional. Son muchos, y los platillos que se elaboran con ellos son abundantes: el coyul, con su pequeña flor morada se come con maguey, pero también crudo como parte de una ensalada o solamente cortándolo y comiéndolo mientras se trabaja en el campo. El quintonil se come como espinaca y el quelite de manteca, se vaporiza en el comal y se come en sopas y ensaladas. También está la violeta, el amaranto, la verdolaga y media docena más. Algunos tienen propiedades medicinales como el epazote de coyote.

Hace unos años durante una conferencia de campesinos y campesinas de nuestra región, las mujeres se levantaban y decían: "A nuestros hombres les gustan los herbicidas. Pero esto es porque son flojos. Nosotras las mujeres, sabemos que con herbicidas perdimos una gran cantidad de alimentos gratuitos, fáciles de usar, y nutritivos: los quelites." Tuvieron razón y tenemos razón cuando decimos que "dependemos" de los quelites. En tiempos recientes, una epidemia de un tipo de ceguera infantil incurable inició en partes de Asia donde la comida principal es el arroz. Se pensó que el blanqueamiento del arroz integral, donde se perdió mucho valor nutritivo, podía ser la razón de esta enfermedad. Pero esta epidemia infantil es más reciente y se da por una deficiencia de vitamina A. Muchos campesinos de Asia se están dando cuenta que la epidemia está vinculada con la introducción de los herbicidas que eliminaron las plantas silvestres comestibles—los "quelites" de Asia—de los campos de arroz. Por ejemplo, cada pequeña porción de alimento del quelite de manteca (28 g.), contiene 65% de vitamina A, requerida por día para tener una dieta sana. Además, es muy bajo en grasa y colesterol y es buena fuente de niacina, hierro, magnesio, fósforo, vitamina C, tiamina, proteína, vitamina B6, calcio, potasio, cobre y manganeso.

A pesar de lo obvio, la solución para la epidemia de algunos científicos occidentales ha sido la creación de un tipo de arroz "amarillo," genéticamente modificado, que contiene más vitamina A. Claro que requiere el paquete técnico de fertilizantes y herbicidas que hace a los campesinos dependientes de productos de fuera a precios sobre los cuales no tienen ningún control. Curiosamente, algunas investigadoras calculan que un niño tendrá que comer más de 10 kilos de este arroz amarillo diario para alcanzar la cantidad recomendada de vitamina A para una dieta sana. Nuestros quelites son alimentos gratis de alta nutrición, nos necesitan y nosotros los necesitamos también.

WILD GREENS

Free, Commonsense Nutrition

More than twenty-five years ago we, together with the people from the communities where we work, began to reforest our eroded mountainsides—some of the most eroded lands in Latin America. In the barren arroyos, we planted millions of native trees, principally *ocote* (pine) and *elite* (alder). Today, these arroyos are green forests with cool shade and 8 to 10 centimeters of new soil. In this new climate other native trees—*fresno*, sumac, and oak—are sprouting and growing without our needing to plant them. In this new climate, they have the conditions they need to germinate where they have not grown for centuries.

It is somewhat similar to our *quelites* or wild greens. They too are wild plants, but they only grow in the cultivated soils and the rich and shady climate of our milpas. As with our corn, they depend on us, and we depend on them. These plants have high fiber content and contain vitamin C and D, iron, and potassium in much higher quantities than vegetables of European origin. A study by the Institute of Biology of the Autonomous University of Mexico lists 244 species of quelites, including 121 genera belonging to 46 botanical families, which are eaten in all parts of Mexico.

These green edible plants grow in our milpas without our having to plant them. They begin to sprout with the first rains and grow green and lush amidst the corn and beans during the rainy season. They produce a second or third harvest, taking advantage of the same nutrients with which we have fertilized the corn, beans, and squash, thereby costing us no additional work or investment. They are many, and the different dishes that we make with them are abundant: *coyul* with its tiny purple flower, that we eat with maguey, but which we also eat raw as a part of a salad, or we eat fresh-picked while we work in the fields. *Quintonil* we eat like spinach, and lamb's-quarter we steam on the comal and eat it in soups and salads. Then there are *violeta*, amaranth, purslane, and a half-dozen others. *Epazote coyote* and various other quelites also have medicinal properties.

A few years ago during a conference of campesinas and *campesinos* of our region, the women got up and said: "Our men like to use herbicides. But that is because they are lazy. We women know that the herbicides kill off a great source of free foods that are easy to use and nutritious, the quelites." They were right, and we are right too when we say we depend on the quelites. Recently, there has been an epidemic of a type of incurable child blindness in parts of Asia where the principal staple food is rice. Of course, with the processing of natural rice to make it white, a practice that entered as a result of European colonization, the Asian diet in many areas lost much of its nutritive value. But this child epidemic is more recent and is related to vitamin A deficiencies. Now many campesinos in Asia are connecting the epidemic with the introduction of herbicides which eliminate the wild, edible plants—the "quelites" of Asia—from the rice fields.

Take lamb's-quarter, for instance. Every one-ounce portion of lamb's-quarter contains 65% of the minimum daily requirement of vitamin A in a healthy diet. In addition, lamb's-quarter is low in saturated fats and cholesterol and is a good source of niacin, iron, magnesium, phosphorus, vitamin C, thiamin, protein, vitamin B6, calcium, potassium, copper, and manganese.

In spite of the obvious solutions, some western scientists have developed a type of genetically modified "yellow" rice, which contains more vitamin A, as a remedy for the epidemic. Of course, this rice also will require the technological package of fertilizers and herbicides and will make farmers dependent on products from the outside at prices over which they will have no control. Curiously, some researchers calculate that a child would have to eat ten kilos of yellow rice daily to receive the minimum daily requirement of vitamin A for a healthy diet.

Our quelites, free food of high nutritional value, need us, and we need them too.

RECETAS | RECIPES

QUELITES | WILD GREENS

QUELITES A LA MEXICANA

Esta rápida y deliciosa receta, la hizo mi asistente Nancy Sánchez un día para el almuerzo del personal, mientras esperábamos recibir a las cocineras de la Mixteca en la Escuela de Cocina Seasons of my Heart. Todo el año estuvimos cocinando en sus cocinas y decidí invitarlas a la mía. El ingrediente principal son los quelites, y esta palabra abarca todo lo comestible verde que se encuentra en la milpa, patio o campo. Los Mexicanos son aficionados a estos regalos de la temporada lluviosa, cuando se pueden encontrar verdolagas, mostaza y amaranto. Nuestros quelites se recogieron en el campo justo al lado de la escuela y los envolvimos con tortillas para hacer tacos, con una cobertura de queso fresco y aguacate. Me gustó tanto esta receta que decidí incluirla en este libro, por ser simple y llena de sabor, un nutritivo bocadillo para cualquier hora del día.

INGREDIENTES

3 cucharadas de aceite de oliva
1 cebolla blanca mediana, finamente picada
6 dientes de ajo, finamente picados
750 gr de tomates, finamente picados
6 tazas de quelites, berros, espinacas, o cualquier tipo de hierbas silvestres
1½ cucharadita de sal de mar, o al gusto

PROCEDIMIENTO

Hervir en una olla 8 tazas de agua. Agregar los quelites y dejar que estos se cocinen de 10 a 20 minutos, o hasta que los tallos estén suaves. Una vez que estén listos, sacar los quelites con un colador y dejar que se escurran completamente. Reservar el caldo.*

Calentar en una sartén el aceite de oliva. Agregar la cebolla y dejar freír unos 5 minutos o hasta que esté transparente. Añadir el ajo y el tomate y continuar friendo unos 10 minutos. Se agregan los quelites, se mezclan bien y se dejan cocinar hasta que se evapore el jugo. Agregar la sal, dejando en el fuego cinco minutos más. Servir caliente en tortillas recién hechas. **Porciones 6**

*Nota: Se puede usar el caldo de las hojas para hacer una sopa, arroz, o una salsa vegetariana.

MEXICAN STYLE WILD GREENS

My assistant, Nancy Sánchez, made this quick and delicious recipe for a staff breakfast. We were preparing to receive the Mixteca women at the Seasons of My Heart Cooking School. All year we had been cooking in their kitchens and I wanted to invite them into mine. *Quelites* is a word with a very broad meaning that encompasses any edible tender green that is found in the milpa, patio, or field. Mexicans are very fond of this bonus of the rainy season, be it purslane, mustard, or amaranth. Our quelites were gathered in the countryside near the school, and we rolled up tacos with this filling, topped with *queso fresco* and avocado. I liked the recipe so much I decided to include it here because it is such a simple, flavorful, nutritious, and small but satisfying meal at any time of day.

INGREDIENTS

3 tablespoons olive oil
1 medium white onion, finely chopped
6 cloves garlic, finely chopped
1½ pound tomatoes, finely chopped
6 cups quelites (or mache), baby spinach, or other wild greens leaves, small stems only
1½ teaspoons sea salt, or to taste

METHOD

In a saucepan bring 8 cups of water to a boil. Add the quelites and cook for about 10-20 minutes, until the leaves and stems are soft. Remove the greens with a strainer and set aside to drain completely.*

In a saucepan add the olive oil and the onion and fry for 5 minutes or until transparent. Add the garlic and the tomatoes and continue frying for about 10 minutes more. Add the quelites and mix well and continue frying so the juice will condense. Add the salt and cook for 5 minutes more. Serve hot in soft fresh tortillas. **Serves 6**

*Note: You can use the green broth to make a soup or rice, or enhance a vegetarian sauce, if you like.

TORTITAS DE HOJAS DE AMARANTO

Estas tortitas de hoja de amaranto fresco nos las preparó Fermina Zarate con las hierbas de su jardín. Estas hierbas tienen muchos nutrientes, son ricas en calcio, potasio y Vitamina C. Son muy abundantes durante la temporada de lluvias y las llaman quintonil.

Podemos sustituir las hojas de amaranto con cualquier hierba verde que tengamos disponible, ya sea quelites, espinacas, acelgas, berros etc. La receta de Fermina sirvió de inspiración para esta receta, a la cual he agregado huevos batidos y pan molido. También le podemos agregar hongos o papa cocida. Estas tortitas son riquísimas en sándwiches o servidas con una salsa de tomate (*Caldillo de Tomate Mixteco* pg. 143).

INGREDIENTES

1 cucharada de aceite vegetal
½ cebolla blanca, finamente picada
¼ kilo (¾ tazas) tomates, finamente picados
2 chiles canarios, sin semilla y finamente picados (se puede también con chile habanero o jalapeño)
4 tazas de hojas de amaranto, bien lavadas y picadas
1 taza de pan molido
Sal de mar al gusto
5 huevos (separar las yemas de las claras)
½ taza de aceite para freír las tortitas

PROCEDIMIENTO

En una sartén, agregar 1 cucharada de aceite y la cebolla. Freír la cebolla hasta que este transparente. Luego añadir el tomate, dejar cocer por unos 3 minutos, sumar el chile y dejar cocinar por 2 minutos.

En un recipiente se coloca la mezcla, las hojas de amaranto, pan molido y la sal. Se mezcla bien.

Se baten las claras con una pizca de sal, usando una batidora eléctrica o un batidor, hasta que se formen picos. Se incorporan todas las yemas y continuar batiendo durante 30 segundos o hasta tener una mezcla homogénea.

Poco a poco, ir agregando la mezcla de huevos a la mezcla de amaranto, con movimientos envolventes, cuidadosamente hasta tener una composición esponjosa. No mezclar mucho para evitar perder la consistencia esponjosa.

En una sartén, calentar la ½ taza de aceite hasta que este a una alta temperatura, para verificar, agregue con cuidado una gota de agua, si esta salpica ya está listo. Añadir una cucharada de mezcla, freír por unos 3 minutos o hasta que esté dorado, para luego voltear y que se dore del otro lado. Repetir este paso hasta terminar la preparación (se pueden freír varias tortitas en la misma sartén pero hay que evitar que se peguen).

Una vez que estén listas las tortitas, con una espátula removerlas del sartén. Colocar sobre un plato con papel absorbente para quitar el exceso de aceite. Repetir esta operación hasta que se termine la mezcla.

Servir calientes con *Frijoles de Ombligo*, pg. 108 y tortillas de maíz recién hechas. **Porciones 4 a 6 tortitas**

AMARANTH FRITTERS

Fermina Zárate made fritters with the fresh amaranth leaves from her garden. This highly nutritious herb grown in pots is abundant everywhere during the rainy season and is called *quintonil*. It is very high in calcium, potassium, and vitamin C. You can substitute any fresh greens that are available—sorrel, spinach, Swiss chard, watercress, etc. Fermina's original dish was the inspiration for this recipe to which I have added whipped eggs and bread crumbs. You can also add mushrooms or pre-cooked potatoes to the greens. These *tortitas* (little patties) are great in a sandwich or served with a thin tomato sauce. See *Caldillo de Tomate Mixteco*, pg. 142.

INGREDIENTS

1 tablespoon vegetable oil
½ medium white onion, finely chopped
½ pound (¾ cup) tomatoes, finely chopped
2 chiles canarios, finely chopped or substitute chiles habaneros or chiles jalapeños
4 cups amaranth leaves, well washed and roughly chopped
1 cup bread crumbs
Sea salt to taste
5 eggs
½ cup oil, or more, for frying the fritters

METHOD

In a frying pan, add 1 tablespoon of oil and the onion. Fry until transparent. Add the tomato and fry for about 3 minutes more, then add the chile and cook for two more minutes.

Place mixture in a mixing bowl and add the raw amaranth leaves, the bread crumbs, and salt. Mix well.

Separate the egg yolks and whites into two bowls. Beat the whites with a pinch of salt with an electronic mixer on high until stiff peaks form. Add the yolks all at once, and beat 30 seconds more or until the yolks are completely incorporated, no more.

Fold the eggs into the amaranth mixture and mix gently, careful to not overmix. The mixture should be fluffy.

In a frying pan heat the ½ cup oil until it splatters when you add a drop of water. Add a spoonful of the fritter batter and fry for about 3 minutes on one side or until it is nicely browned. Turn it once to cook the other side. You can make multiple fritters at a time but do not crowd them in the pan. With a slotted spatula, remove the fritters and drain them on paper towels. Continue frying in batches. **Makes 4 to 6 fritters**

Serve hot with *Frijol de Ombligo*, pg. 110, and fresh tortillas.

CALDO DE HOJAS DE AMARANTO CON ALBÓNDIGAS DE SOYA

La primera vez que conocí a Fermina Zarate, recuerdo que me entregó un ramo enorme de hierbas que apenas podía sostener con mis brazos, para agradecerme el haberle dado un "aventón" a ella y a su hijo, desde San Isidro Yucuyoco Tilantongo hasta su casa en Nochixtlán, aquí, ella cultiva acelgas y amaranto en una pequeña huerta. Semanas después, en su cocina, nos preparó un simple, pero delicioso caldo, que disfrutamos con salsa y tortilla. Así que, un día en la escuela de cocina, decidimos prepararlo y agregarle albóndigas de soya. También recomiendo servir con huevo escalfado para un almuerzo.

INGREDIENTES

Para la sopa:
1/2 cebolla mediana, picada
3 dientes de ajo, finamente picados
2 hojas de aguacate criollo, frescas o secas
8 tazas de hojas de amaranto
Sal de mar al gusto

Para las albóndigas de soya:
1 taza de soya texturizada
3 dientes de ajo, finamente picados
1/4 cebolla blanca finamente picada
1 huevo
1 cucharadita de orégano Oaxaqueño
1/2 cucharadita de chintestle o substituya por 1 chile chipotle en adobo pequeño, finamente picado
1/8 cucharadita de pimienta negra molida
1/4 taza de pan molido, tostado
1/2 cucharadita de sal de mar, o al gusto

PROCEDIMIENTO

Para la sopa:
En una olla grande hervir las 6 tazas de agua con la cebolla, ajo y hojas de aguacate. Dejar cocinar por unos 10 minutos.

Quelites harvest in Quilitongo.

Agregar las hojas de amaranto previamente picadas. Continuar cocinando hasta que las hojas estén suaves, de 10 a 15 minutos.

Para las albóndigas de soya:
En un recipiente, colocar la soya y una taza de agua caliente, remojar hasta que el agua se consuma. Incorporar el resto de los ingredientes mezclándolos bien y dejar reposar por 1 minuto. Hacer una bola pequeña de prueba, freírla y probar el nivel de sal, rectificar la sazón. Formar varias bolas pequeñas, hasta que se termine la mezcla.

En un sartén calentar las 6 cucharadas de aceite. Una vez que esté bien caliente, freír con cuidado cada albóndiga, separadas unas de otras, hasta que se doren, cerca de unos 5 minutos. Ya doradas, secar las albóndigas con toallas de papel para eliminar el exceso de aceite.

Agregar las albóndigas al caldo. Servir caliente. **Porciones 4 a 6**

Nota: A mi me encantan las verdolagas y quintoniles, cocidas y servidas con arroz Español, huevos escalfados y tortillas frescas hechas en comal. Es un excelente almuerzo que me da energía para toda la mañana.

AMARANTH SOUP WITH SOY BALLS

The first time I met Fermina Zárate, she filled my arms with a bundle of greens to thank me for giving her and her son a ride from San Isidro Yucuyoco Tilantongo. At her home in Nochixtlán, she harvested Swiss chard and amaranth from her little kitchen garden. Weeks later, in her kitchen, she made this simple but delicious preparation that we ate with tortillas and salsa. Back in the cooking school we added the textured soy balls. You can also serve this with a boiled egg for breakfast.

INGREDIENTS

For the soup:

½ medium white onion, chopped
3 cloves garlic, finely chopped
2 fresh or dried avocado leaves
8 cups amaranth leaves
Sea salt, to taste

For the textured soy balls:

1 cup textured soy granules
3 cloves garlic, finely chopped
¼ medium white onion, finely chopped
1 egg
1 teaspoon Oaxacan fresh oregano or dried marjoram
½ teaspoon *chintestle* paste or substitute 1 small *chipotle en adobo* (chipotle in adobo sauce), finely chopped
⅛ teaspoon ground black pepper
¼ cup bread crumbs, toasted
½ teaspoon sea salt, or to taste

METHOD

For the soup:

Bring 6 cups of water in a large saucepan to a boil. Add the onion, garlic, and avocado leaves. Simmer for 10 minutes.

Roughly chop the amaranth leaves and add to the boiling water. Continue simmering gently for 10 -15 minutes more or until the leaves are soft.

For the textured soy balls:

Place the soya in a medium bowl and add 1 cup hot water, soaking until the water is consumed. Add the rest of the ingredients, folding them in to mix well. Let rest for about 1 minute. Make one small test ball, fry it and taste for salt, adjusting if needed. Continue making balls with the rest of the mixture.

Heat 6 tablespoons of oil in a frying pan. When hot, add the balls carefully one by one, watching that they don't touch each other. Fry them about 5 minutes or until browned. Drain on paper towels. Add the balls to the hot amaranth soup and heat through. Serve hot. **Serves 4-6**

Note: For an empowering mid-morning meal, I love verdolagas and quintoniles (amaranth leaf) when stewed simply, and served with Spanish rice, hard-boiled eggs, and fresh tortillas hot off the comal.

AMARILLO DE VERDOLAGAS

Fuimos al pintoresco pueblo de San Pedro Coxcaltepec, mientras los hombres realizaban labores de cultivo con una *yunta*, apilando tierra fresca a los lados de las plantas de maíz. Ese día estaban de fiesta. Hubo fuegos artificiales, y me encantó cómo el sonido de los explosivos retumbaba en las colinas que rodeaban al pequeño pueblo. Llegamos ahí por la Sra. María Candelária, esposa de un ex presidente del CEDICAM quien nos invitó a su casa para enseñarnos como preparar algunos deliciosos y picantes platillos. Este amarillo es muy rico pero enchila mucho, por eso ofrezco opciones de chiles para agregar a esta receta, así se puede decidir el grado de picor. Le agregamos las verdolagas, mejor conocidas como quelites, porque estaban en el campo de maíz y se sabe que aportan grandes beneficios como producir glóbulos rojos en la sangre.

INGREDIENTES

10 chiles guajillos (o substituya 6 chiles guajillos y 4 chiles pulla para más picor) sin rabo, desvenados y sin semillas
1/2 kilo de papas enteras con cáscara
8 tazas de verdolagas, en pequeños pedazos con tallos tiernos (no incluir tallos grandes)
5 dientes de ajo
1/4 cebolla blanca
1 cucharadita de orégano Oaxaqueño
2/3 taza de masa preparada (3/4 harina de maíz nixtamalizado para tortillas mezclada con 1/2 taza de agua)
4 hojas de hierba santa, el centro removido (sin tallo) o sustituir con hojas de hinojo o dos cucharadas de anís en semillas.
3 1/2 cucharaditas de sal de mar, o al gusto.
2 limones, en cuartos

PROCEDIMIENTO

Hervir 4 tazas de agua, verter sobre los chiles hasta que los cubra y dejar remojar unos 15 minutos, volteándolos con los dedos. Retirar los chiles del agua, colocar en una licuadora y reservar. Guardar el agua para después.

Hervir en una olla, ocho tazas de agua. Agregar las papas y cocinar hasta que estén suaves, o hasta que al pinchar con un tenedor este entre fácilmente, unos 25 minutos aproximadamente. Sacar las papas del agua y dejar enfriar; una vez frías pelarlas y cortar en cubos. Llevar de nuevo a hervor el agua en la olla, y cocinar las verdolagas a fuego bajo.

Asar el ajo y la cebolla en un comal a fuego medio hasta que se suavicen. Agregar el ajo, la cebolla, orégano y la taza del agua que utilizamos antes para remojar los chiles, los cuales ya se encuentran en la licuadora. Licuar hasta tener un puré, colar la mezcla y agregar a la olla con las verdolagas, continuar cocinando.

Licuar la masa junto a la hierba santa y 2 tazas del agua del chile hasta obtener una mezcla suave. Pasar por un colador y verter en la olla con las verdolagas. Continuar la cocción por unos 25 minutos, moviendo constantemente para que no se pegue en el fondo. Sumar los cubos de papa y sazonar con sal al gusto. Continuar cocinando por 5 minutos, revolviendo para evitar que se pegue.

Servir con tortillas y con limones en cuartos. **Porciones 6 a 8**

PURSLANE IN YELLOW MOLE

We went to the picturesque village of San Pedro Coxcaltepec. The men were working the cornfields with a *yunta* (an Egyptian plow pulled by oxen) piling fresh earth up the sides of the corn plants. There was a fiesta that day and I marveled at how the sound of the fireworks ricocheted around the ring of hills that enclosed the tiny pueblo. María Candelaria, wife of a past president of CEDICAM, invited us to their home to teach us some delicious and very *picante* dishes. This *amarillo* (yellow mole) is quite good and very hot, so I offer options for adding chiles to the dish. Your option is to make it hotter if you like. Verdolagas are known to produce red corpuscles in the blood, so that's an added benefit of this dish.

INGREDIENTS

10 chiles guajillos, (or substitute 6 guajillos and 4 chiles pullas for more heat) stemmed, deseeded, and deveined
1 pound of new potatoes, whole, with the skins on
8 cups purslane, torn into small pieces with tender stems, no large stems included
5 cloves garlic
¼ white onion
1 teaspoon fresh or dried Oaxacan oregano, or marjoram
8 oz. (2/3 cup) prepared masa (¾ cup masa harina for tortillas mixed with ½ cup water)
4 hierba santa leaves, ripped, center rib removed, or substitute fennel leaves or 2 tablespoons anise seeds
3½ teaspoons sea salt, or to taste
2 limes, quartered

METHOD

In a kettle bring 4 cups of water to a boil. Pour the water over the chiles to cover and soak for about 15 minutes, turning once with tongs. Remove chiles from the water, place in a blender jar, and set aside. Save the water for later.

In a saucepan bring 8 cups of water to a boil. Add the potatoes and cook for about 25 minutes, or until fork-tender. Remove from the water and set aside. Bring water back to a boil and add the purslane, turn the heat to medium, and cook for a few minutes. When the potatoes are cool, peel, and cut into 1-inch cubes.

On a comal, over medium heat, roast the garlic and onion until soft. Add them and the oregano to the blender with the soaked chiles and some of the chile soaking water. Blend until smooth. Strain through a sieve or food mill and pour into the pot of purslane and continue cooking.

In the blender, place the masa and hierba santa with 2 cups of the reserved chile water and blend until smooth. Pass through a sieve or food mill into the purslane. Simmer for about 25 minutes, stirring constantly so it doesn't stick to the bottom. Add the potato cubes and the salt and continue cooking and stirring for about 5 minutes more.

Serve with hot tortillas and lime quarters. **Serves 6-8**

ENSALADA DE BLANCA

Un domingo de finales de verano, me encontré con Blanca en el bullicioso mercado de Nochixtlán. Le pregunté qué prepararía con los vegetales que estaba comprando y ella me invitó a su casa al día siguiente para hacer esta ensalada. Me sorprendió que utilizara cacahuates en el aderezo, esto fue lo que realmente le dio cuerpo a la ensalada. Esta receta es muy fácil de hacer, es refrescante y llena de vitaminas. Se puede utilizar cualquier tipo de tubérculo y vegetales verdes, los de su preferencia. También, en lugar de los cacahuates, se pueden agregar almendras y nueces.

INGREDIENTES

Para el aderezo:

¼ taza de cacahuates tostados, sin la piel
¼ taza de aceite de oliva
¼ taza de jugo de limón
½ cucharadita de sal de mar, o al gusto
Pimienta fresca recién molida al gusto

Para la ensalada:

2 zanahorias, cortadas en juliana
6 tazas de una mezcla de lechugas, en pedazos pequeños
1 betabel chico, pelado y rallado

PROCEDIMIENTO

Para el aderezo:

Tostar los cacahuates en un comal a fuego medio, moviéndolos constantemente para evitar que se quemen. Dejar que se enfríen para luego picar en pequeños trozos y reservar.

En un recipiente pequeño incorporar el aceite de oliva, jugo de limón, mezclar y salpimentar.

Para la ensalada:

En un recipiente grande mezclar las lechugas y zanahorias. Reservar.

Para servir:

En un recipiente, bañar con el aderezo (al que se le debe haber agregado ¾ de los cacahuates) las lechugas y las zanahorias, mezclarlo todo muy bien.

Sirva porciones individuales y cubrir con el betabel rallado y rociar con el resto de los cacahuates reservados. **Porciones 4 a 6**

BLANCA´S SALAD

One Sunday in the late summer I ran into Blanca in the bustling market in Noxchitlán. I asked her what she was going to prepare with the vegetables she was buying, and she invited me to come to her house the next day to make this salad. I was surprised at the peanuts she used in the dressing, but they actually *make* the salad! This salad is quite refreshing, easy to make, and full of vitamins. You can use any kind of root vegetables and greens that you like. If you don't have peanuts, you can substitute almonds or pecans.

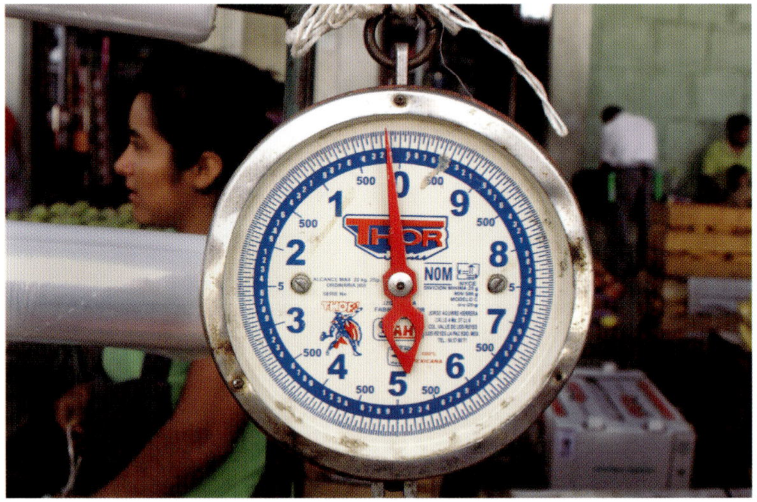

INGREDIENTS

For the dressing:

¼ cup peanuts, papery skin removed
¼ cup olive oil
¼ cup lime juice
½ teaspoon sea salt, or to taste
Fresh ground black pepper, to taste

For the salad:

2 carrots, julienned
6 cups mixed lettuce leaves, ripped in small pieces
1 small beet, peeled and grated

METHOD

For the dressing:

On a comal or dry frying pan over a low heat toast the peanuts. Stir them constantly so they won't burn. Allow them to cool. Roughly chop into small pieces and set aside. In a small bowl mix the olive oil and the lime juice. Add salt and pepper and mix.

For the salad:

In a large bowl toss the carrots and the greens and set aside.

To serve:

In a medium bowl, toss the carrot and lettuce with the dressing, to which you have added 3/4 of the peanuts and mix well. Place portions on individual plates and top with the grated beets. Sprinkle each plate with some of the reserved peanuts and serve. **Serves 4-6**

ACELGAS RELLENAS DE VERDURAS CON QUESO

Este es un delicioso platillo fuerte vegetariano, excelente para una comida veraniega. Yo aprendí el relleno original de Silvia López García en Hidalgo Jaltepec cuando ella lo usó para rellenar calabacitas nativas, suaves, que crecían en la milpa. En casa, yo usé las sobras para rellenar hojas de acelgas. A mí me encantó esta versión y por eso la quise incluir aquí. Sugiero servir con arroz y *Caldillo de Tomate Mixteco,* como salsa. Tenga en mente que también puede ocupar las calabacitas tiernas justo como Silvia originalmente me enseñó.

INGREDIENTES

Para el relleno de vegetales y queso:

2 cucharadas de aceite de girasol o de oliva
½ cebolla blanca mediana, picada
1 taza de calabacita zucchini, en cubos (si esta usando calabazas, retirar el centro con una cuchara)
1 taza de chayote, pelado y en cubos
1 taza de tallos de acelgas, rebanadas (remover de las hojas si usa acelgas)
5 dientes de ajo, finamente picados
1 taza de queso panela en cubos, puede sustituir con mozzarella
2 cucharaditas de cilantro, finamente picado
1 cucharadita de hierba buena, finamente picada
½ cucharadita de pimienta negra, recién molida
½ cucharadita de sal de mar, o al gusto

Tener todo listo para ensamblar:

Seis hojas de acelgas (cortar los tallos para usarlos en el relleno) o 6 calabacitas criollas Mexicanas o zucchini (quitar el centro con una cuchara y picarlo para usar en el relleno).

Los vegetales y queso para el relleno
½ taza de harina
Una pizca de sal de mar
Pimienta recién molida
4 huevos grandes (separar las yemas de las claras) a temperatura ambiente.
Una pizca de sal de mar
2½ tazas de aceite vegetal, para freír
3 tazas de *Caldillo de Tomate Mixteco*, pg. 142.

PROCEDIMIENTO

Para los vegetales y el relleno de queso:

Calentar 2 cucharadas de aceite de oliva en una sartén mediana, agregar la cebolla, freír hasta que transparente. Agregar la calabaza, el chayote, los tallos de acelga y freír hasta que suavicen. Adicionar el ajo y seguir friendo por 5 minutos más. Colocar en un recipiente y dejar enfriar. Verter el queso y las hierbas, sal y pimienta al gusto. Mezclar bien.

Para ensamblar:

Cocinar al vapor las acelgas (o calabacitas) de 2 a 3 minutos hasta que estén suaves pero no muy cocidas, al dente. Colocarlas en una tabla de picar para que enfríen. Extender cada hoja en la tabla y colocar 2 cucharadas del relleno en el centro. Doblar las orillas de las hojas encima del relleno, doblando las dos puntas para formar un paquete pequeño. Asegurar con un palillo, si es necesario. Si vas a usar calabazas, rellenar los espacios vacíos con el relleno y cubrirlo.

Para batir y freír:

En un recipiente pequeño mezclar la harina con la sal y la pimienta.

Envolver los paquetes de acelgas o las calabazas rellenas en la harina. Eliminar el exceso de harina y colocar en una charola para hornear.

Batir las claras y una pizca de sal hasta que se formen picos. Agregar las yemas y batir por 30 segundos más o hasta que las yemas se incorporen completamente.

En una sartén grande calentar el aceite hasta que esté bien caliente. Con una cuchara capear un paquete de acelga o calabaza y cubrir con más huevo batido. Cuidadosamente colocar esto en el aceite caliente y freír en ambos lados hasta que doren. Remover y colocar en toallas de papel para eliminar cualquier exceso de aceite.

Para servir, en cada plato individual colocar una cucharada de *Caldillo de Tomate Mixteco* y colocar las acelgas o calabacitas rellenas en el medio. Agregar una porción de arroz y usar hojas de perejil como guarnición.

Porciones 6

SWISS CHARD STUFFED WITH VEGETABLES AND CHEESE

This is a delicious main course for a vegetarian meal in summer. I learned the original filling from Silvia López Garcia in Hidalgo Jaltepec when she used it to fill *calabacitas*, the tender native squash that grows in the milpa. At home, I used some of the leftover filling to stuff Swiss chard leaves. I liked this version so much that I want to present it here. Serve with rice and prepare *Caldillo de Tomate Mixteco*, pg. 142, as a sauce. Keep in mind that you can also use young squash, as Silvia had originally shown me.

INGREDIENTS

For the vegetable and cheese filling:

2 tablespoons sunflower or olive oil
½ medium white onion, chopped
1 cup of squash or zucchini, cubed (if using squash, scoop out the center)
1 cup of chayote, peeled and cubed
1 cup of Swiss chard stems, sliced
5 cloves of garlic, finely chopped
1 cup *queso panela* cubed, or substitute mozzarella
2 teaspoons of cilantro, finely chopped
1 teaspoon of peppermint, finely chopped
½ teaspoon of black pepper, freshly ground
½ teaspoon of sea salt, or to taste

Have all ready that is needed for the assembly:

Squash, chayote, and chard stems
The vegetable and cheese filling
½ cup of flour
Sea salt
Freshly ground black pepper
4 large eggs at room temperature
2½ cups of vegetable oil, for frying
3 cups *Caldillo de Tomate Mixteco*

METHOD

For the vegetable and cheese filling:

Heat 2 tablespoons of olive oil in a medium skillet, add the onion, and fry until transparent. Add the squash, chayote, and chard stems and fry until soft. Add the garlic and fry 5 minutes more. Put it in a bowl and cool. Toss in the cheese and herbs, salt and pepper to taste. Mix well.

To assemble:

Steam the Swiss chard leaves (or squash) 2 to 3 minutes until pliable but al dente. Lay them on a cutting board to cool. Extend each leaf on the board and place 2 spoonfuls of filling in the center. Fold the sides of the leaves over the filling, folding in top and bottom to make a little package. Secure with a toothpick, if needed. If using squash, fill the empty cavities with filling and pack it down.

To batter fry:

In a small bowl mix the flour with the salt and pepper. Dredge the Swiss chard packages or stuffed squash in the flour. Tap off the excess and place on a baking sheet.

Separate the egg yolks from the whites into two bowls. Beat the whites and pinch of salt with an electric mixer on high until stiff peaks form. Add the yolks all at once, and beat 30 seconds more or until the yolks are completely incorporated, no more.

In a large skillet heat the oil until sizzling. Scoop up a large spoonful of batter and place the chard/squash on the spoon and cover with more batter. Carefully put this in the hot oil and fry on both sides until golden brown. Remove and drain on a sheet pan covered with paper towels.

To serve, spoon the *Caldillo de Tomate Mixteco* on individual plates and place the Swiss chard or stuffed squash in the middle. Add a portion of rice and garnish with parsley leaves. **Serves 6**

CREPAS DE AMARANTO CON PICADILLO DE SOYA

Unos de mis mejores días, durante todo este proyecto, fue cuando invitamos a nuestra cocina a las cocineras que estuvieron involucradas en este libro para un intercambio de recetas. Yo he estado enseñando la *Ensalada de Nopales Asados* en las comunidades cuando íbamos en búsqueda de preparaciones, pero esta vez, fue un día completo de clases de cocina para que ellas aprendieran recetas con los mismos ingredientes pero con un toque diferente. Rosa Hernández, *Cocinera Comunitaria*, me había dicho que ella estaba manejando centenas de kilos de soya texturizada que el gobierno le había dado para alimentar a los niños y estaba desesperada por nuevas ideas. También contaba con una abundante cantidad de harina de amaranto que tenía que usar. Yo le dediqué este platillo a ella ese día.

INGREDIENTES

Para las crepas:

4 huevos
1 taza de leche
3 cucharadas de mantequilla sin sal derretida, o aceite
1 taza de harina de amaranto
½ cucharadita de sal de mar
2 cucharadas de azúcar

Para la soya sazonada:

1½ taza de soya texturizada, seca
2 tazas de caldo de vegetales, calentado
10 cucharadas de aceite de girasol o aceite vegetal
1 cebolla blanca mediana, picada
6 dientes de ajo, finamente picados
½ taza de tallos de apio, picados
½ taza de calabaza zucchini, picada
3 tazas de acelgas (1 taza de tallos, 2 tazas solamente de hojas en pedazos medianos de unos 4cm de largo)
4 tomates medianos, picados
2 cucharadas de orégano Oaxaqueño
1 chile de árbol, entero con rabo
1 cucharadita de sal de mar o al gusto
½ cucharadita de pimienta negra recién molida
1 taza de crema, o crema ácida

Para la salsa de tomate y chile guajillo:

½ kilo de tomate
5 chiles guajillos, sin rabo, desvenados y sin semillas
½ cebolla blanca mediana, trozos medianos
7 dientes de ajo
1 cucharada de aceite de girasol o aceite vegetal

Para la guarnición del *Chile Canario en Escabeche:*

4 chiles canarios, asados, pelados y rebanados
1 cebolla blanca mediana, rebanadas finas
Jugo de 5 limones
1 cucharada de orégano Oaxaqueño o mejorana
Sal de mar al gusto

PROCEDIMIENTO

Para las crepas:

En un recipiente chico batir los huevos. Agregar la leche y la mantequilla derretida o el aceite. Añadir la harina, sal de mar y azúcar. Continuar mezclando hasta obtener una mezcla suave y fluida. Dejar que la mezcla repose por unos 30 minutos. Reservar.

Para el relleno:

En un recipiente, mezclar la soya con el caldo de verduras. Dejar que la soya repose por unos 10 minutos. Debe absorber todo el caldo de verduras.

En una sartén grande para freír, calentar 4 cucharadas de aceite, agregar la soya y freír por 15 minutos moviendo constantemente. Remover la soya y reservar.

En la misma sartén para freír, agregar las 6 cucharadas de aceite restantes y freír la cebolla hasta que transparente, después añadir el ajo y el apio, freír por unos 3 minutos. Agregar la calabaza y los tomates y dejar freír por 10 minutos. Regresar la soya al sartén y adicionar 2 tazas más de caldo. Añadir el orégano, sazonar con la sal de mar y la pimienta, moviendo constantemente, y cocinar por 5 minutos más y sumar la crema. Calentar.

Para la salsa:

En una sartén honda, hervir 2 tazas de agua. Hacer una X, con un cuchillo, en la parte de abajo de los tomates, colocarlos en el agua hirviendo y cocinar por 3 a 5 minutos. Retirar los tomates. Guardar el agua. Poner los chiles en un recipiente chico y agregar un poco del agua de los tomates para que se remojen hasta que estén suaves, durante unos 15 minutos. Pelar los tomates. Colocar los tomates en la licuadora con los chiles, la cebolla y el ajo. Licuar hasta que suavice. Colar con un pasapuré o colador.

En una sartén honda calentar el aceite. Agregar la salsa y freír por 8 a 10 minutos. Añadir 2 tazas del agua de tomate y dejarla hervir por otros 15 minutos a fuego bajo. Adicionar sal de mar al gusto. Reservar.

Para la guarnición del chile canario en escabeche:
En un recipiente pequeño disponer el chile y la cebolla, mezclar bien. Agregar el jugo de limón, el orégano y la sal de mar, mover bien para que la sal se disuelva.

Para preparar las crepas:
Calentar ½ cucharada de aceite en una sartén de 14 centímetros. Pasar una toalla de papel para remover el exceso de aceite, pero asegurarse de que el aceite cubra la superficie de la sartén. Vaciar ¼ taza de la mezcla de la crepa al sartén. Mover la sartén en círculos para que la mezcla cubra la superficie. Cuando las orillas empiecen a dorar y a levantarse, voltear la crepa. Dejarla cocinar por 1 minuto. Remover de la sartén y colocarlas en un plato. Continuar con el resto de la mezcla, encimando las crepas.

Para ensamblar las crepas, colocar una crepa en el plato y rellenarla con ½ taza de la mezcla de la soya. Enrollar y colocar la orilla en la parte de abajo para procurar que no se abra. Vaciar 2 cucharadas de la salsa de tomate encima. Colocar encima una cucharada de la guarnición del chile canario en escabeche.

Servir caliente. **Porciones 12 crepas**

AMARANTH CREPES WITH SEASONED SOY FILLING

One of the high points of this entire project was the day we invited all the cooks involved with this book to the Seasons of My Heart Cooking School for the recipe exchange. I had already been teaching the *Ensalada de Nopales Asados* when we went to get new recipes in the villages, but this was an entire day of classes for the cooks to learn new recipes using the same ingredients but with a different approach. One of the cooks, Rosa Hernández, explained that as a comunity cook, she was faced with hundreds of kilos of textured soy that the government provided to feed the children. She was desperate for new ideas on how to prepare the soy. She also had an abundance of amaranth flour. I dedicated this dish to her on that day.

INGREDIENTS:

For the crepes:

4 eggs
1 cup milk
3 tablespoons of melted unsalted butter, or vegetable oil
1 cup amaranth flour
½ teaspoon sea salt
2 tablespoons sugar

For the seasoned soy filling:

1½ cup textured soy granules, dried
2 cups vegetable stock, heated
10 tablespoons sunflower or blended oil
1 medium white onion, chopped
6 cloves garlic, finely chopped
½ cup celery stalks, chopped
½ cup zucchini squash, roughly chopped
3 cups Swiss chard (1 cup stalks only, 2 cups leaves only torn in medium pieces about 2 inches long)
4 medium tomatoes, chopped
2 tablespoons Oaxacan oregano, or marjoram
1 chile de arbol, whole with the stem on
1 tablespoon sea salt or to taste
½ teaspoon fresh ground black pepper
1 cup crema, or crème fraiche, or sour cream

For the tomato chile guajillo sauce:

1 pound plum tomatoes
5 chiles guajillos, stemmed, deveined, and deseeded
½ medium white onion, medium chunks
7 cloves garlic
1 tablespoon sunflower or blended oil

For the *Chile Canario en Escabeche* garnish:

4 chiles canarios, roasted, peeled, and sliced
1 medium white onion, finely sliced
Juice of 5 limes
1 tablespoon of fresh or dried Oaxacan oregano, or marjoram
Sea salt to taste

METHOD:

For the crepes:

In a medium bowl beat the eggs. Add the milk and melted butter or oil. Add the flour, sea salt, and sugar. Continue mixing until you obtain a soft, flowing batter. Let the mixture rest for about 30 minutes. Set aside.

For the filling:

In a bowl, mix the soy granules and the vegetable stock. Let the soy rest for about 10 minutes. It will absorb the vegetable stock.

In a large frying pan heat 4 tablespoons of oil, add the soy and fry for about 15 minutes, stirring constantly. Remove the soy and set aside.

In the same frying pan, add the remaining 6 tablespoons of oil and fry the onion until transparent. Add the garlic and the celery and fry for about 3 minutes. Add the squash and the tomatoes and let fry for about 10 minutes. Return the soy meat to the frying pan and add the additional 2 cups of vegetable stock. Add the oregano, season with the sea salt and black pepper, stirring constantly, and cook for about 5 more minutes. Add the cream and heat through.

For the sauce:

In a saucepan, boil 2 cups of water. Make an x on the bottom of the tomatoes, place them in the boiling water, and cook for about 3 to 5 minutes. Remove the tomatoes. Save the water. Put the chiles in a small bowl and add some of the hot tomato water and soak until soft, about 15 minutes. Peel the tomatoes and put

them in a blender with the chiles, onion, and garlic. Blend until smooth. Strain in a large strainer or pass through a food mill.

Heat the oil in a saucepan. Add the sauce and fry for about 8-10 minutes. Add two cups of the tomato water and let it boil for another 15 minutes in slow heat. Add sea salt to taste. Set aside.

For the *chile canario en escabeche* garnish:
In a small mixing bowl, add the chile and onion and mix well. Add the lime juice, oregano, and sea salt. Stir well to dissolve the salt.

To assemble the crepes:
Heat ½ tablespoon of oil in a small frying pan or 7-inch crepe pan. Wipe with a paper towel to remove any excess of oil, but make sure that enough oil covers the surface of the pan. Pour ¼ cup of the crepe mixture in the pan. Move the pan in a circle so the mixture will cover the surface of the pan. When the sides of the crepes start to lift and brown, turn the crepe. Let it cook for 1 minute more. Remove from the pan and place on a plate. Continue with the rest of the mixture, stacking the crepes.

To assemble the crepe, place it on a plate and fill it with ½ cup of the soy mixture. Roll the crepe up and place seam side down on a plate. Pour 2 tablespoons of the tomato sauce on top. Place a tablespoon of the Chile Canario en Escabeche garnish on top.

Serve hot. **Serves 12 crepes**

MOLE VERDE DE QUILITONGO

Este mole fue hecho por la emoción del momento, un día que recogimos casi todos los ingredientes de esta receta en el fantástico jardín de Manuela Santiago Zanabria. No teníamos semillas para agregar, así que el resultado fue una sopa verde muy rica, yo me inspiré para trabajar más en esta receta. De vuelta en Oaxaca, le agregué las semillas de calabaza y ajonjolí para hacer, lo que hasta el día de hoy es, una de mis recetas favoritas. Prepara esto para tu próxima fiesta.

INGREDIENTES

Para el pollo:

½ cebolla blanca mediana, pelada
3 dientes de ajo, pelados
1 pollo entero, cortado en 6 u 8 piezas
Sal de mar, al gusto

Para el mole:

4 cucharadas de aceite de girasol o aceite vegetal
1 taza de pepitas, semillas de calabaza peladas (¾ taza para el mole y ¼ taza para guarnición)
1 taza de ajonjolí
3 chiles jalapeños, sin semillas y en trozos
1 cebolla blanca mediana, en trozos
½ kilo de tomatillos, en cuartos
3 dientes de ajo
3 clavos
5 pimientas gordas
6 hojas de hierba santa, sin tallo
½ taza de hojas de epazote
1 taza de hojas de cilantro
1 taza de hojas de perejil
2 hojas de lechuga, en pedazos
4 hojas de rábano, en pedazos
2 acelgas, en pedazos
4 ramas de orégano Oaxaqueño fresco o mejorana
Sal de mar al gusto

PROCEDIMIENTO

Para el pollo:

En una olla, colocar 8 tazas de agua a hervir. Después, agregar la cebolla, ajo y cocinar por 5 minutos, posteriormente añadir el pollo, hervir y bajar la flama para que se cocine lentamente por 40 minutos, agregando sal de mar al terminar de cocinar.

Para el mole:

En una sartén chica colocar 1 cucharada de aceite, agregar las pepitas y freír por 5 minutos moviendo constantemente para que se cocinen uniformemente y reservar. En la misma sartén, poner el ajonjolí y freír por 3 minutos, moviendo constantemente para que no se quemen. Si empiezan a brincar, puede agregar sal a la sartén para sosegarlos. Reservar en el mismo plato para que enfríen.

En una licuadora, colocar los chiles, cebolla, tomatillos, ajo, clavos, la pimienta gorda y licuar hasta que suavice. Colar la mezcla con ayuda de un pasapuré o un colador.

En una cazuela o sartén grande, calentar 3 cucharadas de aceite, agregar la mezcla de tomatillo y freír por 10 minutos, moviendo constantemente.

Añadir el resto de las hojas a la licuadora junto con un poco de caldo de pollo y moler hasta que suavice. Colar la mezcla con un colador y agregar a la salsa de tomatillo, mover constantemente por 10 minutos.

Licuar el ajonjolí, ¾ tazas de pepitas y 1½ tazas de caldo de pollo si es necesario. Agregar al tomatillo de la cazuela y mover constantemente por 35 minutos. La salsa de mole debe estar espesa, lo suficiente para cubrir la parte trasera de una cuchara. Agregar sal de mar para resaltar los sabores.

Calentar las piezas de pollo en el caldo restante.

Para servir, colocar una pieza en cada plato hondo y verter una taza de la salsa de mole. Rociar con las pepitas reservadas para guarnición. Acompañarlo con tortillas de maíz frescas. **Porciones 14-16**

GREEN MOLE FROM QUILITONGO

This *mole verde* was made at the spur of the moment after we harvested almost all of the ingredients out of Manuela Santiago Zanabria's lush vegetable garden. We had no seeds to add, so it became a Verde Soup. It was so good that I was inspired to continue working with this recipe. Back in Oaxaca, I added pumpkin and sesame seeds to make what is now one of my favorite dishes. Make this for your next fiesta!

INGREDIENTS

For the chicken:

½ medium white onion, peeled
3 cloves of garlic, peeled
1½ whole chicken, cut in 6 or 8 chicken pieces
Sea salt, to taste

For the mole:

4 tablespoons sunflower or vegetable oil
1 cup pepitas, or peeled pumpkin seeds (¾ cup for the mole and ¼ cup for garnish)
1 cup sesame seeds
3 fresh chiles jalapeños, seeded, chunked
1 medium white onion, chunked
1 pound tomatillos, quartered
3 cloves garlic
3 cloves
5 whole allspice berries
6 hierba santa leaves, center rib removed
½ cup epazote leaves
1 cup cilantro leaves
1 cup flat leaf parsley leaves
2 lettuce leaves, torn in pieces
4 radish leaves, torn in pieces
2 Swiss chard leaves, torn in pieces
4 sprigs fresh Oaxacan oregano, or marjoram
Sea salt, to taste

METHOD

For the chicken:

Bring 8 cups of water to boil in a stockpot. Add the onion and garlic and cook for 5 minutes. Add the chicken, bring to a boil, and lower the heat to simmer for about 40 minutes. Add the sea salt at the end of the cooking time.

For the mole:

In a small frying pan, place 1 tablespoon of the oil and add the pumpkin seeds. Fry for about 5 minutes, stirring constantly so they pop evenly. Set aside on a plate. In the same frying pan add the sesame seeds and fry for 3 minutes, moving constantly so they won't burn. If they start popping about, you can add some salt to the pan to calm them down. Set aside on the same plate to cool.

In the blender, place the chiles, onion, tomatillos, garlic, cloves, and the allspice, and blend until silky smooth. Pass this mixture through a food mill or a large sieve.

In a wide clay cazuela, Dutch oven, or wide soup pot heat 3 tablespoons of oil. When it is hot, add the tomatillo mixture and fry for 10 minutes, stirring.

Add the rest of the greens to the blender and blend until smooth with a little bit of the chicken stock. Pass the greens through a sieve or food mill into the tomatillo mixture and stir constantly for about 10 minutes.

Blend the sesame seeds, 3/4 cup of the *pepitas*, and 1½ cups of chicken stock until smooth. Add more chicken stock if needed. Add it to the tomatillo mixture and stir constantly for 35 minutes. The mole sauce should be thick enough to just coat the back of a spoon. Add mole chicken stock if needed. Add the sea salt to bring out all the flavors.

Heat the chicken pieces in the remaining chicken stock and heat through.

To serve, place a piece of chicken in an individual shallow bowl and pour a cup of mole sauce over it. Sprinkle with some of the reserved pepitas for garnish. Accompany with fresh corn tortillas. **Serves 14-16**

AGUA DE AMARANTO

Esta es una extraordinaria bebida fría, perfecta para refrescar un día caluroso de verano, justo cuando el amaranto esta verde, lleno de hojas y antes de que empiece a formar sus semillas. Catalina hizo esta bebida para nosotros cuando le preguntamos por recetas que usaran esta grandiosa y nutrimental hierba, la cual crece en la *milpa*, en jardines e incluso en las orillas de los caminos. Ella nos dijo que el CEDICAM había organizado un curso para las mujeres con el objetivo de enseñarles cómo podían aprovechar esta hierba antigua.

INGREDIENTES

2 tazas de hojas de amaranto, empacadas firmemente, o sustituya por acelgas u otras hierbas verdes, bien lavadas
3 limones o limas cortados en cuartos, sin semilla
1 taza de azúcar o miel, a gusto

PROCEDIMIENTO

En una licuadora, moler bien las hojas de amaranto, limones y azúcar con 8 tazas de agua.

Colar la mezcla con ayuda de un colador. Servir bien fría. **Porciones 2 litros**

FRESH AMARANTH WATER

This is a refreshing drink for a hot summer's day when the amaranth is at its full, leafy glory and before it starts to form its seed head. Catalina made this drink for us when we asked her for recipes using this wonderful, nutritious herb that grows tall in the *milpa,* in gardens, and even on the side of the road. She explained that CEDICAM had organized a course for women to learn how to use this very green and ancient herb.

INGREDIENTS

2 cups amaranth leaves, well washed and firmly packed, or substitute Swiss chard, or other leafy greens, well washed
3 limes, or lemons, cut in quarters
Sugar or honey to taste

METHOD

In a blender, process the amaranth leaves, limes, and sweetener with 8 cups of water. Blend well. Strain the mixture through a strainer. Serve well chilled. **Makes 2½ quarts**

ALEGRÍAS

Es gracioso que las recetas con tan pocos ingredientes, son las más difíciles de dominar. Fermina nos enseñó esta preparación que sólo se hace con amaranto y miel pura de abeja. Pero al hacer la prueba, nos dimos cuenta que sólo con ponerle miel no mantenía su forma, se desmoronaba. Y como Fermina nos ilustró que agregando un poco de jugo de limón nos ayudaba a cortarle lo dulce, decidimos agregar un poco más, para que no perdiera su forma. Esta delicia se ha convertido en uno de mis bocadillos favoritos, hecho con este fabuloso ingrediente, y es suna buena opción para las personas que buscan productos libres de gluten. Se puede sustituir la miel por piloncillo; también puedes usarlo espolvoreado sobre ensaladas de frutas o lo que gustes.

INGREDIENTES

¼ kilo de piloncillo, piezas pequeñas
1 cucharada de jugo de limón
4 tazas de semillas de amaranto.

PROCEDIMIENTO

Poner a hervir a fuego medio ½ taza de agua (se recomienda una sartén honda). Agregar el piloncillo y el jugo de limón, mover constantemente hasta que el piloncillo se derrita, unos 10 minutos aproximadamente.

Una vez que nuestro jarabe esté listo, verter poco a poco encima del amaranto y mezclar bien con una cuchara de madera. Una vez que esté la mezcla, vaciar en una bandeja de 18x18 cm.

Presionar en el molde para que se compacte y modelar ya sea en cuadros o en figuras. Dejar enfriar por una hora.

Nota: Se pueden agregar nueces, almendras, pasas o arándanos sobre las alegrías para decorarlas, se presionan para que se incrusten en cada una. Porciones 10 **dulces (6x6 cm largo y 1 cm ancho)**

AMARANTH SEED TRADITIONAL CANDY

It's sometimes the recipes with very few ingredients that are so hard to master. Fermina Zárate showed us this recipe using the puffed seed of the amaranth and pure honey. We found that using honey, it didn't retain its form, so we used piloncillo for these bars called *alegrías*. Lime juice is used to cut the sweetness. This has been one of my favorite snacks. It is a super food that has become more popular as people look for gluten-free substitutes. If you want to just use honey, the soft crumble can be used to sprinkle on top of a fruit salad.

INGREDIENTS

½ pound piloncillo, cut into small pieces
1 tablespoon lime juice
4 cups puffed dry amaranth seed

METHOD

In a 2-quart saucepan over medium heat, place ½ cup of water and bring to a boil. Add the piloncillo and lime juice. Stir constantly for about 10 minutes, until it is melted.

Pour the syrup little by little over the dry amaranth and mix with a wooden spoon. Pour the mixture immediately into a 9x9-inch pan. Press it down to compact it and cut into squares or stamp out rounds if you like. Let them cool for about 1 hour. **Makes 10 candies** (3x3 inches long and ½-inch wide)

Note: You can decorate the *Alegrías* by topping with toasted pecans, raisins, cranberries, or almonds. Press them into the squares.

Capítulo 4

FRIJOLES Y CALABAZAS

BEANS AND SQUASH

FRIJOLES Y CALABAZA

Creando un Ambiente, una Dieta, y Sociedades Humanas Complementarias

Parece que el mundo de hoy que se rige por las visiones de la civilización occidental, está convencido que sin competencia no hay producción. Nosotros, la gente indígena, tenemos otra visión. Nuestros hermanos los Aymaras de Bolivia lo expresan bien cuando dicen: vivir bien "no es vivir mejor a costa del otro sino en armonía entre hombre y mujer y con la Madre Tierra, respetando las formas de vivencia de la comunidad, compartir, complementarnos y no competir; una vida sencilla que reduzca nuestra adicción al consumo y mantenga una producción equilibrada."

En el mundo natural tenemos el ejemplo de la milpa, donde el fríjol y la calabaza complementan el maíz y se complementan entre ellos. Pasan cosas cuando agregamos fríjol y calabaza al maíz, en la misma parcela. Estas plantas cooperan juntas para crear un ambiente favorable para docenas de variedades de plantas comestibles y medicinales que sólo florecen en la rica sombra de la milpa. Como ya vimos, el frijol toma nitrógeno de la atmósfera para enriquecer el suelo para el beneficio de todos. El maíz ayuda al fríjol a alcanzar el sol que necesita y la calabaza trabaja para controlar ciertas malezas.

El fruto total de este trabajo complementario es impresionante. Pruebas de campo en Tabasco, México, registraron rendimientos de maíz en policultivos (milpa) hasta 50% más altos que el maíz sembrado como monocultivo. Además del maíz cosecharon fríjol y calabaza, aunque en niveles más bajos que en monocultivo. Pero sumando los tres cultivos se dio un rendimiento significativamente más grande que cualquiera de los tres si estuvieran sembrados en monocultivo. En la milpa, además de maíz, frijol, y calabaza, se cosecharon quelites y plantas medicinales.

Evidentemente, la estrategia de hacer que una especie compita para eliminar todos sus potenciales competidores no es necesariamente la más productiva.

Pero no solamente en la parcela hay complementariedad. La diversidad de alimentos que salen de esta mezcla de cosechas se complementa en nuestra dieta humana. No solamente el fríjol da la proteína, el maíz los carbohidratos y los quelites y calabazas las vitaminas y la fibra que necesitamos; además, cuando los comemos juntos, cada uno libera vitaminas y otras sustancias

nutritivas que el cuerpo humano no aprovecha cuando comemos estos alimentos separados.

La milpa representa una comunidad muy compleja de cosechas de ayuda mutua, complementariedad, armonía, y sí, algo de competencia, pero en equilibrio, para lograr un bien común. Sin duda tomó siglos para que nuestros antepasados lograran armar y entender las necesidades de esta comunidad botánica de beneficio mutuo, quizás, como sugerimos, tomando como modelo nuestros bosques nativos.

Sin duda, también los antepasados estudiaron con mucho cuidado cómo conformar comunidades humanas en armonía y beneficio mutuo donde hombres y mujeres se complementaran en la producción de las necesidades materiales, sociales y espirituales de todos.

Algo de su sabiduría sobrevive hoy en nuestras formas comunitarias de organizarnos, ayudarnos y producir para el bien común: el tequio, la gueza, los cargos y mayordomías, en nuestras asambleas comunitarias y en nuestros usos y costumbres. El servicio gratuito y la ayuda mutua que se da en nuestras comunidades, son el reconocimiento de que ninguno de nosotros es lo que es, por su propio esfuerzo. Al contrario, somos colecciones de relaciones dentro de la comunidad y altamente dependientes de la familia, amigos y la comunidad entera por nuestro bienestar y felicidad.

Es evidente que la feroz competitividad de la visión occidental es más destructiva que constructiva. La mentalidad occidental llevada al extremo, en el contexto del fundamentalismo de mercado, contamina y acaba a una velocidad totalmente insostenible, los sistemas básicos del planeta que soportan la vida y nos aseguran agua y aire limpios, suelos fértiles, y una rica biodiversidad. Este afán por la competencia ha creado una brecha entre ricos y pobres en un mundo actual tan extremoso, que la rebeldía e ingobernabilidad aparece por todos lados. Guerras económicas y militares por los cada vez más escasos recursos del planeta, resultado de la visión económica y social occidental, son cada vez más frecuentes y se volverán más violentas si no logramos promover un cambio básico de visión.

Como nuestros antepasados, la actual familia humana tendrá que contemplar cómo formar las complejas comunidades de complementariedad, armonía y producción equilibrada que necesitamos para superar las crisis de hoy.

BEANS AND SQUASH

Creating a Complementary Environment and Complementary Human Societies

Today's world, which is governed by western civilization's worldview, is convinced that without competition, there is no production. The indigenous peoples have a different vision. Perhaps our indigenous brothers and sisters, the Aymaras of Bolivia, express it well when they say: living well doesn't "mean living better at the expense of the other, but rather in harmony between men and women and with the Mother Earth, respecting the ways of life of the community, sharing, complementing, not competing with one another; a simple life that reduces our addiction to consumption and maintains a balanced level of production."

In the natural world we have an example of this in the milpa, where beans and squash complement the corn and are complementary to one another. When we add beans and squash to the same field as corn, something happens. These plants together cooperate to create an environment favorable to dozens of other edible and medicinal plants, which flourish in the rich shade of the milpa. As we have already seen, the beans fix nitrogen from the atmosphere to enrich the soil for the benefit of all. The corn helps the bean to reach the sunlight it needs to grow, and the squash works to control certain types of unwanted plants that some call weeds.

The fruit of this complementary work is impressive. Test plots in Tabasco, Mexico, of corn planted in the polyculture of the milpa yielded corn harvests up to 50% higher than corn planted as a monoculture. The same plots yielded beans and squash in addition, though at lower rates than in monocultures of either beans or squash. But the total food produced per hectare was much higher than in a monoculture of any of the three individual crops.

The traditional milpa will also have an additional harvest of wild greens (quelites) and medicinal plants.

These richly biodiverse plantings also enrich soils yielding higher net gains in nitrogen and organic matter. Meanwhile the diversification puts herbivorous insects at a disadvantage since concentrated sources of food are harder to find while beneficial insects thrive in the rich environment, which is high in diverse pollen and nectar sources. Evidently, the strategy of trying to make one species compete to eliminate all potential competitors is not necessarily more productive.

But this complementarity not only exists in the field. The various foods produced by this mix of crops complement each other in our human diets. Not only does the bean add protein to our diet, the corn adds carbohydrates, and the greens and squash add the vitamins and fiber we need. In addition, when we eat these plants in combination, each one releases vitamins and other nutritional substances needed by the human body, which we cannot access when we eat these foods separately.

The milpa represents an extremely complex community of crops that join in mutual aid, complementarity, harmony, and yes, some balanced competition, to achieve a common good. Without doubt it took centuries for our great-great-grandparents to understand the necessities and potential of this unique botanical community and to join together these plants to create a milpa community of mutual aid. Perhaps, as we have suggested, they used the complementarity found in our native forests as a model.

Without doubt, our great-great-grandparents also carefully studied how to create human communities of harmony and mutual benefit, where men and women complemented one another in the production of the material, social, and spiritual necessities of all.

Some of their wisdom has survived to this day in the communal forms in which we organize our communities to produce for the common good: the *tequio*, the *gueza*, the community *cargos* and *mayordomías*, our community assemblies, and our *usos y costumbres*. This often unpaid, community service and mutual aid recognizes that none of us are "self-made" men and women. Rather, we are collections of relationships within the community and highly dependent on family, friends, and the larger community for our happiness.

It's clear that the fierce competitiveness of the western vision is, in the end, more destructive than productive. The occidental mindset, taken to its extreme by current market fundamentalism, is contaminating and exhausting at rates that are totally unsustainable the basic systems of the planet which support life and assure clean water, clean air, fertile soils, and rich biodiversity. The chasm between the wealthy and the poor has reached such extremes that social unrest and unstable governments are becoming the norm. Economic and military wars over the increasingly scarce planetary resources that are the result of the occidental economic and social vision are ever more frequent, and will be ever more violent, unless there is a basic change in vision.

Like our Mixtec ancestors, it is urgent that the human family of today think carefully not only about how to create biological harmony such as in the milpa, but also about how to create the complex human communities of complementarity, harmony, and balanced production we need to overcome the unique crises of our time.

RECETAS | RECIPES

FRIJOLES Y CALABAZAS
BEANS AND SQUASH

FRIJOL OMBLIGO

Cuando fuimos invitadas a cocinar con María Candelaria Coca López, ella estaba emocionada por mostrarnos el Frijol Ombligo, una receta en la que el frijol se espesa con chile y masa. Esta receta tiene un nombre gracioso por los *chochoyotes*, los cuales flotan en los frijoles y parecen ombligos. María cocina en una estufa de leña y la mayoría de sus platillos son muy picantes. Ella usó el frijol criollo negro, que apenas había sido cosechado, pero se puede usar cualquier tipo de frijol. Esta receta empieza con frijoles cocidos, pero justo abajo esta mi receta de *Frijoles de Olla*, si se quiere hacer esta preparación desde cero. Los frijoles, son uno de los tres ingredientes de la santa trinidad de los campos Mexicanos y de las cocinas, y la columna vertebral de nuestra existencia—"maíz, frijoles y calabazas."

INGREDIENTES

Para los frijoles:

3 chiles pulla o substituya por 3 chiles de árbol, desvenados y sin semilla
3 rebanadas de cebolla blanca
3 dientes de ajo
2 cucharaditas de aceite
1/3 taza masa preparada
1 taza de agua tibia
2 tazas de frijol negro
1½ taza de caldo de frijol
1 a 2 cucharaditas de sal de mar, o al gusto

Harvesting dried beans manually.

Para los chochoyotes:
1/4 kilo de masa preparada para tortillas, o 1 taza de masa de harina para tortillas
1 cucharada de manteca, o aceite
1/2 cucharadita de sal de mar

PROCEDIMIENTO

Para los frijoles:
En un comal, tostar los chiles por 2 ó 3 minutos, a fuego medio, volteándolos. Deben de dorar y soltar su aroma. Colocar los chiles en un recipiente aparte. En el mismo comal, colocar la cebolla, el ajo y asarlos volteándolos de vez en cuando, de 4 a 5 minutos o hasta que transluzcan.

En una licuadora colocar los chiles, cebolla, ajo con 1/2 taza de agua tibia y licuarlos hasta que suavicen. Colar la mezcla con ayuda de un colador o un pasapuré y reservar en un recipiente.

En una cazuela, calentar el aceite a fuego medio y freír la mezcla por 5 a 8 minutos. En la licuadora, colocar la masa preparada, 1/2 taza de agua tibia y licuar hasta que suavice. Vaciar sobre la mezcla que se esta friendo, continuar cocinando y moviendo constantemente por 2 a 3 minutos, o hasta que este hirviendo. Añadir los frijoles, el caldo de frijol, al final agregar la sal y continuar moviendo por 15 minutos más.

Para los chochoyotes:
Si esta usando masa preparada, mezclar la masa, manteca y sal en un recipiente mediano.

Cubrir con una toalla y dejar reposar por 15 minutos. Si usa masa de harina, colocar 1/2 taza más 1 cucharada de agua tibia y mezclar en un recipiente mediano hasta que obtenga una masa suave.

Cubrir con una toalla y dejarla reposar por 15 minutos, agregar la manteca y la sal.

Usando toda la masa, formar 24 bolitas y con el dedo pulgar presionar el centro de cada bolita para que queden en forma de cazuelitas pequeñas. Cuando estén todas listas hervir los frijoles y agregar los chochoyotes, poco a poco para que no se peguen. Si los frijoles se están espesando mucho, agregar 3 ó 4 tazas de agua hirviendo y mover cuidadosamente para no romper los chochoyotes; no permitir que se peguen. Cubrir y cocinar por 15 minutos, moviendo ocasionalmente. Agregar más sal si es necesario.

Servir caliente con un pedazo de queso fresco y tortillas calientes. **Porciones 6**

*Nota: Para hacer los frijoles negros de olla
Estos frijoles pueden ser en un brasero, como las mujeres de la Mixteca lo hacen, el cual hace que los frijoles ¡estén más ricos! Aquí en Oaxaca, todavía tenemos la suerte de poder comprar frijol criollo directamente de los campesinos. Aparte de ser orgánico y muy sabroso, se cuecen más rápido que los grandes, que son cultivados comercialmente. **Rinde aproximadamente 7 tazas de frijoles cocidos**

INGREDIENTES

1/2 kilo de frijoles negros secos (2 1/2 tazas)
1 cebolla blanca mediana, en cortada en cuartos
1 cabeza de ajo, entero
1 chile de árbol, entero, con el rabo (opcional)
De 2 a 3 ramas de epazote (9 hojas grandes), o 2 cucharaditas de epazote seco
1 cucharadita de sal de mar, o un poco más al gusto

PROCEDIMIENTO

Limpiar los frijoles, escogiéndolos cuidadosamente para remover cualquier piedrita o basura. Lavarlos bien con agua fría hasta que el agua quede clara. Llenar una olla de barro (con tapadera) o una cazuela de 6-litros, con 3 litros de agua fría, y agregar la cebolla, ajo, chile de árbol y epazote. Esperar que hierva, agregar los frijoles, y después cubrirlos para cocinar lentamente por 2 a 3 1/2 horas, agregando el agua necesaria hasta que los frijoles estén suaves. Después de que los frijoles estén suaves, agregar sal solamente.

BELLY BUTTON BLACK BEANS WITH CHILE

When we were invited to cook with María Candelaria Coca López, she was eager to show us *frijol ombligo*, a recipe that thickens beans with hot dried chilies and corn masa. This recipe gets its funny name from the little dumplings called *chochoyotes* that float in the beans and look like little belly buttons. Maria cooks on a wood fire and most of her food is very hot. She used the black *criollo* (wild) beans that had just been harvested, but you could use any bean variety. This recipe begins with cooked beans, but I have included my recipe for *Frijoles de Olla*, if you want to begin the recipe from scratch. Beans are one third of the "holy trinity" of the Mexican *campo* and kitchen, and the backbone of our existence, "corn, beans and squash."

INGREDIENTS

For the beans:

3 chiles pullas, stemmed, deveined, and deseeded, or substitute chiles de arbol
3 white onion slices
3 cloves garlic, peeled
2 teaspoons blended oil
3.5 oz. (1/3 cup) of prepared masa
1 cup warm water
2 cups cooked black beans
1½ cups bean cooking water
1 to 2 teaspoons sea salt, or to taste

For the *chochoyotes*:

½ pound prepared masa for tortillas, or 1 cup masa harina for tortillas
1 tablespoon lard or oil
½ teaspoon sea salt

METHOD

For the beans:

In a 10-inch dry comal, griddle, or a cast-iron frying pan, toast the chiles for about 2 to 3 minutes over low heat, turning them often. They should brown and give off their scent. Put the chiles in a bowl and set aside. On the same comal, place the onion and garlic and roast them, turning them often for 4 to 5 minutes or until translucent.

In a blender place the chiles, onion, and garlic with ½ cup warm water and blend until smooth. Pour the mixture through a sieve or food mill and into a bowl.

Heat the oil in a medium cazuela and fry the chile mixture 5 to 8 minutes. In the blender, place the prepared masa and ½ cup warm water and blend until smooth. Pour into the frying mixture and continue to cook and stir constantly for 2 to 3 minutes, or until bubbling. Add the beans and the bean water and cook for about 10 minutes more. Add salt and cook for 10-15 minutes more, stirring constantly.

For the *chochoyotes*:

If using prepared masa, mix the masa with the lard and salt in a medium mixing bowl. Cover with a towel and allow to rest for 15 minutes. If using masa harina, mix the masa harina with ½ cup plus 1-tablespoon warm water in a medium-sized mixing bowl until you have a soft dough.

Cover with a towel and let it rest for 15 minutes. Add the lard and salt.

Form the masa into 24 balls and make an indentation in the top of each ball. When all are made, bring the frijoles to a boil and add the chochoyotes, a few at a time, so they won't stick. (If the beans are getting too thick, add 3 or 4 cups of boiling water and stir carefully so as not to break up the chochoyotes; don't allow the puree to stick). Cover and cook over low heat for 15 minutes, stirring occasionally. Add more salt if necessary and serve hot.

Serve hot with a piece of queso fresco and hot blanditas. **Serves 6**

Note: to make black beans or Frijoles de Olla:

These beans can be prepared on an open fire, much like the women of the Mixteca do, which makes their beans taste so much better! We use small wild black beans that are grown by the campesinos in Oaxaca. Besides being organic and very flavorful, they cook so much more quickly than the larger, commercially grown beans. We are so blessed!

INGREDIENTS

1 pound dried black beans (2½ cups)
1 medium white onion, quartered
1 head of garlic, whole
1 chile de árbol, whole, stem on (optional)
2 to 3 sprigs epazote (9 large leaves), or 2 teaspoons dried
1 teaspoon sea salt, or more to taste

METHOD

Clean the beans, picking through them carefully to remove any stones and dirt. Wash well in cold water until the water is clear. Fill a clay pot (with a lid) or a 6-quart soup pot with 3 quarts of water, and add the onions, garlic, chile de árbol, and epazote. Bring to a boil, add the beans, then cover and simmer over low heat for 2 to 3½ hours, adding water (see notes, pg. 110) as needed, until the beans are soft. Add the salt only after the beans are soft.

Makes approximately 7 cups of cooked beans

CONDiiCHii MIXTECO

Este es uno de los platillos con frijol más interesantes de todos los que he tratado de preparar hasta el momento. Estos ejotes criollos nacen al final de la temporada de crecimiento y se enredan en las plantas del maíz. Yo nunca he cocinado frijoles negros secos y ejotes juntos. Fue muy divertido comer esto, porque debes sostener el ejote en las puntas y jalarlo con tus dientes para que los frijoles salgan. Un poco informal en la mesa, pero ¡sale muy rico! Aprendí esto de tres generaciones de cocineras de Yucuyoco en el día que Bertha inauguró su nuevo molino en el pueblo. Ella molió maíz rojo brillante de su propia cosecha para hacer los *chochoyotes* (oval dumplings).

INGREDIENTES

½ kilo de frijol negro criollo
1 cebolla blanca mediana, cortada en cuartos
1 cabeza de ajo mediana, cortada a la mitad horizontalmente
3 ramas de epazote fresco
½ kilo de masa quebrada para tamales
7 cucharadas de aceite o manteca
2 cucharadas de hojas de epazote finamente picadas
¼ cucharadita de sal de mar, o al gusto
½ kilo de ejotes criollos o de milpa enteros, o substituya por ejotes
Sal de mar al gusto

PROCEDIMIENTO

En un recipiente mediano lavar y escurrir los frijoles negros para remover el polvo. Colocarlos en una olla, con 6 tazas de agua y cocinarlos por 25 minutos a fuego medio alto. Agregar la cebolla, ajo, epazote y mover lentamente para que los frijoles no se peguen en el fondo. Bajar la flama, cocinar lentamente, agregar 3 tazas de agua hirviendo y seguir moviendo paulatinamente.

Colocar la masa en un recipiente mediano, añadir el aceite, epazote, sal y mezclar hasta que todo esté bien integrado. Formar bolas pequeñas y alargarlas un poco enrollándolas. Para hacer los chochoyotes, colocar el dedo pulgar en cada bolita de masa y enroscar la masa, cuidando que no quede muy delgado, procurar mantener un lado sellado. Colocar en una charola y continuar este proceso con el resto de la masa.

Revisar los frijoles para cerciorarse de que estén cocidos y suaves. Agregar los ejotes y la sal y dejar cocinar por unos 15 minutos. Luego añadir los chochoyotes ovalados a la olla, cuidadosamente, para que no se junten ni se rompan; dejar cocinar por 15 minutos más. Adecuar la sal, ya que al agregar los chochoyotes, estos pueden absorber toda la sal del frijol.

Servir caliente, asegurando que la porción tenga varios ejotes y por lo menos dos chochoyotes. **Porciones 4 a 6**

Servir con la *Salsa de Molcajete de Catalina,* pg. 143.

BLACK BEAN SOUP WITH RUNNER BEANS AND OVAL DUMPLINGS

This is one of the most tantalizing bean dishes that I have ever tried. These runner beans emerge at the end of the growing season and trail up the cornstalks. I have never cooked dried black beans and fresh beans together—and eating this was so much fun. I love holding the string beans by the ends and pulling them through my teeth to remove the strings. Yes, it is a little informal, but it tastes so good! I learned this from three generations of cooks in Yukoyuko. That was the day that Bertha inaugurated her new molino, a mechanized corn-grinder, in the village. She ground bright red maize that summer, which she had planted herself, and we used it for the dumpling ingredients.

INGREDIENTS:

1 pound black criollo beans
1 medium white onion, cut in quarters
1 small head garlic, cut in half horizontally
3 stems fresh epazote
1 pound masa for tamales, coarsely ground
7 tablespoons blended oil or lard
2 tablespoons epazote leaves, finely chopped
1/4 teaspoon sea salt, or to taste
1 pound criollo runner beans *(ojo de cabra)*, whole, or substitute scarlet runner beans
Sea salt, to taste

METHOD

In a medium-sized mixing bowl, place the black beans and rinse them to remove all the dust. Drain and place in an 8-quart stockpot or olla. Add 6 cups of water and cook for about 25 minutes at medium high heat. Add the onion, garlic, and epazote and stir slowly so the beans won't stick to the bottom. Lower the heat to simmer. Continue cooking and add 3 cups more water, stirring slowly.

In a medium-sized mixing bowl, place the masa and the oil, epazote, and salt and mix until everything is well integrated. Make small balls of masa and roll them to elongate them. To make them three quarters of the way hollow, place your finger inside one end of the dumpling and turn it, being careful not to make the walls too thin and to keep one end closed. Place on a plate or tray and continue this process with the rest of the masa.

Check the beans to see if they are cooked and soft. Add the string beans and salt and let cook for about 15 minutes.

Carefully add the oval chochoyotes to the pot, making sure that they don't touch each other because they will break, and cook them for about 15 minutes. Taste for salt and adjust, because the corn masa will take away some of the salt flavor from the beans.

CALDILLO DE HABAS CON NOPAL

Esta receta me la dió una grandiosa cocinera tradicional, Lorenza Taboada, quien también ha trabajado a mi lado en la escuela de cocina Seasons of My Heart por 16 años. Esta es una sopa grandiosa para la cuaresma u otro momento donde hayan habas frescas, que crecen en los campos a las afueras del pueblo. Yo también probé las habas en la Mixteca y quise incluir esta receta, para enseñarles otra manera de combinar los vegetales frescos de la milpa. Si no puede encontrar nopales, puede sustituir por ejotes.

INGREDIENTES

600 gramos de habas limpias
1 cucharadita de sal de mar
¼ kilo de nopales limpios
2 cucharadas de aceite vegetal o de girasol
½ cebolla blanca mediana, finamente picada
350 gramos de tomates, finamente picados
7 dientes de ajo, finamente picados
2 litros de caldo de pollo
3 hojas de aguacate criollo
Sal de mar, al gusto
8 huevos, para escalfar

PROCEDIMIENTO

Colocar 1½ litro de agua en una sartén honda con sal de mar y hervir. Agregar las habas y bajar la flama para que se cocine lentamente por 20 minutos. Cuando estén listas, escurrir y remover la cascara.

En un comal, asar los nopales hasta que estén completamente cocidos y ligeramente dorados. Remover de la flama. Cortar en julianas.

En una olla grande y pesada, o cazuela, calentar el aceite. Agregar las cebollas y freír hasta que se transparenten. Añadir los tomates, continuar cocinando y moviendo, agregar el ajo para saltearlos. Cuando esté bien sazonado, aproximadamente en 15 minutos, agregar el caldo de pollo y hervir. Adicionar las habas a la sopa y continuar cocinando por 15 minutos más. Agregar las hojas de aguacate criollo y ajustar la sal.

Romper los huevos en un recipiente chico y después agregarlos uno por uno a la sopa que se esta preparando. Escalfar los huevos durante 8 a 10 minutos, hasta que estén firmes pero suaves en el centro.

Retirar los huevos y colocarlos en tazones, vertiendo la sopa sobre cada uno. Disponerlos en la mesa con mitades de limones, cebolla finamente picada y chiles frescos, o servir con *Chiles Canarios en Escabeche*, pg. 141. **Porciones 6 a 8**

FRESH FAVA BEAN SOUP WITH CACTUS PADDLES

This recipe was given to me by a great traditional cook, Lorenza Taboada, She has worked by my side at Seasons of My Heart for sixteen years. This is a delicious soup to prepare during Lent, at the time when fava beans are in season. They are grown in the fields outside our village. I also tried fava beans in the Mixteca. I wanted to include this recipe to teach an alternative way to combine the fresh vegetables from the milpa. If you cannot find nopales, you may substitute string beans.

INGREDIENTS

3/4 pound fresh fava beans, cleaned
1 teaspoon sea salt
1/2 pound nopal paddles (prickly pear cactus leaves), cleaned
2 tablespoons vegetable or sunflower oil
1/2 medium white onion, finely chopped
3/4 pound tomatoes, finely chopped
7 cloves garlic, finely chopped
2 quarts chicken stock
3 avocado leaves (fresh or dried)
Sea salt, to taste
8 eggs, for poaching

METHOD

Place 1 1/2 quarts of water in a saucepan with salt and bring to a boil. Add the fava beans and lower the heat to simmer and cook for 20 minutes. When they are firm but done, drain and remove the outer skin.

On a comal, griddle, or dry frying pan, roast the nopales until fully cooked and lightly browned. Remove from the heat and cut into julienne slices.

In a heavy soup pot or cazuela, heat the oil. Add the onions and cook until transparent. Add the tomatoes and continue to cook, stirring. Add the garlic and continue to sauté. When it is well seasoned (about 15 minutes), add the chicken stock and bring to a boil. Add the fava beans to the soup and continue to simmer 15 minutes. Add the avocado leaves and simmer for 5 minutes. Taste and adjust the salt.

Crack the eggs into a small bowl and add one by one, to the simmering soup. Poach the eggs for about 8 to 10 minutes, until firm but still soft in the middle.

Remove the eggs and put one in each bowl. Ladle the soup over each egg. Serve with lime halves, finely chopped white onion, and fresh chiles, or serve with *Chiles Canarios in Escabeche*, pg. 141.
,Serves 6-8

AMARILLO CON FRIJOL BLANCO

Este mole es muy popular en la Mixteca y puede ser muy picante. El mole amarillo va muy bien con diferentes tipos de carne y vegetales, por lo tanto, a menudo se sirve en diferentes variaciones. El emplatado de este mole puede ser en porciones pequeñas, como una sopa, o en porciones más abundantes, como un platillo fuerte. A mí me gusta servirlo con quelites cocidos o verdes. Aunque esto puede ser picante, los locales lo sirven con chile canario en escabeche o piezas de limón fresco.

INGREDIENTES

Para los frijoles blancos:

½ kilo de frijoles blancos secos
5 hojas de hierba santa
½ cebolla blanca chica, finamente picada
3 dientes de ajo, finamente picados
4 papas cortadas en trozos
Sal de mar al gusto

Para el mole amarillo:

10 chiles guajillos, sin rabo, sin semilla y desvenados
6 chiles pulla, sin rabo, sin semilla y desvenados
4 chiles de árbol, sin rabo, sin semilla y desvenados
3 cebollas blancas chicas, asadas
5 dientes de ajo, asados
10 pimientas grandes
8 clavos
½ taza de orégano Oaxaqueño
Sal de mar, al gusto
6 nopales, blanqueados en 2 tazas de agua, escurridos y cortados en juliana
100 gramos de masa

PROCEDIMIENTO

Para los frijoles blancos:

Lavar en agua fría los frijoles hasta que el agua quede clara. Llenar una olla con 12 tazas de agua y las hojas de hierba santa. Hervir, agregar las cebollas, ajo y frijoles, después cubrir y cocinar lentamente por 2½ horas. Mientras los frijoles todavía están duros, agregar las papas y continuar cocinando por otra ½ hora, o hasta que los frijoles estén suaves. Agregar la sal solamente después de que los frijoles estén suaves.

Para el mole amarillo:

En un comal, tostar los chiles de ambos lados. Colocarlos en un recipiente, cubrir con agua hirviendo y dejar que se remojen por aproximadamente 15 minutos, o hasta que estén suaves. En el mismo comal, asar la cebolla y el ajo hasta que suavicen. Moler los chiles, cebolla, ajo y las especias en una licuadora con un poco del agua de los chiles, hasta que la mezcla este muy suave. Pasar por un colador o pasapuré para remover las cáscaras de los chiles.

En una cazuela grande, calentar el puré de chile hasta que burbujee, moviendo continuamente. Bajar la flama para que se cocine lentamente, continúe cocinando la salsa para concentrar todos los sabores, por unos 20 minutos. Agregar el nopal cocido.

En la licuadora agregar la masa, 4 tazas de agua y moler hasta que esté suave. Agregar al mole y continuar espesando la salsa por 15 ó 20 minutos. Después agregar los frijoles y papas al mole. Añadir sal de mar al gusto.
Servir caliente. **Porciones 6 a 8**

YELLOW MOLE WITH WHITE BEANS

This mole is very popular in the Mixteca and it can be very picante. The *mole amarillo* is very adaptable to many kinds of meats and vegetables, hence it is often served in a variety of ways. This mole can be served in small portions as a soup course, or in more hearty portions as a main dish. I like to serve it with some kind of greens or cooked quelites. Even though it can be very hot, the locals serve it accompanied with pickled chiles canarios or fresh lime wedges.

INGREDIENTS

For the white beans:
1 pound dried white beans
5 hierba santa/hoja santa leaves
½ white onion, chopped fine
3 cloves garlic, chopped fine
4 potatoes, cut in large chunks
Sea salt, to taste

For the yellow mole:
10 chiles guajillos, stemmed, deseeded, deveined
6 chiles pullas, stemmed, deseeded, deveined
4 chiles de arbol, stemmed, deseeded, deveined
3 small white onions, roasted
5 cloves garlic, roasted
10 allspice, whole
8 cloves, whole
½ cup of fresh Oaxacan oregano, or you may substitute marjoram
Sea salt, to taste
6 prickly pear cactus leaves, blanched in 2 cups water, drained and julienned
7 oz. (⅔ cup) fresh masa

METHOD

For the white beans:
Sort through the beans and wash well in cold water until the water runs clear. Fill a stockpot with 12 cups water and add the hierba santa leaves. Bring to boil, add the onions, garlic, and beans, then cover and simmer over low heat for 2½ hours. While the beans are still a little hard, add the potatoes and continue to cook for another ½ hour, as needed or until the beans are soft. Add the salt only after the beans are soft.

For the yellow mole:
On a comal, griddle, or dry frying pan, toast the chiles on both sides. In a bowl, cover the toasted chiles with boiling water and let them soak for about 15 minutes, or until soft. On the same comal, roast the onions and garlic until soft. Blend the chiles, onions, garlic, and the spices in the blender with a little of the chile soaking water until the mixture is very smooth. Pass the mixture through a sieve or food mill to remove the chile skins.

In a wide cazuela or a Dutch oven, heat the chile puree until bubbly, stirring continuously. Lower the heat to simmer, but continue cooking the sauce to concentrate the flavors, about 20 minutes. Add the cooked prickly pear cactus leaves.

Add the masa to 4 cups of water in a blender and blend until smooth. Add this to the mole and continue to cook the sauce until it thickens, about 20 minutes. Add the cooked beans and potatoes to the mole. Add sea salt to taste.
Serve hot. **Serves 6-8**

AMARILLO DE FRIJOL NEGRO

Este es uno de los platillos más populares e históricos en las comidas que se hacen cuando se siembran los campos de maíz. Guillermina Santos Cruz, la madre de Jesús León Santos, fue la primera que me enseñó esta receta, quien también la hizo adicionándole pescado salado seco. Ella nos invitó a comer una vez que su hijo Agustín plantó *"maíz cajete,"* esto es, cuando el agricultor toma la coa, hace un hoyo en la tierra en forma de olla y planta semillas de maíz, frijol y calabaza en el suelo seco. Después, en la cocina de Francisca, yo le pedí que me enseñara este platillo tan tradicional de la Mixteca, el cual se ha venido haciendo para la siembra de maíz desde tiempos remotos.

INGREDIENTES

Para los frijoles:

¼ cebolla blanca mediana, finamente picada
5 dientes de ajo, finamente picados
¼ kilo de frijol negro criollo, limpio
5 hojas de epazote, enteras
2 cucharaditas de sal de mar, o al gusto
2 nopales, tiras de 4 cm
115 gramos de masa preparada

Para el mole:

3 chiles guajillo, sin rabo, sin semilla y desvenados
1 chile pulla, sin rabo, sin semilla y desvenados
1 clavo
1 cucharadita de hojas de tomillo
1 cucharada de orégano Oaxaqueño, o puede sustituir por mejorana
3 dientes de ajo, pelados
¼ cebolla blanca mediana, en rebanadas

PROCEDIMIENTO

Para los frijoles:

Hervir 3 litros de agua en una olla. Agregar la cebolla, ajo y cocinar por 15 minutos. Añadir los frijoles, bajar la flama y cocinar de 45 minutos a una hora y media, o hasta que estén suaves. Agregar las hojas de *epazote*, 2 cucharaditas de sal de mar y continuar cocinando por 5 minutos, después agregar los nopales. Colocar la masa en una licuadora con 1 taza de agua y moler hasta que suavice. Añadir esta mezcla a los frijoles lentamente, continúe mezclando y añadiendo al mismo tiempo. Cuando llegue a hervor, retire del fuego.

Para el mole:

Colocar 2 tazas de agua en el fuego y hervir.

En un comal, asar los chiles de ambos lados hasta que doren y suelten su aroma. En un recipiente, verter agua hirviendo encima de los chiles y dejar que se remojen por 15 minutos. En el mismo comal o sartén chica, colocar el clavo, tomillo, orégano, y asar hasta que estén tostados y retirar del fuego. En el mismo comal, agregar el ajo, cebolla y asar hasta que transluzcan. Reservar en el mismo recipiente de las especias.

Cuando los chiles estén suaves, colocar en la licuadora, agregar el resto de los ingredientes y moler hasta que quede suave. Colar el puré en un colador o pasapuré. Agregar el puré a los frijoles y calentar durante 15 minutos.
Servir inmediatamente. **Porciones 6 a 8**

YELLOW MOLE WITH BLACK BEANS

This is a favorite traditional dish to eat when planting the cornfield. I was taught to make this dish by Guillermina Santos Cruz, Jesús León Santos' mother, who made it with the addition of dried, salted fish. She invited us to eat when her son Agustín was planting *cajete* corn in their nearby milpa. While she prepared the meal, Agustín took the traditional *coa* and made a bowl-shaped hole in the earth and planted the corn, bean, and squash seeds together in the ground. Later in Francisca's kitchen, I asked her to teach me this very Mixtecan dish,which has been prepared for the *siembra de maiz* (corn planting) for as long as the elders remember.

INGREDIENTS

For the beans:

¼ medium white onion, finely chopped
5 cloves garlic, finely chopped
½ pound criollo black beans, cleaned and rinsed
5 epazote leaves, whole
2 teaspoon sea salt, or to taste
2 cactus paddles, cut into about 2-inch strips
¼ pound prepared masa

For the *mole:*

3 chiles guajillos, stemmed, seeded, and deveined
1 chile pulla, stemmed, seeded, and deveined
1 whole clove
1 teaspoon thyme leaves
1 tablespoon dried Oaxacan oregano, or substitute marjoram
3 cloves garlic, peeled
¼ medium white onion, sliced

METHOD

For the beans:

In an olla or pot with a lid, heat 3 quarts of water to a boil. Add onion and garlic and cook 15 minutes. Add the beans, lower the heat and cook 45-90 minutes, or until soft. Add the epazote leaves and 2 teaspoons sea salt. Continue cooking 5 minutes and add the nopales. Place the masa in a blender with 1 cup of water and blend until smooth. Add this mixture to the beans slowly and continue stirring and while adding the liquid at the same time. When it comes to a boil, set aside.

For the mole:

Put 2 cups of water on the fire and bring to a boil.

On a comal, griddle, or dry frying pan, toast the chiles guajillos and chile pulla on both sides until they are brown and giving off their scent. Pour boiling water over the chiles and set aside to soak about 15 minutes. On the same comal or a small, dry frying pan, heat the whole clove, thyme, and Oaxacan oregano until they are toasted and remove from the heat. Set aside. On the same comal, add garlic and onion and roast until translucent. Set aside in the bowl with the spices.

When the chiles are soft, place them in a blender. Add the rest of the ingredients and blend until smooth. Place puree in a food mill or sieve and strain. Add the puree to the bean mixture and heat through about 15 minutes.

Serve immediately. **Serves 6-8**

SOPA DE PUNTAS DE GUÍAS DE CALABAZA CON FLOR

Durante todo el verano, cuando las calabazas y las guías están en su mejor momento, hay una incontable variedad de sopas de guías de calabaza hechas por las mujeres campesinas. Yo aprendí dos recetas similares de dos pueblos diferentes, gracias a Silvia López García y María Candelaria Coca López. La diferencia fué que Silvia le agregó hierbabuena para resaltar el sabor. Ambas cocineras usaron el infaltable limón para avivar los sabores y las dos sopas fueron servidas con *Chiles Canarios en Escabeche* y tortillas frescas. Esta es una especialidad auténtica de la región Mixteca.

INGREDIENTES

½ cebolla blanca, finamente picada
3 dientes de ajo, finamente picados
½ kilo (2 tazas) de calabaza Mexicana o zucchini, picada en cubos de 1 cm
3 manojos de guías de calabaza, (aproximadamente 4 tazas), limpias. Usar las puntas de las guías mas tiernas y las hojas más suaves, quitar la cascara y cortarla en piezas pequeñas
2 manojos de flores de calabaza, sin pistilo y sépalo; las flores separadas a la mitad, bien lavadas
¼ taza de cilantro, finamente picado
¼ taza de hojas de hierbabuena, finamente picadas
Sal de mar, al gusto
3 limónes, cortados en cuartos

PROCEDIMIENTO

En una olla, hervir 4 tazas de agua, con la cebolla y ajo. Bajar la flama, agregar la calabaza y cocinar, tapada la olla, por 5 a 8 minutos.

Agregar las guías de calabaza, flores, cilantro y la hierba buena a la sopa. Cubrir y dejar cocinar por lo menos de 15 a 20 minutos o hasta que todo esté suave. Sazonar con sal de mar.

Servir en tazones, acompañado con los gajos de los limones y *Chile Canario en Escabeche*, pg. 141. **Porciones 6 a 8**

SQUASH VINE AND FLOWER SOUP

During the summer, when the squash and squash vines *(guias)* are at their peak, there are countless variations of squash vine soups being made by campesina women. I learned two similar recipes from two separate villages, thanks to Silvia López Garcia and María Candelaria Coca López. The difference is that Silvia adds spearmint *(hierba buena)* which enhances the flavor. Both cooks used the quintessential lime to brighten the flavors—and both served it with the *Chile Canarios en Escabeche*, and fresh tortillas. This is truly a regional specialty.

INGREDIENTS

½ medium white onion, finely chopped
3 cloves garlic, finely chopped
1 pound (2 cups) of Mexican squash or zucchini, cut into 1/2-inch pieces
3 bunches squash vines (about 4 cups), cleaned. (Use the youngest, most tender tips of the vines and the softest leaves; strip the larger stems of the fibers and cut into small pieces.)
2 bunches squash blossoms, sepals and pistils removed; flowers torn into halves, well cleaned
¼ cup of cilantro, finely chopped
¼ cup of hierba buena leaves, finely chopped
Sea salt, to taste
3 limes, quartered

METHOD

In a large stockpot, bring 4 cups of water to a boil, with the onion and garlic. Lower heat, add the squash and cook covered for 5 to 8 minutes.

Add the squash vine greens, squash flowers, cilantro, and hierba buena to the soup. Allow to cook covered for at least 15 to 20 minutes or until all is soft. Season with salt.

Ladle the soup into bowls and serve with lime wedges and *Chile Canarios en Escabeche*, pg. 141. **Serves 6-8**

CREMA DE CHAYOTES

Esta receta fue una de las que les enseñé a las cocineras de la Mixteca cuando vinieron a la escuela de cocina. Es muy fácil, además de una excelente forma de usar el chayote, el cual crece prolíficamente en la temporada de lluvias. Nosotros siempre usamos chayotes criollos, este tiene espinas o aguijones en su piel, pero con un relleno más cremoso que la variedad comercial. Los otros vegetales verdes son recogidos en la milpa. Yo le he agregado jícama, que es cosechada en el otoño, y cacahuates, siendo tostados para darle un contraste a la textura suave de la crema.

INGREDIENTES

1 chile poblano
1 cebolla blanca mediana, cortada en cuartos
7 dientes de ajo, pelados
3/4 kilo chayote, pelado y cortado en pedazos
250 gramos espinaca fresca u otros quelites, sin ramitas
1/2 litro de caldo de pollo
3 1/2 tazas de leche
1 taza de crema para batir
1/2 cucharadita de nuez moscada
Sal del mar, al gusto

Guarnición:
2 tazas de jícama, pelada, rayada finamente
1 taza de cacahuates tostados, sin cáscara y picados

PROCEDIMIENTO

En una estufa o una parrillera, asar el chile hasta que ampolle, volteándolo para que se asen todos los lados. Después se coloca en un recipiente y se tapa con una toalla para que sude por 15 minutos. Pelar el chile y remover los tallos, semillas y venas.

En una olla honda mediana, ponga la cebolla, el ajo, el chayote, la espinaca, los chiles poblanos limpios y cubra con caldo de pollo. Hervir y dejar cocinar, con la olla tapada a fuego medio hasta que los vegetales estén suaves.

En una licuadora, moler la mezcla del chayote hasta que suavice, regresar a la olla. Agregar la leche y la crema. Mover e incorporar. Al final agregar la nuez moscada y sal al gusto.

Enfriar por lo menos 2 horas.

Colocar en tazones y adornar con *jícama* rallada, espolvorear con cacahuates. **Porciones 8**

CHILLED CHAYOTE BISQUE

We taught this recipe to the *cooks* when they came to the cooking school. It is an easy recipe and a great way to use chayote, which grows prolifically in the rainy season. We always use the criollo chayote, which has spines or prickles on the outside skin, but a much creamier inside than the commercial varieties. The other greens are gathered in the milpa. I added jicama, which comes out in the fall, and toasted peanuts to give contrast to the smooth texture of the bisque.

INGREDIENTS

1 chile poblano
1 medium white onion (about 3 oz.), quartered
7 cloves garlic, peeled
1½ pounds chayote, peeled and cut into large pieces
½ pound fresh spinach or other quelites, with stems trimmed
½ quart chicken stock
3½ cups milk
1 cup heavy cream
½ teaspoon nutmeg
Sea salt to taste

Garnish:
2 cups jicama, peeled, finely grated
1 cup shelled peanuts, toasted, peeled and roughly chopped

METHOD

On an open flame on your stove or barbeque grill, roast the chile until it blisters, turning to roast all sides. Place in a bowl with a towel on top to "sweat" the chile and set aside for 15 minutes. Peel the chile and remove the stems, seeds, and veins.

In a medium stockpot, place the onion, garlic, chayote, spinach, and the cleaned chile poblano and cover with chicken stock. Bring to a boil and cook, covered, over medium heat until the vegetables are tender.

In a blender, puree the chayote mixture until smooth. Return to the stockpot. Add milk and cream. Stir to incorporate. Add nutmeg and salt to taste.

Chill for at least 2 hours. Place in bowls and garnish with grated jicama, and top with toasted peanuts. **Serves 8**

TAMALES DE CALABAZA Y FRIJOLES

Este tamal es originalmente de otra parte de Oaxaca—La Sierra Sur o las montañas al sur del estado—pero yo les enseñé esta receta a las cocineras de CEDICAM cuando vinieron a nuestra escuela de cocina. Ellas cuentan con todos los ingredientes en la Mixteca y al final amaron esta receta, entre todas las que hicimos ese día.

INGREDIENTES

Para la calabaza:

2½ conos de piloncillo de 170 gramos cada uno, o 2½ tazas de azúcar morena
2 trozos de canela, cada uno de 5 centímetros
2½ kilos de calabaza támala o calabaza de Castilla, sin pelar y cortada en trozos, o 5 tazas de puré de calabaza

Para los frijoles:

20 hojas de aguacate criollo
16 chiles pasilla oaxaqueños chicos o 10 chiles chipotles en adobo o 2 cucharaditas de pasta de chintestle
9 dientes de ajo
6 tazas de Frijoles Negros de Olla, pg. 110.
2 cucharadas de aceite de girasol o vegetal

Para la masa:

1 kilo de masa preparada para tamales o 3½ tazas de masa de harina para tamales, bien compacta
1 tazas de manteca suave
3 cucharaditas de sal, o al gusto

Para hacer los tamales:

4 paquetes de hojas para tamal, remojadas en agua ½ hora para ablandar

PROCEDIMIENTO

Para la calabaza:

En una olla de barro o cacerola pesada de 4 litros, combine el piloncillo, canela y 3 tazas de agua. Caliente a fuego alto hasta que el piloncillo se deshaga, luego añada los trozos de calabaza. Tape y cocine por 1 hora o hasta que se ablande. Bañe con este caldillo los trozos de calabaza para que se remojen. Con una cuchara con ranuras o espumadera, retire la calabaza de la cacerola y colóquela en un recipiente para enfriar.

Para los frijoles:

En una cacerola chica poner 2 tazas de agua a hervir.

En un comal seco, plancha o sartén de hierro fundido, tueste las hojas de aguacate, chiles y ajo. Ponga los chiles en un tazón chico, cubra con el agua caliente y deje remojar durante 10 minutos. Cuando los chiles se hayan enfriado, deseche los rabos, semillas y venas.

Retire el tallo de las hojas de aguacate y separe. Ponga lo que queda de las hojas en una licuadora y muela bien; retire las fibras largas de la hoja de aguacate si es que queda alguna en la mezcla. Coloque los chiles o pasta de chintestle y ajo. Licue bien. Adicione los frijoles con su caldo y muela bien hasta obtener una pasta tersa. Si es necesario, muela en partes.

En una sartén grande, caliente el aceite y añada la pasta de frijol. Fría a fuego medio alto, moviendo constantemente unos 10 minutos, hasta que se seque.

Para la masa:

Retire y deseche la corteza de la calabaza ya fría. Ponga la calabaza en un tazón y machaque hasta obtener una pasta tersa. Debe obtener 5 tazas. Si usa masa preparada, desmorónela en un recipiente grande. Si usa harina de maíz póngala en un tazón, añada 2¼ tazas de agua; mezcle bien y deje reposar 15 minutos. Añada la calabaza machacada, sal y mezcle bien; agregue poco a poco la manteca. Bata con la mano o batidora unos 20 minutos, hasta que la masa quede ligera y esponjosa. Adecuar la sal, la masa debe quedar un tanto salada.

Para hacer los tamales:
Seque una de las hojas para tamal que remojó. Coloque el extremo ancho de la hoja sobre la palma de su mano. Extienda 4 cucharadas de masa en la hoja hacia el extremo más ancho; deje un espacio de unos 2.5 centímetros en los bordes y casi la mitad de la hoja vacía. Sirva 3 cucharadas de la pasta de frijol en medio de la masa; extiéndala a todo lo largo de la masa. Coloque el tamal sobre la mesa en forma horizontal, junte las dos orillas largas de la hoja y enróllelas por arriba hasta que queden firmes. El relleno quedará completamente envuelto. Doble el lado angosto sobre el extremo relleno para cubrirlo. Asegúrelo con tiras que se obtienen al rasgar unas hojas para tamal o coloque la parte doblada hacia abajo dentro de otra hoja para tamal. Repita con el resto de la masa.

Ponga en una tamalera (o vaporera) agua y sal hasta al nivel de la rejilla. Coloque la rejilla, cubra con los totomoxtles restantes y llene la vaporera con los tamales. Tape y selle apretando la tapa con algún objeto pesado. Cueza a hervor lento de 1 a 1½ horas, o hasta que el tamal se separe fácilmente de la hoja y "huela a tamal."

En lugar de la calabaza tamala puede utilizar camotes o calabaza de Castilla. **Porciones 36 a 40**

SWEET SQUASH AND BEAN TAMALES

This tamal originates from another part of Oaxaca—the *Sierra Sur* or the southern mountains of the state. I taught this recipe to the CEDICAM cocineras when they visited our cooking school. These ingredients are all found in the Mixteca. Of all the dishes we taught them that day, they loved this recipe the best.

INGREDIENTS

For the calabaza:

2½ piloncillo cones (6 oz. each), or 2½ cups dark brown sugar
2 pieces of Mexican cinnamon, each 2 inches long
5 pounds calabaza támala, or pumpkin squash unpeeled and cut into chunks, or 5 cups squash puree

For the *frijoles:*

20 avocado leaves, dried or fresh
16 small chiles pasillas Oaxaqueños, or 10 chiles chipotles en adobo, or 2 teaspoons chintestle paste
9 garlic cloves
6 cups frijoles negros de olla, pg. 110
2 tablespoons sunflower or vegetable oil

For the masa:

2 pounds prepared masa for tamales or 3½ cups dry masa harina for tamales, firmly packed
1 cup lard, melted
3 teaspoons salt, or more to taste

To make the *tamales:*

4 packages cornhusks, covered and soaked in water for ½ hour to soften

METHOD

For the *calabaza:*

In a heavy 4-quart clay olla or stockpot, combine the piloncillo, cinnamon, and 3 cups of water. Heat over high heat until the piloncillo melts, then add the calabaza pieces. Cover and cook for 1 hour or until soft. Spoon the sauce over the calabaza pieces to moisten well, then remove from the pot with a slotted spoon and place on a plate to cool.

For the *frijoles:*

In a small saucepan, bring 2 cups of water to a boil.

On a 10-inch dry comal or griddle, or in a cast-iron frying pan, toast the avocado leaves, chiles, and garlic. Place the chiles in a small bowl and cover with the hot water. Allow chiles to soak for 10 minutes. When the chiles have cooled, remove the stems, seeds, and veins.

Remove the inner ribs from the avocado leaves and discard. Put the leaves in the blender jar and grind well. Remove any long pieces of avocado leaf fiber from the ground mixture. Add the chiles or chintestle paste and garlic. Blend well. Add beans with their liquid and blend until smooth. Do this in batches, if needed.

In a 12-inch frying pan, heat the oil and add the bean mixture. Fry the mixture over medium to high heat, stirring constantly until dry, about 10 minutes.

For the masa:
Remove the peel from the cooled calabaza and discard. Place the calabaza in a bowl and mash until smooth. This should yield 5 cups. If using prepared masa, break the masa into a large bowl. If using masa harina, put it in a mixing bowl and add 2¼ cups of water. Mix it well and allow the dough to sit 15 minutes. Add the salt to the masa and mix in well. Add the mashed calabaza and mix well. Add the lard a little at a time and mix well. Whip the masa until light and fluffy, by hand or by mixer, for about 20 minutes. Adjust the salt; it should be a little salty.

To make the *tamales:*
Pat dry a soaked and softened cornhusk. Hold the cornhusk with the wide end on the palm of your hand. Spread 4 tablespoons of masa in the husk toward the wider end, leaving a 1-inch border on the sides and about half the husk empty on top. Spoon 3 tablespoons of the bean paste in the middle of the masa, extending it alongside the masa. Lay the tamal on the table horizontally, and join the two long edges of the husk together and roll them up until firm. The filling should be enclosed. Fold the thin side over the fat, filled end to double it. Secure it with ties made of shredded husks or put folded side down into another husk. Repeat with the remaining masa.

Place a rack in a tamal*era* (or steamer) pot. Fill it with salted water up to the level of the rack. Cover it with extra cornhusks, and fill the steamer with the tamal*es*. Cover and weight the lid with a heavy object to keep it tightly closed.. Steam over a slow rolling boil for about 1 to 1½ hours, or when the tamal separates easily from the husk and it "smells like tamal*es*."

You can substitute acorn squash, butternut squash, or sweet potatoes for the calabaza *tamala*. **Serves 36 to 40 medium** tamales

PINOLE DE CHILACAYOTA

La primera vez que probé este platillo fue en La Feria de la Milpa en Nochixtlán, hecho por las cocineras Lucia Santos Palacios e Isabela Estrella Vicente Palacios de Zaragoza. Fue el postre más cremoso de calabaza con *maíz* que jamás había probado. Estaba sorprendida al saber que no tenía mantequilla. Bertha y Doña Felicidad de San Isidro Yucuyoco Tilantongo, me enseñaron a realizar una receta similar usando chilacayota (la calabaza puede ser sustituida). Los resultados fueron deliciosos. Este es un postre de otoño, cuando han pasado las cosechas.

INGREDIENTES

¼ kilo de maíz rojo seco o cualquier color de maíz, tostado
1½ kilo de chilacayota, o calabaza, pelada y cortada en piezas grandes
115 gramos de piloncillo, rallado o picado en pedazos pequeños
115 gramos de azúcar

PROCEDIMIENTO

En un comal, plancha o sartén para freír (sin aceite), tostar el *maíz* por 10 minutos, moviendo constantemente para que no salten los granos. Remover del comal y enfriar completamente. Colocar tandas pequeñas en una licuadora o molinillo, y triturar. Se deja aparte.

Cortar la calabaza a la mitad. Remover las semillas y fibras, dividir en pedazos de 4 centímetros, en formas triangulares y rectangulares. Poner en una olla y verter agua hasta cubrir, aproximadamente 8 tazas. Colocar a fuego alto para hervir. Cuando este hirviendo, añadir el piloncillo y el azúcar. Mezclar hasta que el piloncillo esté completamente derretido. Lentamente agregar el maíz triturado. Continuar cocinando y moviendo por 30 minutos más. Probar para asegurar que el maíz esté cocido completamente.

Servir caliente en platos hondos, como sopa de postre. También se puede servir fría, y sabe muy bien. **Porciones 8**

SWEET SPAGHETTI SQUASH WITH CORN

The first time I tasted this dish was at the *Féria de la Milpa* in Noxchitlán, prepared by the *cocineras* Lucila Santos Palacios and Isabel Estrella Vicente Palacios of Zaragoza. It was the creamiest pumpkin and corn dessert I had ever tasted. I was surprised to find that there was no butter in the recipe. Bertha and Felicidad of San Isidro Yucuyoco Tilantongo showed me how to make a similar dish using *chilacayota,* or mature spaghetti squash (pumpkin may be substituted). The results were delicious. This is one of the desserts of the fall, following harvest.

INGREDIENTS

½ pound dried red corn,, or any colored dried maiz, toasted
3 pounds of chilacayota, or mature spaghetti or pumpkin squash, peeled and cut in big pieces
¼ pound piloncillo, grated or chopped in small pieces
¼ pound sugar (organic sugar cane may be substituted)

METHOD

On a comal, griddle, or dry frying pan, toast the corn for about 10 minutes, stirring constantly so it doesn't pop. Remove from the comal and cool completely. Place in the blender or hand grinder in small batches and grind it to a coarse texture. Set aside.

Cut the squash in half. Remove the seeds and fiber. Cut 2-inch pieces in triangles and rectangular shapes. Put in a stockpot and add water to cover, about 8 cups. Place over high heat and bring to a boil. When boiling, add the piloncillo and sugar. Stir to melt the piloncillo completely. Slowly add the corn and cook 30 minutes, stirring. Make sure the corn is cooked thoroughly.

Serve hot in bowls, like a dessert soup. It's also good cold! **Serves 8**

CALABAZA EN TACHA/CALABAZA EN DULCE

Para el Día de Muertos, las familias mexicanas hacen altares para honrar a sus santos, ancestros y amigos que han fallecido. El altar está decorado con fotos, flores, chocolate, pan, y comida especial para que los muertos regresen para la fiesta. Frutas de temporada y vegetales son preparados en dulces para preservarlos, y los colocan en los altares, para dárselos a los familiares con la última campanada de la iglesia, anunciando que la fiesta ha terminado. Cecilia Durán de Magdalena Jaltepec me enseñó un método de conservar las calabazas usando cal remojada, esto se debe preparar un día antes. En Zaragoza; Epifanía, Lucila y Estrella hacen esta receta con la calabaza támala que es nativa, pero en Norte América, la calabaza común es un gran sustituto. Aquí están las dos versiones que puedes usar.

INGREDIENTES

Calabaza en Tacha:
283 gramos de cal
283 gramos de piloncillo, picado en pedazos
1 pieza de canela Mexicana 5 pulgadas aproximadamente
1 kilo de támala o calabaza, cortada en pedazos de 6 cm, sin semilla

Calabaza en Dulce:
½ kilo de piloncillo, o azúcar morena
1½ kilo de calabaza, cortada en pedazos de 5 cm, sin semilla y pelada
1 pieza de canela Mexicana, 7 cm de largo
La cáscara de 2 naranjas

PROCEDIMIENTO

Para la Calabaza en Tacha:
Colocar la cal en un recipiente grande junto con 3 litros de agua y dejar reposar por 20-30 minutos sin mover.

En un recipiente mediano, colocar las piezas de calabaza y verter unas 3 tazas de agua clara de cal, esta debe ser tomada de la parte superior. Dejar la calabaza en remojo de 20 a 23 horas. Descartar luego el agua de cal.
Lavar muy bien los trozos de calabaza en agua fría. En una olla grande, calentar 3 litros de agua y llevar a ebullición. Agregar las piezas de calabaza y hervir por 10 minutos. Apagar la llama. Retirar la calabaza de la olla con la ayuda de un colador y disponerla en un recipiente grande con agua helada y dejar allí por unos 15 minutos. Colar los trozos de calabaza y trinchar cada uno con un tenedor.

Colocar el piloncillo y 4 tazas de agua fresca en una cazuela de barro o de acero con una tapadera y dejar que hierva. Cocinar a fuego alto por 10 minutos, o hasta que el piloncillo se haya disuelto.

Agregar las piezas de calabaza y la pieza de canela, cubrir la olla, y cocinar a fuego medio por 1½ horas. Retirar la tapa y cocinar lentamente por otros 30 minutos para reducir el líquido a una consistencia más espesa, como jarabe.

Servir bien fría.

Para la Calabaza en Dulce:
Colocar el piloncillo en 3 tazas de agua en una cazuela de barro o de acero con una tapadera y hervir. Cocinar a fuego alto por 10 minutos.

Agregar las piezas de calabaza, la cáscara de naranja y la canela, cubrir la olla y cocinar a fuego medio por 50 minutos. Retirar la tapadera y cocinar lentamente por otros 30 minutos para reducir el líquido a una consistencia más espesa.

Servir a temperatura ambiente con café. **Porciones 12 piezas**

PRESERVED SWEET PUMPKIN

For *Día de Los Muertos* (Day of the Dead), Mexican families make altars to honor the saints, their ancestors, and family and friends who have died. The altar is decorated with photos, flowers, chocolate, bread, and other specialty foods to entice the dead to come back for the fiesta. Seasonal fruits and vegetables are prepared *en dulce* (sweetened) to preserve them, and placed on the altars, then given out to relatives after the final church bells ring, signaling the end of the fiesta. Cecilia Duran of Magdalena Jaltepec showed me a method of preserving the pumpkin, using a calcium oxide soak which you start the day before. In Zaragoza, Epifania, Lucía, and Estrella make this recipe with the native *támala* squash, but the North American pumpkin is a good substitute. I have included two different versions for you.

INGREDIENTS

***Calabaza en Tacha*:**

10 oz. calcium oxide
10 oz. piloncillo, chopped into pieces
3-inch cinnamon stick
2 pounds támala squash or pumpkin, cut into 3-inch wedges, seeded

***Calabaza en Dulce*:**

1 pound piloncillo or brown sugar
3 pounds pumpkin, cut into 2-inch wedges, seeded and peeled
1 piece Mexican cinnamon, 3 inches long
The peel of two oranges

METHOD

For the *Calabaza en Tacha*:

Place the calcium oxide and 3 quarts of water in a pot and let it stand for 20 to 30 minutes without moving it.

In a medium-sized bowl, place the pumpkin pieces and ladle out 3 cups of the clear water from the top of the dissolved calcium oxide. Let the pumpkin soak for about 20 to 24 hours. Discard the calcium oxide water.

Wash the pumpkin very well in cold water. In a large pot, heat 3 quarts of water to a boil. Add the pieces of pumpkin and boil for 10 minutes. Turn off the flame. Remove the pumpkin from the pot with a strainer and place the pumpkin in a large bowl with ice water and let rest for 15 minutes. Drain the pieces well and prick each piece once with a fork.

Place the piloncillo and 2 quarts of fresh water in a clay pot with a lid (or a medium stockpot with a lid) and bring to a boil. Cook over high heat for 10 minutes, or until the piloncillo has dissolved.

Add the pumpkin wedges and cinnamon stick, cover the pot, and cook over medium heat for 1½ hours. Remove the cover and simmer for another 30 minutes to reduce the liquid syrup. Serve well-chilled.

For the *Calabaza en Dulce*:

Place the piloncillo in 3 cups water in a 2-quart saucepan or clay cazuela (with a lid) and bring to a boil. Cook over high heat for 10 minutes.

Add the pumpkin wedges, the orange peel, and the cinnamon stick, cover the pot and cook over medium heat for 50 minutes. Remove the cover and simmer for another 30 minutes, reducing the liquid to a syrup.

Serve at room temperature with coffee. **Serves 12**

AGUA DE CHILACAYOTA

Esta bebida es muy popular en las fiestas o reuniones donde se reúnen muchas personas. Es común en la Mixteca, porque hay muchas chilacayotas. Es por la apariencia de la fibra de la chilacayota que le llaman "cabellos de ángel." Es muy nutricional y muy refrescante para un día caluroso. Rosa Hernández le pone cáscaras de limón para atenuar la dulzura.

INGREDIENTES

2 kilos de chilacayota
Una pieza de canela de 7 centímetros
½ kilo de azúcar, o miel a gusto
Cáscara de un limón, cortada en pedazos chicos

PROCEDIMIENTO

Cortar la chilacayota o calabaza, a la mitad. Remover la parte del tallo y cortarla en piezas grandes en forma de triángulos o rectángulos de 4 centímetros de largo, sin remover las semillas. Agregarlos a una olla, hervir junto con 4 litros de agua, y agregar los demás ingredientes. Hervir por aproximadamente 1 hora, con la olla tapada. Retirar del fuego y dejar que se enfríe.

Colocar la mezcla en un recipiente grande y remover las piezas de la chilacayota. Disponer las piezas en un tazón grande, remover la cáscara y descartar.

Agregar la pulpa de la calabaza al recipiente y agregar mucho hielo. Machacar la calabaza para hacer una bebida fibrosa, con trocitos. Agregar las cáscara de limón y mezclar. Servir fría. **Porciones 10 a 12**

Nota: Agregar ¼ taza de amaranto seco si así lo desea.

COLD SWEETENED SPAGHETTI SQUASH DRINK

This drink is very popular at parties, meetings, church gatherings, or any other place where a lot of people get together. It is quite well known in the Mixteca, because there are so many *chilacayota* or mature spaghetti squash readily available. Because of the fibers in the squash, they call it "hair of the angels." It is very nutritious and quite refreshing on a hot day. Rosa Hernández from Hidaldo Jaltepec often includes additional lime peel to cut the sweetness.

INGREDIENTS

4 pounds of *chilacayota* (spaghetti squash)
3-inch cinnamon stick
1 pound sugar, or honey to taste
1 lime peel, cut in small pieces

METHOD

Cut the chilacayota or pumpkin squash in half. Remove the stem and cut into big pieces shaped into triangles and rectangles about 2 inches long. Do not remove the seeds. Add to a stockpot with 4 quarts of water and add all of the other ingredients. Boil covered for about 1 hour and set aside to cool.

Place the mixture in a big bowl and remove the pieces of the chilacayota. Place the pieces in a bowl and remove and discard the skin of the squash.

Add the meat of the squash to the bowl with lots of ice. Mash the squash a bit to make a fibrous, chunky drink. Add the fresh lime peels and stir. Serve chilled. **Serves 10-12**

Hint: Add 1/4 cup dry, puffed amaranth if desired.

Capítulo 5

LAS SALSAS

SALSAS

COMPLETANDO LA SALSA

Miltomate y Chile

Picante pero sabroso: Agregando "picante" a nuestras vidas y comidas

Toasting dried chiles on the comal for a mole.

"*Soy picante pero sabroso,*" canta el amante de La Lloròna en la canción popular de Oaxaca. En ese sentido, recordamos al difunto Obispo Samuel Ruíz, tratando de explicar a una estadounidense que se quejaba diciendo, "la comida mexicana sería tan sabrosa si no le echaran todo este chile," como el "picante" es esencial para hacerla "sabrosa."

El picante es parte de la tradición de la milpa. Adentro y alrededor de las parcelas sembramos chile de árbol, chile serrano, chile de agua y chile jalapeño, entre otros. Y allí en la misma milpa, nace solo, como los quelites, su complemento perfecto: el miltomate. Juntos, chile y miltomate hacen una rica salsa verde que demuestra cómo lo picante y lo sabroso se complementan.

Es tan misterioso cómo el miltomate llega a la milpa, pero bienvenido como la llegada de los quelites de primavera. En cambio, la producción de chiles, chile poblano, chile ancho negro, y muchos más que ocupamos frescos y secos, es un arte antiguo y bien estudiado con una historia de diez mil años. Como también, su empleo en los cientos de sabores ricos de nuestros platillos locales.

Nuestros chiles constituyen además un alimento muy sano. Los chiles rojos contienen una alta cantidad de vitamina C y también son una buena fuente de vitamina B6. La vitamina C, complementa y facilita el uso que nuestros cuerpos hacen del hierro que tienen los frijoles y otros granos cuando los comemos con chile. Lo picante del chile (*capsaicina*) estimula la circulación de la sangre y produce un sentido de bienestar. Algunas investigaciones también sugieren que la capsaicina ayuda a regular al colesterol y los niveles de triglicéridos, ayuda a la digestión, y retrasa el crecimiento de células cancerígenas en la próstata.

En la cercana comunidad de Hildalgo Jaltepec, todavía conservan el antiguo conocimiento sobre la producción de chile de agua en tierras semi-áridas. Cuando empiezan las lluvias los campesinos mojan grandes extensiones de tierra en las laderas y compactan la tierra en grandes camas como adobes gigantes de muchos metros de largo. En el lodo compactado hacen hoyitos en forma de conos con un mazo, una herramienta hecha del horcón de un árbol. En cada hoyito transplantan las matitas de chile con un puñado de abono de las hormigas arrieras que hacen sus nidos en las laderas secas. El lodo compactado hace una capa impermeable que retiene la humedad en el suelo durante los meses y con muy poco riego adicional, los pobladores de Hidalgo logran cosechar los chiles verdes de agua que siguen haciendo famosa su comunidad en la región.

Igual como el amante de la Llorona, la vida de nuestras comunidades se vuelve "picante" con nuestras fiestas y bailes. Con tantas comunidades que existen en el área, hay fiestas patronales y bailes a cada rato. Sin embargo, nuestras fiestas también son una manera de agradecerle a nuestra Madre Tierra por su generosidad. Como lo expresa un hermano Zapoteco, "nos reunimos y ofrecemos el trago a la tierra y comemos lo que nos ha dado y le ofrecemos a la Madre Tierra un poquito y ponemos mucha música y danzamos y bailamos sobre la tierra para que se alegre con nuestra alegría."Convivimos y compartimos un mole picante y así, con nuestras fiestas, nos decimos los unos a otros, que a pesar de las dificultades y broncas que hemos experimentado durante el año, queremos seguir siendo comunidad por otro año más. Para nosotros esto es lo que representa vivir bien.

COMPLETING THE SALSA

Tomatillos and Chile

Adding spice to our lives and meals

"*Soy picante pero sabroso*" (I'm hot but so so tasty), La Llorona's lover sings to her in the favorite Oaxacan song of the same name. We remember the well-known Bishop Samuel Ruiz trying to explain to a North American lady how "hot" (picante) is synonymous with "tasty." She was complaining that "Mexican food would be so tasty if they would leave out all that chile."

Picante is part of the tradition of the milpa, where within and around the fields we plant *chile de arbol, chile serrano, chile de agua*, and *chile jalapeño*, among others. And there in the milpa, growing wild like our quelites, sprouts its perfect complement, the *miltomate* or tomatillo. Together they make a rich *salsa verde*, which illustrates well how hot and tasty go together.

How the miltomate finds its way into our milpas is as mysterious and gratuitous as the arrival of the spring quelites. But the production of chiles (*chile bravo, chile poblano, chile ancho*), and dozens more varieties both fresh and dried, is an ancient and well-studied art that some say dates back 10,000 years. And so is its use in the myriad rich tastes of our local dishes.

Of course our chiles also are a very healthy food. Red chiles contain large amounts of vitamin C and are a good source of vitamin B6. In true complementary fashion, the high vitamin C content facilitates our bodies' intake of the iron present in other foods when we eat beans or grains in combination with chile. The picante or "hot" of the chile (capsaicin) tends to stimulate blood circulation and produce a certain "high" or feeling of well-being. Some tests also suggest that capsaicin helps regulate cholesterol and triglyceride levels, helps digestion, and even may retard the growth of cancerous cells in the prostate.

The nearby community of Hildalgo Jaltepec still retains the ancient knowledge of how to grow *chile de agua* in semi-arid lands. When the rains begin, villagers wet large extensions of land along the ridge sides and compact the mud into adobe-like beds many meters long. Into the packed mud beds they make cone-shaped holes with a *maso*, an instrument made from the crotch of a tree. Into each hole they transplant the seedlings of chile with a handful of the manure of the leaf-cutter ants that dig their holes in the rough mountainsides. The compacted mud forms a cap that retains the moisture in the soil for months to come, and with very little additional water the villagers harvest a yearly crop of spring-green *chile de agua*, which continues to make them famous in the area.

Like La Llorona's lover, our community life turns *picante* with our fiestas and dances. They, like the capsaicin in our chiles, make us happy. With so many communities in the area, there is a *fiesta patronal* (village saint's feast day) or dance nearby every few weeks. But our fiestas are also a way to give thanks to our *Madre Tierra* for her abundance. And so, as a Zapotec brother has put it, "We get together and we offer the first drink to the earth, we eat what the earth has given us, and we offer her a little food, and we play music, and we dance upon the earth so that she will be happy with our own happiness." We share a special mole picante, the sauce of choice for celebrations, and with our fiesta we say to one another that in spite of all the difficulties and conflicts of the past months, we wish to continue as a community for yet another year. For us this is part of what it means to live well.

RECETAS | RECIPES

SALSAS | SAUCES

CHILE CANARIO EN ESCABECHE

En la mayoría de las casas que visité, todas las cocineras de la Mixteca tenían diferentes fórmulas para hacer *Chile Canario en Escabeche*. Este modo de hacer escabeche es muy popular y es una grandiosa forma de preservar los chiles. Incluso a los niños se les enseña a hacer esto en la secundaria usando *chile jalapeño* o *chile canario*. El picor del chile canario es tan fuerte, que incluso se le puede agregar sólo un poco del jugo del escabeche a sopas o frijoles para darles más intensidad o volver picantes las mezclas. Puede agregar a esta receta, vegetales como papas o ejotes.

INGREDIENTES
2 tazas de vinagre de manzana o vinagre blanco
2 clavos
3 pimientas gordas
1 cucharadita de tomillo fresco
1 cucharada de orégano oaxaqueño, o substituya con mejorana
3 hojas de laurel
4 cucharadas de aceite de olivo
1 cebolla blanca grande, cortada a la mitad y rebanada
1 cabeza de ajo, pelada y rebanada diagonalmente
½ kilo de zanahorias, peladas y rebanadas diagonalmente
½ kilo de chiles canarios
1½ cucharadita de sal de mar
Una pizca de azúcar

PROCEDIMIENTO
En una sartén mediana, combinar el vinagre con 1½ tazas de agua, agregar las hierbas y las especias. Hervir a fuego medio, después bajar la flama y cocinar lentamente por 30 minutos.

Cortar una X en la punta de cada chile. En una sartén chica para freír, calentar el aceite a fuego bajo. Saltear la cebolla y el ajo hasta que se aclaren, sin dorar, aproximadamente por 5 minutos. Una vez listo se agrega a la sartén que contiene el vinagre.

Agregar el resto de los vegetales al vinagre y cocinar hasta que los vegetales estén suaves, por unos 30 minutos.

Llenar frascos de vidrio esterilizados y tapar. Hervir el frasco para sellarlo y refrigerar.

PICKLED CHILE CANARIO

In almost every home I visited, the *cocineras* of the Mixteca had some formula to make *Chiles Canarios en Escabeche*. This process for pickling chiles is very popular and a great way to preserve them. Even the children are taught how to do this in secondary school with chiles jalapeños or canarios. The heat of the chile canarios is so robust that even the juice from the chiles can be sprinkled into soups or beans to add excitement. You can make them with or without the addition of other vegetables, including potatoes or string beans.

INGREDIENTS
2 cups apple vinegar or white vinegar
2 whole cloves
3 whole allspice cloves
1 teaspoon fresh thyme
1 tablespoon fresh or dried Oaxacan oregano, or substitute marjoram
3 bay leaves
4 tablespoons olive oil
1 big white onion, halved and sliced
1 head of garlic, peeled and sliced diagonally
1 pound carrots, peeled and sliced diagonally
1 pound chiles canarios
1½ teaspoons sea salt
Pinch of sugar

METHOD
In a medium saucepan, combine the vinegar and 1½ cups of water, the herbs, and spices. Bring to a boil over medium heat, then reduce heat and simmer for 30 minutes.

Cut an x at the tip of each chile. In a 10-inch frying pan, heat the oil over low heat. Sauté the onions and garlic about 5 minutes until clear, not brown. Transfer to the saucepan with the vinegar mixture.

Add remaining vegetables to the vinegar and cook until vegetables are soft, about 30 minutes. Cool completely. Fill hot sterilized glass jars and cover. Refrigerate.

CALDILLO DE TOMATE MIXTECO

Este caldillo es una salsa ligera básica de la comida de la Mixteca, hecha de tomate con chiles secos, como el popular chile guajillo y el menos conocido chile pulla, cuyo sabor es delicioso, único y con un picor ¡que por mucho tiempo no olvidará! Esta salsa es muy buena, ya sea con *Nopales Capeados Rellenos de Quesillo y Flor de Calabaza*, pg. 166, o *Acelgas Rellenas de Verduras con Queso*, pg. 87, los cuales son rebozados y fritos. También es excelente para poner encima de huevos fritos para hacer *huevos rancheros* (ranch style eggs), existe un sinnúmero de formas de utilizarla. El secreto de esta salsa está en freír bien el puré de tomate y el chile, así se obtiene una buena sazón.

INGREDIENTES

5 tomates grandes y maduros
1 chile pulla, sin rabo, sin semilla y desvenado
2 chiles guajillos, sin rabo, sin semilla y desvenados
½ cebolla blanca mediana, finamente picada
3 dientes de ajo, finamente picados
Aceite vegetal o de girasol
Sal de mar, al gusto

PROCEDIMIENTO

Hervir los tomates en medio litro de agua hasta que la piel este suave, retirarlos de la olla y dejar que se enfríen. Pelarlos y descartar la piel de los tomates.

Colocar los chiles en un recipiente y verter encima el agua caliente de los tomates, dejar que se remojen por 15 minutos.

Colocar los tomates y los chiles en una licuadora, procesar hasta obtener un puré suave. Colar el puré en un colador o un pasapuré. Reservar.

En una sartén grande y honda, calentar el aceite y freír la cebolla hasta que transparente. Agregar el ajo y cocinar por 2 minutos más. Añadir la mezcla del tomate y freír por 15 minutos hasta que el sabor se haya intensificado. Agregar sal al gusto. **Porciones 6 a 8**

MIXTECAN LIGHT TOMATO SAUCE

This *caldillo* is a light tomato sauce featuring the dried chiles basic to Mixtecan food. The popular chile guajillo and the lesser-known chile pulla are most often used. Their unique flavor is delicious and boasts a heat one does not soon forget! This sauce is good with either *Batter-Fried Nopales Stuffed with Quesillo and Squash Flowers*, pg. 167, or with the battered and fried *Swiss Chard Stuffed with Vegetables and Cheese, pg. 89*, It can also be used over eggs to make delicious *huevos rancheros*. It has countless other uses. The secret to this sauce is frying the tomato-chile puree so it has a well-seasoned taste.

INGREDIENTS

5 large, ripe, plum tomatoes
1 chile pulla, stemmed, seeded, and deveined
2 chiles guajillos, stemmed, seeded, and deveined
½ medium white onion, finely chopped
3 cloves garlic, finely chopped
Vegetable or sunflower oil
Sea salt, to taste

METHOD

Boil the tomatoes in half a quart of water until skins are soft, remove them from the pot, and allow them to cool. Peel and discard the tomato skins. Use the tomato water to pour over chiles and soak for 15 minutes.

Place the tomatoes and the chiles in a blender and blend until smooth using the chile water. Pass through a food mill or a strainer and set aside.

In a heavy saucepan, heat the oil and fry the onion until transparent. Add the garlic and cook 2 minutes more. Add the tomato mixture and fry 15 minutes until the flavor is intensified and rich. Add salt to taste. **Serves 6-8**

SALSA DE MOLCAJETE DE CATALINA

Catalina molió esta salsa en un molcajete para acompañar los tamales que se estaban cocinando en la estufa. Ella tenía un brillo en los ojos mientras nos daba la lista de los ingredientes, "Chile, miltomate, ajo, agua, sal y 100 gramos de ganas—¡dice mi esposo!" A la hora de la comida, pudimos ver que él estaba agradecido por el fruto de la labor de su esposa. El sabor fabuloso de esta salsa proviene del gusto único que posee el chile pulla seco.

INGREDIENTES

5 chiles pulla, sin rabo, sin semillas y desvenados, o substituya por chile de árbol
1 cucharadita de sal de mar
1 diente de ajo
½ taza de tomatillos frescos, sin cáscara

PROCEDIMIENTO

Colocar dos tazas de agua en una tetera y hervir. Tostar los chiles por ambos lados en un comal seco o una sartén para freír. Cuando empiecen a cambiar de color y a soltar su aroma, retirarlos del comal y colocarlos en un recipiente pequeño. Cubrir con agua hirviendo y dejar que se rehidraten por 10 minutos. Colocar una cantidad pequeña de sal en el molcajete y moler el ajo hasta que suavice. Agregar los chiles uno por uno y molerlos hasta formar una pasta. Moler los tomatillos hasta lograr una salsa pastosa, pero bastante suave. Agregar agua para que la salsa obtenga consistencia. Ajustar sal y servir. **Para 1 taza**

Nota: Si los tomatillos están muy chicos y frescos, usarlos crudos. Si están mas viejos y grandes, debe hervirlos ligeramente para que se puedan moler fácilmente. También se puede moler esto en la licuadora si así se desea.

CATALINA'S HOT SAUCE

Catalina ground this salsa in a *molcajete* (stone mortar and pestle) to accompany the tamales that were steaming on the stovetop. She had a twinkle in her eye as she listed the ingredients. "Chile, *miltomates*, garlic, water, salt, and 100 grams of desire, says my husband!" At mealtime, we could see he was pleased with the fruits of her labor. The fabulous taste of this sauce comes from the unique flavor of the dried *chile pulla*.

INGREDIENTS

5 chiles pullas, stems and seeds and veins removed or substitute chiles de arbol
1 teaspoon sea salt
1 clove garlic
½ cup fresh tomatillos, husks removed

METHOD

Put two cups of water in a kettle to boil.

Toast the chiles on both sides on a dry comal or frying pan. When they start to color and give off their scent, remove them from the comal and place in a small bowl. Cover them with boiling water and let them rehydrate for 10 minutes.

Put a small amount of salt in the molcajete and grind the garlic until smooth. Add the chiles one by one and grind into a paste. Grind in the tomatillos until the salsa is pasty, but fairly smooth. Add water to make a salsa-like consistency. Adjust the salt and serve. **Serves 1 cup**

Note: If the tomatillos are small and fresh, you can use them raw. If they are older and larger, you may boil them slightly to grind more easily. You may also grind in a blender if you prefer.

TOP TO BOTTOM: Catalina's Hot Sauce, Chile Canario en Escabeche, Ensalada de Nopales Asados.

SALSA DE COYUL

Un día estábamos en San Pedro Quilitongo recolectando huitlacoche en la milpa, cuando Flor y Blanca empezaron a recoger coyul o trébol, con el cual se hace una salsa. Yo estaba gratamente sorprendida con el resultado y amé el agrio sabor del coyul. Puedes sustituir el coyul con verdolaga u hojas de acedera combinadas con berros. Esto puede acompañar los *Tacos de Huitlacoche*, pg. 38, o unos huevos, para hacer tus mañanas más brillantes.

INGREDIENTES

1 chile canario, o substituya por 1 habanero
½ cucharadita de sal de mar, o al gusto
2 dientes de ajo
½ taza de trébol de tres hojas (o cuatro), o substituya con (¼ taza de verdolagas y ¼ de berros u hojas acedera)

PROCEDIMIENTO

En un comal, asar los chiles por todos los lados hasta que ampollen. Colocar los chiles en un recipiente y cubrir con una toalla para que suden. Cuando se puedan manipular, quitar la piel con un cuchillo chico, remover el tallo, semillas y venas. Reservar.

Poner una cantidad pequeña de sal en el molcajete y moler con el ajo hasta que esté suave. Agregar los tréboles (o las verdolagas y berros) poco a poco y moler hasta que se forme una pasta. Añadir el chile y moler hasta que la salsa esté pastosa, pero bastante suave. Adicionar ¼ de taza de agua aproximadamente, para una mejor consistencia. Ajustar sal y servir.

Si se hace en una licuadora, colocar el chile, ajo, los tréboles y el agua; licuar hasta que este suave. Poner la salsa en un recipiente, ajustar sal y servir.

THREE-LEAF CLOVER SAUCE

We were in San Pedro Quilitongo collecting huitlacoche in the milpa when Flor and Blanca began gathering clovers to make a salsa. I was pleasantly surprised with the result and love the tart flavor of the coyul. You can also substitute purslane or the tart-tasting sorrel leaves mixed with watercress for the coyul. This is delicious with the *Tacos de Huitlacoche*, pg. 39, or try it over eggs to make your morning brighter!

INGREDIENTS

1 chile canario or substitute 1 habanero
½ teaspoon sea salt, or to taste
2 cloves garlic
½ cup three- (or four!) leaf clovers (or substitute ¼ cup purslane and ¼ cup watercress or sorrel leaves)

METHOD

On the stove top or comal, roast the chile on all sides until the skin blisters. Put the chile in a bowl and top with a towel to sweat. When it is cool enough to touch, peel the skin with a paring knife and remove the stem, seeds, and veins. Set aside.

Put a small amount of salt in the molcajete and grind the garlic until smooth. Add the clover (or purslane and watercress) little by little and grind into a paste. Add the chile and grind until the salsa is pasty, but fairly smooth. Add about ¼ cup water to make a better salsa-like consistency. Adjust the salt and serve.

In the blender, place the chile, garlic, the greens, and water and blend until smooth. Place in a sauce bowl and adjust taste with sea salt.

Capítulo 6

LOS VECINOS DE LA MILPA

THE MILPA´S NEIGHBORS

LOS VECINOS DE LA MILPA

Nopal y Maguey

De una dieta tradicional frente a la nueva epidemia, la diabetes e hipertensión que atacan a los pueblos indígenas

En todas las Américas, la llegada de los europeos en el siglo XV diezmó las poblaciones indígenas, no solamente por las guerras y la esclavitud, sino también por las enfermedades ante las cuales no tenían ninguna defensa.

Hoy dicen algunos que ha llegado una nueva epidemia de las culturas occidentales en forma de plaga de diabetes e hipertensión que está atacando y matando a la población indígena, a una escala mucho más alta que a la población en general. ¿La causa? La llegada de bebidas y comida chatarras del norte, para reemplazar la dieta tradicional indígena del continente. Recientemente, el director del Instituto Mexicano de Salud informó que 30% de todas las enfermedades graves que padece la población mexicana se relacionan con el consumo de refrescos.

¿Si toda la población está tomando Coca-Cola, y comiendo Sabritas, por qué están sufriendo más los pueblos indígenas? ¿Puede ser que el cambio de dieta es mucho más abrupto que él de la demás de la población?

¿O puede ser, que la dieta tradicional tenía una protección especial que al ser abandonada, dejó a nuestra gente con menos defensas que la población en general?

En los bordos y perímetros de casi cualquier milpa, se pueden encontrar unas plantas vecinas, el nopal y el maguey, que dieron a nuestra gente, posiblemente en combinación con otros quelites, una protección especial contra estas enfermedades de las civilizaciones "modernas".

En nuestras comunidades mixtecas es el trabajo del agente o su suplente ir de casa a casa avisando a la comunidad cuando hay asambleas. También es costumbre de las familias, recibir a la autoridad (y a cualquier otra visita) con algo de comer. En un día típico el agente puede comer tortillas con rajas de nopal en una casa, cacáya de flor de maguey y maguey con coyul en otra.

En un sólo viaje de visitas, nuestras autoridades pueden comer una serie de comidas medicinales que les va a proteger contra la nueva epidemia. Las rajas de nopal reducen el azúcar en la sangre y aumentan la respuesta celular del cuerpo a la insulina en pacientes con la diabetes tipo II. Pacientes desayunando solamente con nopal redujeron el azúcar en la sangre a niveles normales en pocas horas. Otros estudios indican que el nopal funciona para reducir colesterol y triglicéridos, además de controlar la obesidad.

Después de esta primera parada en su gira farmacéutica, el agente tendrá el placer de comer el maguey en varias formas. Las flores que se comen en cacaya, muchas veces con una salsa de miltomate y chile, y las pencas del maguey con coyul, son valoradas por su capacidad de regular niveles de insulina en el cuerpo, como el nopal disminuye niveles de colesterol y triglicéridos. La flor de maguey también contiene proteína, calcio, fósforo, hierro y vitamina A.

Seguramente en temporada, en una casa le ofrecerán una bebida milenaria, natural, hecha de aguamiel del maguey: el pulque. Esta bebida que tiene varios niveles del alcohol que

pasa del puro aguamiel a una alta fermentación, contiene características medicinales importantes para prevenir la diabetes y la hipertensión, además de microorganismos que inhiben el crecimiento de bacterias patógenas intestinales.

En nuestro tiempo, mientras descansen bajo la sombra de un frutal, alguna familia seguramente, ofrecerá a nuestro agente otra bebida muy valorada: la Coca-Cola.

Aquí entra la nueva epidemia. Estudios muestran que el jarabe de alta fructosa de maíz, el edulcorante más común en los refrescos de hoy, incrementa el peso en relación con otros edulcorantes, baja el metabolismo del cuerpo, y obstruye la producción natural de insulina. El jarabe de alta fructosa de maíz por ser una de las causas principales de obesidad y por causar fluctuaciones irregulares de insulina, conduce a la diabetes en muchas personas.

Cuando éramos jóvenes, el único edulcorante en nuestras comunidades era la miel del maguey. Hoy el edulcorante principal en muchas comunidades es el jarabe de alta fructosa de maíz, mientras en las tiendas de comida orgánica en el Norte Global, venden la miel de maguey a un precio alto debido a sus propiedades que benefician la salud humana.

Nuestros alimentos tradicionales no sólo son deliciosos. Los casos de la nixtamalización del maíz, el valor del chile para la salud, y el nopal y maguey, alimentos tan importantes para la alimentación, demuestran que las comidas tradicionales son esenciales para nuestra salud. Son el fruto de miles de años de experimentación, para determinar cuáles son las comidas más saludables para el ser humano. ¿Podremos librarnos del nuevo colonialismo de las comidas chatarras? ¿La gente del Norte Global también podrá librarse?

A treasured, traditional, ceramic hot chocolate pitcher.

THE MILPA´S NEIGHBORS

Nopal y Maguey

A traditional diet to confront the epidemic of diabetes and hypertension that is attacking indigenous people

In all of the Americas, indigenous populations were decimated by the arrival of the Europeans, not only by wars and slavery, but also by an illness against which we had no defense.

Now a "modern" illness from the western cultures is attacking and killing the indigenous peoples at a much higher rate than the general population: diabetes and hypertension. The cause? The arrival of junk food and soft drinks from the North, replacing the traditional indigenous diets of these continents. Recently the director of the Mexican Health Department reported that 30% of all of the life-threatening diseases that afflict the Mexican population are related to the consumption of soft drinks.

If everyone is drinking Coca-Cola and eating potato chips, why are indigenous peoples suffering disproportionately? Could it be because the change of diet has been much more abrupt in the case of indigenous peoples who still depended primarily on traditional diets just a few decades ago? Or could it be that our traditional diet included special protections that when we abandoned it made our people much more sensitive and defenseless than the general population?

On the borders and perimeters of almost any milpa you will find some very important neighbors—the nopal and maguey plants. As we will see, these plants—possibly in combination with other quelites—indeed have given our people a special protection against these illnesses of "modern" civilization.

In our Mixtec communities it is the work of the *agente* or "mayor," or of the assistant mayor to go from house to house announcing upcoming town meetings or assemblies of the village. It is also the custom of the village families to receive the agente (or any other visitor) with something to eat. On a typical day the agente may eat tortillas with slices of nopal in one house, *cacaya* made from the maguey flower in a second, and maguey slices with a wild quelite called *coyul* in another.

In one short tour of village homes our agente will have eaten a whole series of foods with a high medicinal impact which can protect him or her from the new epidemic.

The nopal slices reduce blood sugar levels and enhance the body's cellular response to insulin in patients who have diabetes type II. In clinical studies patients breakfasting only on nopal reduced their blood sugar levels to normal in just one hour. Other studies indicate that nopal helps to reduce cholesterol and triglyceride levels and to control obesity. At the second stop on his health food tour the agente will have the pleasure of eating maguey in various forms. The maguey flower is served as *cacáya,* often with a green sauce of tomatillo and chile, and the thick maguey leaf or *penca* is served with coyul. Both are highly valued for their ability to regulate the body's insulin levels, and like nopal they reduce levels of bad cholesterol and triglycerides. The maguey flower also contains protein, calcium, phosphorus, iron, and vitamin A.

Without doubt, in the right season one of the homes will offer our agente a millennia-old, natural drink made of the juice of the maguey: *pulque.* This drink, which has varying alcohol content, from the pure juice recently harvested from the plant to the more highly fermented

stages, not only has the same medicinal properties as the plant from which it originates, it also contains microorganisms that inhibit the growth of pathogens in the intestine.

In our times, however, while everyone is resting in the shade of a fruit tree, some family might offer the agente a different drink that is highly popular in our communities: Coca-Cola.

Studies at Princeton University concluded that high fructose corn syrup, the most common sweetener in soft drinks today, causes a great deal more weight gain than other sweeteners. It slows metabolism rates and obstructs production of insulin. The studies concluded that high fructose corn syrup, because it is one of the principal causes of high obesity rates and also causes irregular fluctuations in insulin levels, provokes diabetes in many people.

When we were children, the only sweetener that was consumed in our villages was the syrup, or "honey," of the maguey. Today the principal sweetener in many communities is high fructose corn syrup, while in the organic food stores in the North the syrup of the maguey and its family member, agave, bring a high price because of their benefits for human health.

Our traditional foods are not only delicious. The benefits of the nixtamalización process, the health values of chiles, and, now, the examples of the nopal and maguey dishes that are so important to us demonstrate that our traditional foods are essential for our health. As the fruit of thousands of years of experimentation and communal wisdom about what foods are most healthy for the human diet, they are part of the heritage we strive to share with the human family.

PANADERIA
"Betanzos"
LE OFRECE GRAN SURTIDO
EN PANES DE:
YEMA
AJONJOLI
CONCHAS
REPOSTERIA
ETC.
Ricas donas

RECETAS | RECIPES

NOPAL Y MAGUEY | NOPAL AND MAGUEY

Advertisement for a bakery located in Quilitongo.

TACOS DE IZOTE CON HUEVOS

Uno de los días que mejor me la pasé en la Mixteca fue cuando fuimos a San Pedro Quilitongo a visitar a Manuela, la mujer a quien llamo "*dedo verde*", por su increíble habilidad de cultivar la milpa más fértil y abundante. Recolectamos muchas plantas y vegetales para cocinarlos ese día. Caminando del pueblo a la cocina, noté una planta de yuca con una hermosa y enorme flor blanca. Como un capricho, pregunté si podíamos cocinarla también, y antes de darme cuenta apareció una escalera y muchas personas saliendo de sus casas a ofrecer ayuda y dar consejos. "Se requiere de todo un pueblo"—Media hora después estaban bajando la enorme flor con una cuerda. Todos se involucraron para quitar las flores y limpiarlas, después se frieron simplemente con cebolla, ajo y huevos. ¡Qué sabor! Sabe muy parecido al corazón de la alcachofa, así que puede sustituir la flor de yuca por alcachofa; no todo el mundo tiene una planta de yuca con flor en su patio.

INGREDIENTES

1 *izote* (Flor de yuca) entera, o sustituya por 2 latas de corazones de alcachofa, escurridos y cortados en cuartos, con hojas separadas
1 cebolla blanca mediana, picada
5 dientes de ajo, finamente picados
7 huevos, batidos
Sal de mar, al gusto
½ cucharadita de pimienta negra, recién molida
8 tortillas de *maíz* hechas a mano

PROCEDIMIENTO

Retirar las ramas del izote o flor de yuca, dejando solamente el pistilo del centro. Romper los pétalos individualmente. En una sartén, hervir agua y agregar los pétalos de la flor de yuca. Cocinarlos hasta que estén blandos, por aproximadamente 10 minutos y escurrir bien. Si usa corazones de alcachofas, córtelos y separe las hojas en un recipiente.

En una sartén, calentar aceite vegetal o aceite de oliva a fuego medio y freír la cebolla hasta que esté transparente y ablande. Agregar ajo y freír por unos minutos más, hasta que suavice. Agregar los pétalos de las flores o alcachofas y freír hasta que empiecen a dorar un poco.

Agregar los huevos batidos, la sal, la pimienta y mover despacio hasta que esté bien cocinado. Calentar las tortillas en la parrilla de una estufa por ambos lados y envolverlas en una servilleta de tela para mantenerlas calientes.

Servir las flores de izote con una tortilla y *Salsa de Molcajete de Catalina*, pg.143.

Porciones 6 a 8 tacos

YUCCA FLOWER AND EGG TACOS

One of the best days I ever spent in the Mixteca was when Judith and I went to San Pedro Quilitongo to visit Manuela, the woman whom I call "*dedo verde*" (green thumb) for her incredible ability to grow the most fertile and abundant milpa. We harvested many plants and vegetables to cook with that day. Walking through the village to her kitchen I saw a blooming yucca *(izote)* with a gorgeous huge white blossom. On a whim I asked if we could cook the blossoms, and before I knew it, a ladder appeared and people started coming out of their houses to offer help and advice. "It takes a village," so they say, and half an hour later the huge bloom was being lowered on a rope by a team of villagers. Everyone participated in removing the flowers and cleaning them. Later they were simply fried with onion, garlic, and eggs. What a flavor! It tasted so much like artichoke hearts that I am calling for them in this recipe, as you may not be lucky enough to have a yucca plant flowering outside your door!

INGREDIENTS

1 whole izote flower, or substitute 2 cans artichoke hearts, drained and quartered, leaves separated
1 medium white onion, chopped
5 garlic cloves, chopped finely
7 eggs, beaten
Sea salt, to taste
½ teaspoon black pepper, freshly ground
8 handmade corn tortillas

METHOD

Remove the izote or yucca flowers from the branches, leaving the center pistil. Tear the petals individually. In a 3-quart saucepan, heat water to a boil and add the yucca flower petals. Cook them until tender, about 10 minutes, and drain well. If using artichoke hearts, quarter them and separate petals in a bowl.

In a frying pan, heat vegetable or olive oil over medium flame and fry the onion until transparent and soft. Add garlic and fry a few minutes more, until soft. Add the flower petals or artichoke hearts and fry until they begin to brown.

Add the beaten eggs, salt, and pepper and stir slowly until cooked through. Heat the corn tortillas on both sides on the burners of a stove top. Wrap in a cloth servilleta to keep them warm.

Serve the izote flowers with the corn tortillas and *Salsa de Molcajete de Catalina*, pg. 143.
Serves 6-8 large tacos

TOSTADAS DE ENSALADA DE NOPALES ASADOS

Esta ensalada la he venido haciendo en muchas partes del mundo, y un día cuando nos encontrábamos cocinando en la comunidad de San Pedro Quilitongo, las señoras me preguntaron si podría darles una receta mía para que ellas pudieran probar algo nuevo. Les di los ingredientes, las mujeres regresaron a sus casas y encontraron todo; hasta un buen aceite de oliva consiguió una de ellas, que uno de sus hijos le había enviado como un regalo gourmet. Todas disfrutaron del sabor de los nopales asados y se rieron cuando hice un aderezo de anís estrella, ya que esto es considerado en esta área, como una medicina para curar cólicos en bebes.

INGREDIENTES

½ kilo de nopales frescos, sin espinas; en caso necesario, puede usar envasados pero bien enjuagados en agua fría
9 dientes de ajo
350 gramos de tomates (1½ de mediano a grande, o de 6 a 7 pequeños), en trocitos
5 cebollitas o cebollas verdes (escalonias), en rebanadas finas
2 aguacates maduros medianos, pelados y partidos en cubos (Haas o criollos)
½ taza de hojas de cilantro, finamente picadas
1 anís estrella
⅓ de taza de vinagre de vino tinto o de cidra
2 cucharadas de jugo de limón
Sal y pimienta al gusto
⅓ taza de aceite de oliva
2 paquetes de tostadas de unos 13 centímetros de diámetro, tostadas al horno hasta que estén crujientes, o tortillas de maíz fritas
100 gramos de queso fresco o añejo, desmoronado

PROCEDIMIENTO

En un comal, se asan los nopales hasta que se oscurezcan, se voltean para que la cocción sea uniforme por ambos lados, durante unos 5 minutos. Reservar. Tostar los dientes de ajo en el mismo comal unos 3 minutos, hasta que estén traslucidos. Picarlos finamente. Cuando los nopales estén lo bastante fríos para manipular, se cortan en tiras de 1 centímetro y luego transversalmente en forma diagonal en trozos de 2.5 centímetros. Colocar en un tazón con el ajo picado, los tomates, cebollitas, aguacate y cilantro.

Se muele el anís estrella en molcajete o molino de especias, luego se añade el vinagre, jugo de limón, sal y pimienta. (Si usa molino de especias, muela el anís estrella y póngalo en un tazón chico; añada el vinagre, jugo de limón, sal y pimienta; incorpore todo muy bien). Agregue el aceite de oliva. Poner el aderezo sobre la ensalada y mezclar con cuidado hasta que la verdura quede bien impregnada con este.

Para servir, se extienden cucharadas de ensalada sobre las tostadas y se espolvorean con el queso fresco. Si quiere que la ensalada sea picante, adorne con un poco de salsa de chile pasilla.

Sugerencia: Yo uso tortillas de maíz pequeñas para tacos y las horneo en bandejas hasta que están crujientes, a unos 400°F (200°C) durante 10 a 15 minutos, volteándolas una vez.

Las habas verdes sancochadas, podrían ser utilizadas como un buen sustituto de los nopales, pero el resultado tendría un sabor muy diferente. **Porciones 16 tostadas pequeñas**

GRILLED NOPALES SALAD ON TOSTADAS

I have made this salad in many different places in the world. When we were cooking with the community of San Pedro Quilitongo, the *señoras* asked if I would give them a personal recipe so that they might try something new. I noted the ingredients needed and the women dispersed to their homes and found everything—even some very nice olive oil that one of their children had sent them as a gourmet gift. They all enjoyed the flavor of grilled nopa*les* and laughed that I made the dressing with star anise, which is considered a medicinal cure for colic in babies.

INGREDIENTS

1 pound fresh nopales, with spines removed; in a pinch you can use bottled, but rinse them well in cold water
9 garlic cloves
3/4 pound tomatoes (1½ medium to large, or 6 to 7 plum), cut into small chunks
5 *cebollitas* (green onions), thinly sliced
2 medium ripe avocados, peeled and cut in small chunks (Haas or native type)
½ cup cilantro leaves, finely chopped
1 star anise
1/3 cup red wine or apple cider vinegar
2 tablespoons lime juice
Salt and pepper to taste
1/3 cup olive oil
2 packages small tostadas, about 5 inches in diameter, oven-toasted until crisp, or fried corn tortillas
1/4 pound queso fresco or queso añejo, crumbled

METHOD

On a 10-inch dry comal, griddle, or cast-iron frying pan, roast the nopa*les* until they are brown in color, turning them to cook evenly on both sides, about 5 minutes. Set aside to cool. Roast the garlic cloves on the same dry griddle for about 3 minutes, until translucent, and finely chop. When the nopa*les* are cool enough to handle, cut them in half-inch strips and then cut them cross-wise in 1 inch long diagonals. Put them in a bowl and add the chopped garlic, tomato, green onions, avocado, and cilantro.

Grind the star anise in a molcajete, and add the vinegar, lime juice, salt, and pepper. (If you use a spice grinder, place the ground star anise in a small bowl, then whisk in the vinegar, lime juice, salt, and pepper.) Whisk in the olive oil. Pour the dressing over the salad and toss lightly, coating the vegetables well.

To serve, spread spoonfuls of the salad on the tostadas. Sprinkle with the fresh cheese. If you want the salad to be picante, top with a bit of salsa de chile pasilla.

Hint: I often use small taco-sized tortillas. Bake tortillas about 5 minutes per side on a cookie sheet at 400°F until crisp, turning once.

Fresh blanched green beans would be a suitable substitute for the nopales, with a very different flavor. **Makes 16 small *tostadas***

PIPIÁN ROJO CON POLLO Y VERDURAS

Conocí a Floribel Hernández López (de apodo *Santa*) en la Feria de la Milpa. Ella fue muy amigable y cálida, como el resto de sus vecinos de San Pedro Quilitongo; y la comida estuvo interesante y deliciosa, por eso viajé hasta allí al pueblo, para visitarla. Este uno de los platillos que ella me enseñó cuando le pregunté cómo usaba en la cocina los nopales que crecían cerca de la milpa. Se llama Pipián, porque se usan las semillas de ajonjolí en la preparación. Ermelinda Santiago me mostró una receta similar muchos años atrás, en San Lorenzo Cacaotepec. En esta ocasión, combiné las dos recetas para este libro.

INGREDIENTES

1/4 kilo de papas chicas sin pelar
1/4 kilo de nopales
4 chiles anchos rojos, sin rabo, sin semillas, desvenados
11 dientes de ajo
1/2 cebolla blanca mediana
1/2 kilo de tomates (2 redondos medio grandes o de 8 a 10 pequeños)
1/2 cucharaditas de semillas de comino
2 cucharaditas de trocitos de canela
3/4 taza de ajonjolí
1 taza de caldo de pollo (si se usa la licuadora para moler el ajonjolí)
1 1/2 kilos de pollo, cortado en 6 piezas, sin piel
3 cucharadas de aceite de girasol o vegetal
Sal de mar, al gusto

PROCEDIMIENTO

Calentar unas 3 tazas de agua en una cacerola de 2 litros. Añadir las papas y llevar a hervor por 15 minutos o hasta que estén suaves. Retire del fuego y deje a un lado. Reserve el agua caliente.

En un comal, tueste los chiles hasta que despidan su aroma. Colocarlos en un tazón chico y verter encima el agua caliente de las papas. Deje remojar 10 minutos. En el mismo comal, ase los ajos y la cebolla hasta que queden suaves y transparentes, unos 5 minutos. Retirar, poner en la licuadora y hacer a un lado. Asar los nopales por ambos lados hasta que se cocinen completamente. Cuando hayan enfriado lo suficiente para que se puedan manipular, cortar los nopales en tiras y reservar.

En el comal ase los tomates durante unos 10 a 15 minutos, o hasta que estén suaves. Retirar cuando estén fríos y los pueda manipular, pelar los tomates y descartar la piel. Procese los tomates junto con los chiles remojados en una licuadora. En una sartén para freír, tueste rápido el comino y la canela, hasta que despidan su aroma, y añada a la licuadora. Baje el calor y tueste el ajonjolí en el mismo sartén, moviendo constantemente, hasta que se dore. Retire del fuego y deje enfriar.

Licuar la mezcla de tomate de 2 a 3 minutos. Pásela por un colador o un pasapuré.

Muela el ajonjolí en un metate, molcajete o un molino para especias hasta que quede fino. Es importante molerlo despacio para que suelte todo su sabor. Añada a la mezcla de tomate. (Si no tiene el tiempo o la paciencia de hacer esto, solo ponga el ajonjolí tostado en la licuadora junto con 1 taza de caldo. Licuar bien y colar sobre la mezcla de tomate).

En una cacerola, dore el pollo en el aceite a fuego medio-alto durante 15 minutos. Retire de la cacerola y reserve. Si hay exceso de aceite en la cacerola, retírelo y deje sólo 1 cucharada para freír la salsa de tomate por 15 minutos. Agregue el pollo a la salsa y cocine por 20 minutos. Adicione las papas y nopales asados. Cocine bien, durante 5 a 10 minutos. Añada sal al gusto. Sirva con tortillas de maíz calientes recién hechas. **Porciones 6**

CHICKEN AND VEGETABLES IN A RED SESAME SEED SAUCE

I met Floribel Hernández López (nicknamed *Santa*) at the *Féria de La Milpa*. She was so warm and friendly, as were her neighbors from the village of San Pedro Quilitongo. Their food was unusual and delicious and I looked forward to visiting their village. This was one of the dishes they taught me when I asked Floribel how she used the nopales that grow near the milpa. It's called a *pipián* because of the sesame seeds. Ermelinda Santiago taught me a similar recipe many years ago in San Lorenzo Cacaotepec. I've combined them here.

INGREDIENTS

½ pound small new potatoes in their skins
½ pound nopales
4 chiles anchos rojos stemmed, seeded, and deveined
11 garlic cloves
½ medium white onion
1 pound tomatoes (2 medium-to-large round or 8-10 plum)
½ teaspoon cumin seeds
2 teaspoons Mexican cinnamon bits
¾ cup sesame seeds
1 cup chicken stock (if using the blender to grind the sesame seeds)
3 pounds chicken, cut into 6 pieces, skin removed
3 tablespoons sunflower or vegetable oil
Sea salt, to taste

METHOD

Heat about 3 cups of water in a 2-quart saucepan. Add the potatoes and boil for 15 minutes or until soft. Remove and set aside. Reserve the hot water.

On a 10-inch dry comal, griddle, or in a cast-iron frying pan, toast the chiles until they give off their aroma. Place in a small bowl and pour the reserved potato water over top. Let soak for 10 minutes. On the same comal, grill the garlic and onion until soft and transparent, about 5 minutes. Remove and place in a blender and set aside. Grill the nopal paddles on both sides until cooked through. When cool enough to handle, cut the nopales in strips and set aside.

On the comal, grill the tomatoes for about 10 to 15 minutes, or until soft. Remove and when cool enough to handle, peel the tomatoes and discard the skins. Add the tomatoes along with the soaked chiles to the blender. On a small dry frying pan, toast the cumin and cinnamon quickly, until they give off their scent, and add to the blender. Lower the heat and toast the sesame seeds on the same frying pan, stirring constantly, until they turn light brown. Remove from heat and allow the seeds to cool.

Blend the tomato mixture well for 2 to 3 minutes. Pour the mixture through a food mill or strain into a bowl.

Grind the sesame seeds slowly on the *metate* or *molcajete* or in a spice grinder until smooth. It is important to grind them slowly so the full flavor is released. Add to the tomato mixture. (If you don't have the time to do this, add the toasted seeds to the blender with 1 cup of the stock. Blend well, and pour into the tomato mixture.)

In a heavy, 6-quart Dutch oven or casserole, heat the oil and brown the chicken over medium-high heat for 15 minutes. Remove from the pan and set aside. If there is excess oil in the pot, drain off all but 1 tablespoon and fry the tomato sauce for 15 minutes. Place the chicken in the sauce and cook for 20 minutes, covered, over low heat. Add the potatoes and grilled nopales. Heat thoroughly, about 5 to 10 minutes. Add salt to taste. Serve with hot corn tortillas. **Serves 6**

NOPALES CAPEADOS RELLENOS DE QUESILLO Y FLOR DE CALABAZA

Esta es una forma divertida y deliciosa de comer nopales con flor de calabaza, tomates y quesillo Oaxaqueño. Se rellenan los nopales, se capean justo como lo haría para un Chile Relleno y se sirven en *Caldillo de Tomate Mixteco*. Para un maravilloso desayuno o comida, esto quedaría delicioso servido con *quelites* al vapor.

INGREDIENTES

12 (½ kilo) nopales, limpios
150gr de quesillo o mozzarella fresco, en tiras
18 flores de calabaza (calabaza o flor de zucchini), limpias
3 tomates maduros grandes, rebanados finamente
1 manojo de epazote, 12 hojas
½ taza de harina
2 pizcas de sal de mar
¼ de cucharadita de pimienta negra molida
5-7 huevos, separados
1 a 1½ taza de aceite vegetal, para freír
1 receta de *Caldillo de Tomate Mixteco*, pg. 142
6 ramitas de *epazote*, perejil o cilantro, para guarnición

PROCEDIMIENTO

Lavar los nopales, secarlos, y ponerlos en pares según tamaños similares. Disponer 6 en una tabla para cortar grande. Colocar una tira de queso en cada nopal. Cubrir el queso con 2 ó 3 flores de calabaza.

Arropar las flores con las rebanadas de tomate. Poner 2 hojas de *epazote* encima y cubrir con el otro nopal. Continuar esto hasta que todos los nopales estén rellenos. Asegurar cada montón con 1 ó 2 palillos de madera.

Poner la harina en un recipiente y sazonar con una pizca de sal y pimienta. Mezclar bien.

Espolvoree bien cada "sándwich" de nopal y quite el exceso de harina.

Separar la yema de la clara de 5 huevos grandes, disponer cada parte en 2 recipientes para mezclar. Agregar una pizca de sal a las claras y batir hasta que forme picos firmes.

En una sartén grande para freír, verter el aceite hasta que cubra el fondo, aproximadamente 2 a 3 centímetros. Continúe batiendo las claras hasta formar picos firmes. Después agregue rápidamente las yemas hasta que se incorporen.

Cuando el aceite esté lo suficientemente caliente y empiece a soltar humo, tomar una cuchara llena con la mezcla del huevo, extienda en el sartén para freír y ponga un nopal relleno encima de la mezcla. Con una cuchara diferente, cubrir con más mezcla y deslizar el nopal relleno en el aceite. Usando dos espátulas, bañar con un poquito de aceite caliente encima del nopal para asentar la cobertura, y cuando esté dorado en un lado, cuidadosamente voltear el nopal para que se cocine por ambos lados. Cuando doren, se retiran del aceite y se dejan escurrir en servilletas de papel.

Cubrir el fondo de un plato ancho con *Caldo de Tomate Mixteco* pg. 142. Colocar 2 nopales rellenos en cada uno, decore con *epazote*, perejil u hojas de cilantro y sirva.
Porciones 6

BATTER-FRIED NOPALES STUFFED WITH QUESILLO AND SQUASH FLOWERS

This is a fun and delicious way to eat nopales with squash flowers, tomatoes, and Oaxacan string cheese. Stuff the nopales and batter them as you would a *chile relleno* (stuffed chile) and serve them on *Caldillo de Tomate Mixteco*.. This is delectable served with steamed quelites for a great breakfast or lunch.

INGREDIENTS

12 (1 pound) nopal paddles (prickly pear cactus paddles)
1/3 pound quesillo or fresh mozzarella, or Armenian string cheese torn into strips
18 squash blossoms (pumpkin or zucchini squash flowers), rinsed and cleaned
3 ripe plum tomatoes, sliced thin
1 small bunch epazote, 12 leaves
1/2 cup flour
2 pinches sea salt
1/4 teaspoon ground black pepper
5 to 7 eggs, separated
1 to 1 1/2 cups vegetable oil for frying
1 recipe Caldillo de Tomate Mixteco, pg. 142
6 nice sprigs of epazote, parsley or cilantro, for garnish

METHOD

Wash and clean the nopal cactus paddles, dry and place them in pairs with similar shapes. Lay 6 on a large cutting board. Place a strip of cheese on each cactus paddle. Top the cheese with 2 to 3 squash blossoms.

Top the flowers with the tomato slices. Place 2 epazote leaves on top and cover with the other nopal in the pair. Continue until all the nopales are stuffed. Secure the nopals with toothpicks.

Put the flour in a bowl and season with a pinch of salt and pepper. Mix well.

Dredge each nopal "sandwich" and tap off any excess flour.

Separate 5 large eggs into two mixing bowls. Add a pinch of the salt to the whites and beat them until soft peaks form.

In a large frying pan, heat about 1 1/2 to 2 inches of oil. Continue to beat the egg whites until stiff peaks form. Then quickly add in the yolks until just incorporated, no more.

When the oil begins to smoke, place a large spoonful of the egg batter in the frying pan and lay one of the stuffed nopales on top of the batter. With a separate spoon, cover the nopal with more batter. Using two spatulas, flick a spoonful of the hot oil over the top of the nopales to set the batter. When it is brown on one side, carefully flip the nopales over to cook the other side. When browned, remove from the oil and allow to drain on paper towels.

Cover the bottom of shallow, wide-mouths bowls with *Caldillo de Tomate Mixteco*, pg. 142. Place 2 stuffed nopales in each bowl, garnish with parsley, epazote, or cilantro and serve. **Serves 6**

GUISADO DE POLLO CON XOCONOSTLE

Este es un interesante guiso hecho del fruto del nopal, de color verde y rosa. Se llama *xoconostle*, tiene un sabor ligeramente agrio y es importante en la dieta por la cantidad substancial de fibra, minerales, vitamina C y antioxidantes que le aportan al cuerpo. Sírvalo con arroz integral o fideos, y una ensalada verde para ofrecer una rica comida a sus invitados. Lorenza Taboada Vásquez, me enseñó este grandioso platillo cuando escuchó que yo estaba interesada en cocinar con todas las partes del nopal.

INGREDIENTES

12 xoconostles, pelados, sin semilla, y cortados en cubos (puede sustituir por duraznos frescos o chabacanos)
24 cebollas perla o cebollas Texanas con rabo
1 manojo grande de cilantro, sin hojas y cortado áspero
1 cucharada de pimienta negra molida
1 cucharada de laurel, espolvoreada
1 cucharadita de hojas de tomillo fresco
1½ cucharadas de sal de mar, al gusto
1.5 kg de pollo, cortado en piezas, sin piel
3 cucharadas de aceite vegetal
1 cucharada comino molido
1½ a 2 tazas de jugo de naranja
2 chiles de árbol, enteros, con rabos

PROCEDIMIENTO

En un recipiente mediano mezclar el xoconostle, cebollas, cilantro, 2 cucharaditas de pimienta negra, laurel y 2 cucharaditas de sal de mar y mover bien.

En un recipiente aparte, mezclar las piezas de pollo con 1 cucharadita de pimienta negra, 2.5 cucharaditas de sal, 1 cucharadita de aceite vegetal y el comino.

En una cazuela con tapadera, verter 2 cucharadas de aceite y cubrir la parte de abajo. Colocar una tercera parte de la mezcla del xoconostle y la mezcla de vegetales seguido por una capa de piezas de pollo, después otra capa de xoconostle, el resto de las piezas de pollo y terminar con más mezcla de xoconostle. Agregar las 2 tazas del jugo de naranja y 2 chiles de árbol. Cubrir y colocar en la estufa a fuego medio o en el horno a 160°C, por una hora o hasta que la carne se haya cocinado completamente.

Servir sobre arroz integral o blanco, o pasta. **Porciones 12**

CHICKEN STEW WITH CACTUS FRUIT

This is a very unusual stew made with the greenish-pink prickly pear cactus fruit called *xoconostle*. It has a light, tart flavor and is important for the substantial amount of fiber, minerals, vitamin C, and antioxidants that it provides our bodies. Serve it with brown rice or noodles and a green salad for a very nice *comida*. Lorenza Taboada Vásquez graciously showed me this wonderful dish when she learned I was interested in cooking with every part of the cactus.

INGREDIENTS

12 xoconostles, peel, remove the seeds, and cut into cubes (you can substitute fresh peaches or apricots)
24 pearl or small Texas onions with a little of the stem attached
1 large bunch cilantro, leaves removed and roughly chopped
1 tablespoon fresh ground black pepper
1 tablespoon bay leaf, crumbled
1 teaspoon fresh thyme leaves
1½ tablespoons sea salt, to taste
2½ pounds chicken, cut in pieces, skin removed
3 tablespoons vegetable oil
1 tablespoon fresh ground cumin
1½ to 2 cups orange juice
2 chiles de arbol, whole, stem on

METHOD

In a medium-sized bowl mix the xoconostle, onions, cilantro, 2 teaspoons black pepper, bay leaf, thyme leaves, and 2 teaspoons sea salt and stir well.

In a separate bowl, toss the chicken pieces with 1 teaspoon black pepper, 2½ teaspoons salt, 1 tablespoon vegetable oil, and the cumin. In a cazuela or a Dutch oven with a lid, pour in two tablespoons of oil to coat the bottom. Place one third of the xoconostle fruit and vegetable mixture in the casserole, then 1 layer of the chicken pieces, followed by the xoconostle mixture, the rest of the chicken, and finish with the xoconostle mixture. Pour in 2 cups orange juice and add 2 chiles de arbol. Cover and place on a medium low burner, or in a 325° degree oven for about 1 hour or until the meat is fully cooked.

Serve over brown or white rice or pasta. **Serves 12**

PAN DE PULQUE

Gernardo Hernández y sus hermanos hornearon el pan de pulque cada sábado en la mañana, como se los enseño su padre Artemio Hernández Hernández, quien murió a la edad de 98 hace unos pocos años. Para el primer paso en el proceso, Gernardo monta un burro para ir hasta los campos de maguey y abre el corazón de la planta para recolectar la miel de maguey, que debe ser recogida en la noche. Regresa al pueblo para agregarlo a su base de pulque (la madre) para activarla. Gernardo acercó un vaso lleno de pulque a mi oído para que pudiera escuchar el sonido efervescente, el cual dijo, es fundamental antes de empezar el proceso de la masa de pan, es muy parecido al sonido de la levadura activada. Fue una tarde divertida, mirando cómo Soledad, Emilia, Sergio, Cleotilde y Gernardo trabajaban juntos haciendo pequeños panes planos, dejándolos levantar por horas y cocinándolos en un horno de adobe en una casa hecha de piedras por las familias de San Pedro Quilitongo. A falta de pulque agregue levadura y cerveza.

INGREDIENTES

1/2 kg de harina de trigo
2 pizcas de sal de mar
3 cucharadas de azúcar
1 1/2 cucharada (.75 oz.), levadura seca
2 cucharadas de manteca o mantequilla
2 cucharadas de *miel de maguey*
3/4 a 1 taza de *pulque*, cerveza o cerveza inglesa, a temperatura ambiente

PROCEDIMIENTO

Mezclar la harina, sal, azúcar y levadura seca en un recipiente y hacer un pozo con la mezcla. Agregar el resto de los ingredientes, mezclar y agregar el *pulque* o cerveza poco a poco, para que se mezcle bien.

Amasar hasta obtener una consistencia elástica, por lo menos 10 minutos. Dejar que la masa repose cubierta por una hora.

Espolvorear harina en una mesa para trabajar, golpear la masa y amasarla bien por 10 a 15 minutos. Dejar que la masa repose por 1 ó 2 minutos. Hacer un cordón con la masa. Cortar la masa en dos piezas y formar 2 hogazas redondas. O para hacer panes de sándwich al estilo de Quilitongo, cortar la masa en 10 piezas iguales, y así formar panes ovalados y planos.

Extender cada uno con la ayuda de un rodillo, o con sus manos si así se prefiere, y hacer una forma de ovalo. Dejar que los panes reposen en una tabla espolvoreada con harina por una hora.

Colocar la masa en una o dos bandejas planas, engrasadas previamente. Dejar que los panes reposen por una hora. Cocinar los panes en un horno durante 30 a 45 minutos, dependiendo de los tamaños de los panes. Para verificar que estén listos, al golpearlos deben de tener un sonido hueco. **Porciones 2 panes pequeños o 10 teleras**

MAGUEY SPIRIT BREAD

Gernardo Hernández and his siblings bake *pan de pulque* every Saturday morning. Their father, Artemio Hernández Hernández, who died at age 98 a few years ago, taught this recipe to them. For the first step in the process, Gernardo rides a burro to the fields of maguey and opens the heart of a plant to gather the maguey syrup that has collected overnight. He returns home to add this mixture to his pulque base (*la madre*) to "activate" it. He lifts a glass of pulque to my ear to listen to the sizzling sound, which he said is essential before you can proceed with the bread dough, much like the sound of proofing yeast. It was a fun afternoon, watching as Soledad, Emilia, Sergio, Cleotilde, and Gernardo all worked together making flat little sandwich breads. They let them rise for hours and baked them for the families of San Pedro Quilitongo in an adobe oven located inside a stone house. For lack of pulque I added yeast and beer.

INGREDIENTS

1 pound all purpose flour
2 dashes salt
3 tablespoons sugar
1½ tablespoons (.75 oz.) dry yeast
2 tablespoons lard (or butter)
2 tablespoons maguey syrup
¾ to 1 cup pulque, beer, or ale, room temperature

METHOD

Mix the flour, salt, sugar, and dry yeast in a bowl and make a well.

Add the rest of the ingredients, mix well and add the pulque or beer little by little, so they mix well.

Knead until an elastic consistency, for at least 10 minutes. Let the dough rest covered, for an hour.

Sprinkle flour on the working table, and punch down the dough, then knead it well, about 10 to 15 minutes. Let the dough rest for a minute or two. Then make a cord with the dough. Cut the dough into two pieces and form them into two round loaves. Or to make the sandwich breads as they do in Quilitongo, cut the dough into 10 even pieces and form into small flat ovals. Extend each one with the help of a rolling pin or with your hands into an oval shape. Let the shaped breads sit on a floured board one hour.

Place dough on one or two oiled sheet pans. Let the breads rise about an hour. Bake the breads in the oven for 30 to 45 minutes at 325° depending on the size of the breads. They should have a hollow sound when tapped to show they are done. **Makes 2 small loaves or 10 sandwich buns**

AGUA DE NOPAL/JUGO VERDE

Los nopales tienen grandiosas propiedades terapéuticas que son muy bien conocidas, y pueden ser consumidos en muchas formas. Ninguno es más popular o apreciado como el jugo verde o de nopal, al igual que los jugos de piña, estas presentaciones están en todos los menús de desayunos o a la venta en puestos de jugos en cualquier parte de Oaxaca. La fibra y la "baba" sirven como cepillos pequeños en tus intestinos, limpiándolos y agregando fibra a la dieta diaria. Esta bebida es popular entre los locales como un modo de prevenir diabetes, acompañado de otros aspectos en la dieta.

INGREDIENTES

3/4 kg de nopales frescos, limpios y picados
1/4 piña pelada, sin corazón, y cortada en cubos pequeños
3 tallos de apio
1/2 taza de hojas de perejil o alfalfa o pasto de trigo
2 xoconostles, pelados (opcional)
3/4 taza de azúcar, o miel al gusto
Jugo de 3 limones

PROCEDIMIENTO

En una licuadora combinar los nopales, piña, apio, perejil, xoconostles y 2 litros de agua. Licuar bien. Colar pasando por un colador o un pasapuré. Esto se tendrá que hacer en varias partes. Agregar azúcar, jugo de limón y mezclar bien. Servir frío.
Porciones 2 litros

GREEN JUICE

Nopales are known to have wonderful therapeutic properties and they are consumed in many ways. None is more popular than the *jugo verde* or nopal juice. These drinks sit side by side with fresh pineapple juice on every breakfast menu and at every juice bar in Oaxaca. The fiber and the *baba* (gooey substance) serve as little brushes for your intestines, cleaning them and adding fiber to the diet. This is also popular with the locals as an additional way to help combat diabetes.

INGREDIENTS

1/2 pound fresh nopales, chopped
1/4 pineapple (3/4 pound), peeled, cored, and cut into small cubes
3 stalks celery
1/2 cup flat-leaf parsley leaves, or alfalfa, or wheatgrass
2 xoconostles peeled (optional)
3/4 cup honey, or to taste
Juice of 3 limes

METHOD

In a blender, combine the nopales, pineapple, celery, parsley, and xoconostle with 2 quarts of water. Blend well. Strain through a food mill or a sieve. You will have to make this in batches. Add the honey and lime juice and stir well. Serve well chilled. **Makes 2 quarts**

Capítulo 7

COMIDA Y FIESTA

FOOD AND FIESTA

COMIDA Y FIESTA

"¡Esta fiesta es de comer!"

Muchos de nosotros aquí, en las comunidades indígenas de la Mixteca, creemos que los que aún vivimos no estamos solos en esta vida, sino que estamos en contacto con los que vivieron antes, nuestros antepasados y seres amados

En el Día de Muertos, en algunas comunidades, las campanas del templo repican suavemente durante el día para recordarnos que los espíritus de nuestros seres amados caminan entre nosotros de una manera especial.

Aquí en la comunidad, unos pocos días antes de la fiesta, la Tía Carmelina y la Tía Celisflora llenan sus grandes hornos hechos de piedra con leña y encienden la fogata con la que cuecen el sabroso pan de muerto. El aire de sus sencillos patios se llena con el aroma del pan en formas semejantes a personas o animales. Los jóvenes se toman el tiempo para caminar por las laderas, pizcando la flor de seda morada y blanca para los altares, que empiezan a dar color a las cocinas, salas, y recámaras del pueblo. Nos encontramos con la Tía Felicidad en el camino, y fiel a la tradición de generosidad de la comunidad, ella parte el único pan caliente que trae de la casa de Celisflora para compartirlo con nosotros.

Los mercados locales brillan con el color dorado de la Flor de Muerto, el cempasúchil, mezclado con los azules, rojos y morados de cientos de otras flores. Vendedores con manzanas, naranjas, mandarinas, jícamas, nueces y calaveras de azúcar gritan: "¿Qué me va a comprar?" Pronto todos estos frutos estarán sobre los altares de nuestras comunidades. Pequeños paquetes de la savia del copal, envueltos en la tela de la palmera contienen el incienso de esta fiesta. En el pueblo, las casas empiezan a oler al penetrante aroma del cempasúchil y la dulce fragancia del copal.

Adornamos nuestros altares con flor de muerto, frutas, y estas flores especiales que crecen en los bosques y laderas. El altar normalmente incluye un arco hecho con caña de azúcar o maíz. Recordamos especialmente las comidas favoritas de los que han muerto y las colocamos sobre el altar para atraer la visita de los espíritus: chocolates, moles, mezcal, frutas y bellos panes de muerto adornados.

Se empieza a sentir un ambiente festivo en la comunidad, de descanso y convivio compartiendo juntos y visitados por los espíritus de nuestros antepasados y seres queridos. Algunas familias matan un chivo o un borrego para servirlo en barbacoa cuando los vecinos y compadres llegan en la mañana del día de muertos.

El 2 de noviembre, vamos familia por familia, al panteón y después de adornar los sepulcros con flores brillantes y velas, una vez más, ofrecemos platillos especiales sobre cada tumba y compartimos con amigos y familia y hasta con transeúntes. La comida es el centro de todas nuestras celebraciones, aún frente a la muerte.

"¡Esta fiesta es de comer!", exclama el Tío Marinero.

Las personas con talentos musicales van con sus guitarras de una lápida a otra, cantando las canciones favoritas de los finados, y una banda musical toca en el centro del panteón. Hay un aire de fiesta entre las rústicas tumbas.

En Santiago Tilantongo se celebra la misa debajo del pino gigante que da sombra al punto más alto de la colina donde se ubica el panteón, y después muchachos y muchachas vestidos con pantalones y faldas de colores brillantes, bailan formando diseños intrincados con listones de muchos colores alrededor de un palo pintado.

Entonces hay un alboroto entre la muchedumbre y unas figuras enmascaradas, montadas en burros y vestidas en "overoles" y con cuernos y colas de vaca, galopan entre las tumbas. Los cachudos o mascaritas, una parte payaso y otro demonio, se burlan y acosan a la gente, chasqueando látigos y robando los sombreros de los descuidados. ¿Se están burlando de la muerte o solamente aliviando la tristeza que sentimos mientras recordamos a nuestros seres queridos?

¿Por qué ésta énfasis en la muerte? ¿Será simplemente que nuestro pueblo no tiene miedo de la muerte? También creemos que los que vivimos en el presente no estamos solos. Los espíritus de nuestros ancestros aún participan en nuestras vidas de alguna manera. Nos damos cuenta que no somos la única cultura que reconoce esta presencia. Estos días de Todos los Santos y Todas las Almas, como los denomina la Iglesia Católica, son conocidos por la antigua cultura Célta como "días delgados", cuando el velo que nos separa a los vivos de los muertos es más permeable. Es un tiempo para reconocer que somos responsables y dependientes de los tiempos, pasados y futuros. Al contrario de lo que pretenden culturas más individualistas, dependemos de la herencia de nuestros ancestros y, por ello, debemos preparar con responsabilidad a las generaciones venideras.

Nosotros los Mixtecos, tenemos que ser agradecidos hacia nuestros seres amados y nuestros ancestros por todo lo que nos han dejado como herencia: una comprensión profunda de la Madre Tierra y de sus plantas, una rica herencia de semillas, técnicas y conocimientos agrícolas, y costumbres y tradiciones, los cuales nos ayudan a saber cómo convivir juntos en comunidad. Somos sus herederos en cuanto a la comprensión de que todos somos parte de un proceso aquí en esta nuestra Madre Tierra que trasciende las necesidades e intereses de los ahora vivos e incluye a las generaciones pasadas y las que están por venir.

Y claro que nos dejaron tradiciones de comida y fiesta, las dos cosas centrales que nos reúnen para convivir, compartiendo nuestros días y disfrutando el rico surtido de moles, atoles, y panes para cada estación del año.

FOOD AND FIESTA

"This fiesta is about food!"

Many of us here in the indigenous communities of the Mixteca believe that our generations of the living are not alone but maintain contact with those who have come before—our ancestors and loved ones.

On the feast of Día de los Muertos (Day of the Dead) in some villages the bells of the church tower toll gently during the day to remind us that the spirits of our loved ones walk among us in a special way.

Here in the village a few days before the fiesta, *Tía* Carmelina and *Tía* Celisfora fill their large dome-shaped stone ovens with firewood and light the fires that will toast the sweet *pan de muertos* (special breads for Día de los Muertos). The aroma of the breads shaped into human and animal-like figures fills the air in their simple courtyards. Young people take time out to walk the hillsides to pick the purple and white *flor de seda* or silk flowers that begin to color the bedrooms and kitchens of the village on their home altars. We run into *Tía* Felicidad on the path, and true to the village tradition of generosity, she tears in half the one flat hot bread she carries from Celisflora's oven and shares it with us.

The local markets shine with the brilliant gold of marigolds mixed with the purples, blues, and reds of hundreds of other flowers. Venders sell apples and oranges, *jicama* and mandarins, nuts and candy skulls called *calaveras* that will soon deck the altars. Small packages of copal resin wrapped in the cloth-like bark of the palm trees contain the incense for the season. The village homes soon begin to take on the familiar, slightly pungent smell of marigolds and the sweet smell of copal. We make altars decorated with the *flor de muerto*—marigolds, fruits, and those special wild flowers that grow on the hillsides. The altar usually includes an arch made from the stalk of the sugar cane. We remember especially the favorite foods of those who have died, and we place them on the altar to entice the spirits' visit: chocolate, moles, mezcal, fruits, and beautifully decorated pan de muertos.

The village begins to exude a festive air in anticipation of a day of rest and *convivio*, sharing and visiting together along with the spirits of our loved ones and ancestors. Some families butcher a goat or sheep to serve with mole when the neighbors and *compadres* visit on the morning of Día de los Muertos.

On November 2 we go family by family to the cemetery, and after decorating the tombs with brilliant orange flowers and burning candles, we once again offer special foods at each grave, and share dishes with family and friends and even passersby. Food is at the center of all our celebrations—even in death. "This feast is about eating!" says *Tío* Marinero.

Those with musical talents wander with guitars from grave to grave, singing the favorite songs of those who have passed on, and a brass band plays in the center of the cemetery. There is a festive air among the rustic tombs.

In Santiago Tilantongo there is a Mass under the giant pine tree that shades the highest part of the knoll on which the cemetery rests, and afterwards young men and women in brightly colored pants and skirts dance, creating intricate designs with festive ribbons around a colorfully painted pole.

Then there is a commotion in the crowd, and masked creatures in overalls wearing cow horns and trailing cow tails gallop their burros through the gravesites. The *cachudos*, or *mascaritas*, part clown-part demon, tease and harass the crowds, cracking whips and snatching the hats of the unwary. Are they laughing in the face of death, or relieving the sadness as we remember our loved ones?

Why this preoccupation with death? Is it simply that as a people we are not afraid of death? It is also that we still believe that we, those who are presently among the living, are not alone. Our ancestors' spirits still participate in our lives in some way. We are learning that we are not the only culture to realize this presence. These days of All Saints and All Souls, as the Catholic Church calls them, are recognized by the ancient Celtic cultures as "thin days" when the veil that separates the living from the dead is most permeable. It is a time to recognize that we are dependent and accountable across time. Contrary to what more individualistic cultures would like to pretend, we stand on the shoulders of our ancestors and must responsibly prepare for the generations to come.

For us in these Mixtec villages this means we must be grateful to our loved ones and ancestors for all they have left us as a heritage: a profound understanding of the Mother Earth and of its plants, a rich heritage of seeds and of agricultural techniques and knowledge. They have left us invaluable customs that help us know how to live together in community. And from them we inherit the understanding that we are all a part of a process on this our Mother Earth that transcends the needs and interests of the living, and includes generations past and yet to come.

And, of course, they have left us food and fiesta, two of the central things that bring us all together to *convivir*, to share our days together, enjoying the rich array of moles, *atoles* (warm, thick corn drinks) and breads for each fiesta and season of the year.

RECETAS | RECIPES

COMIDA Y FIESTA | FOOD AND FIESTA

POZOLE BLANCO CON MOLE AMARILLO

Esta es una receta que Silvia, y su madre Francisca, hicieron para el Día de San José, el cual se celebra en la cima de un cerro cerca de su casa en Hidalgo Jaltepec cada marzo. Todos los representantes de la iglesia desfilaron en una procesión. Después de la misa todos visitan cada grupo de iglesias en donde las mujeres ofrecen diferentes platillos que han preparado para compartirlos. La comida estaba deliciosa y tuve la oportunidad de probar varios platillos ese día, pero este pozole fue uno de mis favoritos. El sabor intenso del mole se complementa bien con el pozole y el pollo, y la sensación del picante se mantiene en la boca por un rato. Yo usé el *maíz* largo precocido.

INGREDIENTES

Para el pollo y el *maíz* pozolero:
1/4 cebolla blanca mediana
1/2 cabeza de ajo
1/2 kilo de muslos de pollo, o medio pollo, cortado en trozos, sin piel
1 1/4 cucharaditas de sal de mar, o al gusto
2 tazas de maíz precocido pozolero, lavado y escurrido

Para el mole amarillo:
10 chiles guajillos, sin semillas, desvenados y asados
10 chiles costeños rojos, sin semilla, desvenados y asados
1 clavo entero previamente asado
2 pimientas gordas previamente asadas
2 cucharadas de orégano Oaxaqueño previamente asado
1/4 cabeza de ajo, pelada y asada
1/4 cebolla blanca grande, asada
2 cucharadas de aceite vegetal (o 2 cucharadas de manteca)
1 o 2 hojas de hierba santa (también se le llama hoja santa)
1/3 taza masa para tortillas o (1/2 taza de masa harina para tortillas, mezclada con 1/4 de caldo de pollo)
Sal de mar al gusto

Para guarnición:
1/4 col blanca, finamente picada
1 manojo de rábanos, rebanados
1/4 taza de orégano Oaxaqueño seco, o mejorana
6 limones en cuartos.
24 tostadas (opcional)

PROCEDIMIENTO

Para el pollo y maíz **pozolero:**
En una olla grande, hervir 8 tazas de agua con cebolla y ajo. Agregar el pollo, bajar la flama y cocinar, y remover la espuma que aparece en la superficie y desechar. Cubrir y cocinar a fuego alto hasta que la carne esté suave, por unos 35 minutos. No sobre cocinar. Añadir sal de mar al gusto. Remover el pollo y apartar para que enfríe. En el mismo caldo del pollo, agregar el *maíz* pozolero y cocinar por 30 a 40 minutos, o hasta que se abra.

En un recipiente mediano colocar el pollo cuando ya esté frío, deshebrar en piezas grandes (un poco más grandes que el tamaño para hacer un bocado). Reservar.

Para el mole amarillo:
Hervir 1 1/2 litros de agua. En un comal seco, plancha de cocina o en sartén de hierro fundido, calentado a fuego medio, asar los chiles guajillos y chiles costeños en ambos lados por un total de 3 minutos o hasta que los chiles empiecen a ampollar, cambien de color y suelten su aroma. Remover los chiles del sartén y colocarlos en un recipiente mediano, y verter agua caliente encima de los chiles hasta que los cubran. En el mismo comal, sartén de freír ó plancha, tostar los clavos, pimientas, orégano, ajo y cebolla hasta que suelten su aroma, o hasta que la cebolla y el ajo estén suaves. En una licuadora colocar las especias, y 1/4 de taza de caldo de pollo y licuar hasta que esté suave la mezcla.

En una cacerola con 2 cucharadas de aceite o manteca, freír por 5 minutos la mezcla. En la misma licuadora, colocar los chiles y 2 tazas del agua de los chiles y moler hasta que suavice. Pasar esto por un colador o pasapuré. Verter en la cacerola con la mezcla anterior y freír, moviendo lentamente por aproximadamente 8 a 10 minutos. Adicionar el contenido de la cacerola a la olla donde el maíz se está cocinando a fuego medio, moviendo lentamente.

Shared food for all at the Día de San José Feast Day celebration.

Si usa masa preparada, colocar las hojas de hierba santa y la masa en una licuadora con 1/2 taza de caldo de pollo y licue hasta que suavice. Si usa harina, colocar esta al caldo de pollo en un recipiente y mover bien, hasta que se forme una masa suave. Colocar esta masa en la licuadora con las hojas de hierba santa, más caldo, y procesar hasta que suavice.

Añadir la masa preparada al maíz pozolero. Cocinar por 15 o 20 minutos más, moviendo constantemente para que el maíz no se queme en el fondo de la olla. Agregar sal de mar al gusto.

Para la guarnición y para servir:
En un tazón, colocar 1/4 de taza de pollo deshebrado. Verter aproximadamente 1/2 taza del pozole.

Encima poner col rebanada, rábanos y orégano seco. Servir caliente con un gajo de limón y tostadas. **Porciones 8 a 10**

WHITE HOMINY WITH YELLOW MOLE

Silvia López García and her mother, Francisca, made this special recipe for the Día de San José, an annual March celebration. Near their home in Hidalgo Jaltepec the church representatives form a long procession for Mass which ends at a large tent. Once Mass is complete, women offer different dishes they have prepared to share with the villagers. I sampled many dishes that day and the dishes were delicious, but this was one of my favorites. The full-flavored mole offsets the pozole and the chicken, and your mouth will feel the heat linger. I used the slaked and precooked large hominy corn, or you can follow the directions with dried pozole, pg. 65.

INGREDIENTS

For the chicken and hominy corn:

1/4 white medium onion
1/2 head garlic
1 pound chicken thighs, or half a chicken, cut in pieces, skin removed
1 1/4 teaspoons sea salt, or to taste
2 cups slaked and precooked hominy corn, rinsed and drained

For the yellow mole:

10 chiles guajillos, seeded, deveined, and roasted
10 chiles costeños rojos, seeded, deveined, and roasted
1 whole clove, roasted
2 whole allspice, roasted
2 tablespoons Oaxacan oregano, roasted (or marjoram)
1/4 head garlic, peeled and toasted
1/4 large white onion, roasted
2 tablespoons vegetable oil or 2 tablespoons lard
1 or 2 hierba santa leaves (sometimes called hoja santa)
1/3 cup (4 oz.) prepared masa for tortillas or 1/2 cup masa harina para tortillas, mixed with 1/4 cup chicken broth
Add sea salt, to taste.

For garnish:

1/4 head of white cabbage, sliced very thin
1 bunch of radishes, sliced
1/4 cup Oaxacan oregano, dried, or marjoram
6 limes quartered, or cut in half
24 tostadas (optional)

Patron Saint Day altar in the Market in Nochixtlán.

Men sharing mezcal,
Día de San José.

METHOD:

For the chicken and hominy corn:

In a large stockpot, bring 8 cups of water, onion, and garlic to a boil. Add the chicken, lower the heat to simmer and skim off the foam that appears on the surface and discard. Cover and cook over low heat until meat is soft, about 35 minutes. Don't overcook. Add sea salt to taste. Remove the chicken and set aside to cool. In the same chicken-flavored broth, add the hominy corn and cook for about 30 to 40 minutes, or until it "flowers."

Place the chicken in a medium-sized bowl and once it is cool, shred it into large pieces (a little bigger than bite-sized pieces). Set aside.

For the yellow mole:

Bring 1½ quarts of water to a boil. On a dry comal or griddle, or in a cast-iron frying pan over medium heat, toast the chiles guajillos and costeños rojos on both sides for a total of about 3 minutes, or until the chiles start to blister and brown and give off their aroma. Remove the chiles from the pan and place in a medium-sized bowl and cover chiles with hot water. On the same comal, frying pan, or griddle, toast the cloves, allspice, oregano, garlic, and onion until aromatic or the garlic and onion are soft.

In the blender place the spices and about ¼ cup chicken broth, blend until smooth. In a casserole with 2 tablespoons of oil or lard, add the blended seasoning and fry for about 5 minutes. In the same blender, place the chiles and 2 cups of the soaking water and blend until smooth. Pass this mixture through a sieve or food mill and add this to the seasoning mixture. Fry this mixture, stirring slowly for about 8 to 10 minutes. Add this to the stockpot where the corn is cooking, stirring slowly.

If using prepared masa, place the hierba santa leaves and the masa in the blender with ½ cup of chicken broth and blend until smooth. If using masa harina, place the flour and the chicken broth in a bowl and stir well, until it becomes soft dough. Place this dough in the blender with the hierba santa leaves and blend until smooth.

Add to the hominy corn. Cook 15 to 20 minutes more, stirring constantly so that the corn doesn't stick to the bottom of the pot. Add sea salt to taste. **Serves 8-10**

For the garnish and to serve:

In a serving bowl, place about ¼ cup of the shredded chicken. Ladle the *pozole* on top—about ½ cup. Garnish with cabbage, radish, and dried oregano. Serve hot with the fresh key lime and fried tortilla tostadas.

ENSALADA DE NOPAL CLÁSICA

Esta ensalada es tradicional en Oaxaca, especialmente en la Mixteca, donde los nopales florecen en el suelo seco y rocoso. Yo lo he probado como un relleno para tacos y sobre tortillas pequeñas llamadas memelas. Es muy común comer nopales aquí, pero nunca estuve más intrigada como cuando vi una tina llena de ensalada de nopales sobre una carretilla en una fiesta de San José. Ésta increíble y sabrosa versión estaba cubierta con queso fresco y era servida en tortillas de maíz para los seguidores y peregrinos.

Hicimos esta receta en la casa de Doña Emila Hernadez en San Pedro Quilitongo donde había unos hermosos cultivos de nopales en la orilla de la milpa. Puedes agregar chiles canarios, habaneros, o serranos asados, pelados y picados en la ensalada, o servirla con una salsa al lado.

INGREDIENTES

¼ de kilo de nopales sin espinas, cortados en cubos
½ cebolla blanca mediana, picada
¼ kilo de tomate, cortados a la mitad y rebanados en medias lunas
1 cebolla blanca a la mitad cortada en rebanadas delgadas, con los gajos de la cebolla
¼ taza de hojas de cilantro, finamente picado
2 cucharaditas de orégano Oaxaqueño
¼ taza de aceite de oliva o aceite vegetal
2 pimientas gordas, recién molidas
Sal de mar, al gusto
1 queso fresco chico (opcional)
Salsa, opcional – ver *Salsa de Molcajete de Catalina*, pg. 143

PROCEDIMIENTO

En una sartén chica hervir 3 tazas de agua. Agregar los nopales y cebolla, bajar la flama y dejarlos cocinar por 30 minutos. Escurrirlos y enjuagar en agua fría, y retirar la baba del nopal. Colocar en recipiente para ensaladas.

Agregar el tomate, cebolla, cilantro, orégano, aceite, pimienta y sal. Mezclar bien y servir con tostadas, tortillas de *maíz* o trigo. Cubrir con queso fresco y salsa al gusto. **Porciones 6**

CLASSIC CACTUS SALAD

This salad is a staple in Oaxaca, especially in La Mixteca, where nopales flourish in the dry rocky soil. I have eaten this as a taco filling and as a topping on small tortillas called *memelas*. Common as it is to eat nopales, I was never more intrigued than when I saw a huge tubful of nopal salad on a wheelbarrow at the fiesta of San Jose. This incredibly tasty version was topped with *queso fresco* (fresh cheese) and served on corn tortillas to the worshippers and pilgrims. We made this recipe at the house of Doña Emila Hernández in San Pedro Quilitongo, where there were gorgeous stands of nopal cactus on the edge of the milpa. You can add the ever-present chiles canarios (or habaneros or serranos) roasted, peeled, then chopped in the salad, or serve it with a chile salsa on the side.

INGREDIENTS

½ pound nopales, spines removed and cubed
½ medium white onion, chopped
½ pound tomatoes, cut in half, then sliced (half-moons)
1 medium white onion, halved and thinly sliced, with the lines of the onion (*gajos*)
¼ cup cilantro leaves, finely chopped
2 teaspoons Oaxacan oregano, or marjoram
¼ cup olive oil or vegetable oil
2 allspice balls, freshly ground
Sea salt, to taste
1 small queso fresco, optional
Salsa, optional (see *Salsa de Molcajete de Catalina*, pg. 143)

METHOD

In a small saucepan heat 3 cups of water to boil. Add the nopales and onion, and lower the flame to medium-low and let them cook about 30 minutes. Drain and plunge the cactus in cold water and rinse off the sticky residue. Place in a salad bowl.

Add the tomato, onion, cilantro, oregano, oil, allspice, and salt. Mix well and serve on tostadas or wheat tortillas. Top with queso fresco and salsa, if you wish.
Serves 6

MOLITO CON TORTITAS DE CAMARONES

Cecilia Duran es todo un personaje, ella tiene un puesto de verduras en el mercado de Jaltepec. Un día nos invitó a su casa, para que aprendiéramos de ella y sus tías, como hacer este molito con tortitas de camarón. Sus tías comenzaron tostando unas enormes tortillas hasta que estuvieron crujientes, para después molerlas en un *molinito*. Y en ese justo momento llegó su sobrino para ayudar en el proceso. Toda la producción transcurrió tranquilamente, al mismo tiempo que ella nos entretenía con sus historias de vida. Entre el tostado de las tortillas, la preparación de los camarones y otras acciones, las tías se sentaban en el suelo y empezaron a tejer sombreros y canastas de palma, que son las principales artesanías de Jaltepec.

INGREDIENTES

Para el mole:
62 gramos de chile pasilla, sin rabo, sin semilla y desvenado
62 gramos de chile ancho, sin rabo, sin semilla y desvenado
62 gramos de chile guajillo, sin rabo, sin semilla y desvenado
340 gramos de tomates
115 gramos de tomatillos limpios
2 cebollas blancas medianas
1½ cabeza de ajo
½ cucharadita de clavos
1 cucharadita de pimienta gorda
2 tazas de caldo de pollo o agua
2 hojas de hierba santa
Sal de mar al gusto

Para las tortitas:
8 huevos
Hojas de orégano fresco
4 tlayudas o 10 tortillas de *maíz*, tostadas
¼ taza de camarón seco (previamente remojado por 1 hora en agua fría y escurrido)
Sal de mar, al gusto
Aceite para freír las tortitas

PROCEDIMIENTO

En un comal, tostar los chiles cuidadosamente por ambos lados para que no se quemen. Una vez listos colocarlos en un tazón y cubrir con agua caliente. Dejar remojar de unos 15 a 20 minutos, hasta que estén suaves.

En el mismo comal asar los tomates, tomatillos, cebolla y ajo, hasta que estén suaves. Dejarlos en un recipiente. Una vez fríos los tomates, retirar la piel y descartar. Reservar los tomates pelados.

En un sartén chico, tostar los clavos, pimientas gordas y una hoja de hierba santa.

Licuar los chiles con suficiente agua, la misma agua donde se remojaron, hasta obtener un puré suave. Colar la mezcla para remover la piel de los chiles y reservar.

Licuar los tomates y las hierbas tostadas hasta obtener un puré, reservar.

Calentar el aceite vegetal en una cazuela hasta que humee. Añadir la mezcla de los chiles y mover constantemente teniendo mucho cuidado porque puede salpicar. Dejar cocinado hasta que comience a burbujear, unos 20 minutos hasta media hora.

Adicionar la mezcla de los tomates y seguir moviendo hasta que vuelva a burbujear y se reduzca un poco, unos 20 minutos o media hora más. Bajar intensidad a la llama hasta fuego medio, añadiendo la hoja santa en trozos. Cocinar a fuego bajo mientras preparas todo para hacer las tortitas. Agregar el caldo de pollo o agua caliente si el mole se empieza a espesar mucho. Sumar un poco de sal, recordando que las tortitas están hechas con el camarón seco, el cual ya es salado.

Para las tortitas:
En un comal, tostar el camarón moviendo constantemente hasta que se doren bien y suelten su aroma (evitar que se quemen). Remover del comal y reservar, continuar tostando el orégano por unos 30 segundos y reservar.

Tostar las tortillas (o tlayudas) volteándolas, hasta que estén crujientes. Una vez que estén frías, se muelen hasta obtener un polvo, colocarlo en un tazón. Luego licuar el camarón seco, hasta que tenga una textura fina y reservar.

Comenzar a batir los huevos, agregar el orégano y camarón molido, tortilla molida y amasar hasta incorporar todos los ingredientes. Formar 16 tortitas con la masa y colocar en una charola.

En una sartén, freír las tortitas, no todas al mismo tiempo para evitar que se llene el sartén. El aceite debe de rodear completamente la tortita, voltear hasta que dore y luego retirar y poner en papel toalla para retirar el exceso de aceite. Repetir con toda la preparación.

Agregar las tortitas al mole caliente y cocinar. Servir dos tortitas en cada plato y cubrir con el mole. Ofrecer con tortillas de maíz blandas. **Porciones 12**

Home Day of the Dead altar, Hidalgo Jaltepec.

RED MOLE WITH DRIED SHRIMP CAKES

Cecelia Duran is a delightful character who has a vegetable stand in the market in Jaltepec. She invited us to watch her and her aunts make this mole rojo with dried shrimp patties. Her aunts toasted all of the *tlayudas* (giant tortillas) until very crisp, then ground them one by one in a hand grinder. A nephew arrived just in time to help turn the crank. Everything was quite a production and she amused us with stories of her life. In between toasting the tortillas, preparing the shrimp, and other tasks, the aunts sat on the floor and wove sombreros and baskets out of palm, which are some of the primary crafted items of the area.

INGREDIENTS:

For the mole:

2.2 ounces chiles pasillas, stemmed, deseeded, and deveined
2.2 ounces chiles anchos, stemmed, deseeded, and deveined
2.2 ounces chiles guajillos, stemmed, deseeded, and deveined
3/4 pounds plum tomatoes
1/4 pound tomatillos, husks removed
2 medium white onions
1½ heads garlic
½ teaspoon whole cloves
1 teaspoon whole allspices
2 cups chicken stock or water
2 hierba santa leaves
Sea salt to taste

For the *tortitas*:

8 eggs
Fresh oregano leaves only
4 tlayudas or 10 corn tortillas, toasted
1/4 cup plus 2 tablespoons dried shrimp, soaked for 1 hour in cool water, then drained
Sea salt to taste
Oil for frying the patties

METHOD

On a comal, griddle, or dry frying pan, toast the chiles on both sides carefully so they don't burn. Place in a bowl and cover with boiling water. Allow them to sit

15 to 20 minutes or until soft. On the same comal, roast the tomatoes, tomatillos, onion, and garlic, until soft. Place in a bowl to cool. Remove and discard tomato skins.,

In a small frying pan toast the cloves, allspice, and 1 hierba santa leaf.

In a blender, place the chiles and enough of the chile water to blend them to a very smooth puree. Pass this mixture through a sieve or food mill to remove the chile skins. Set aside.

In a blender, process the tomato mixture and the toasted herbs into a smooth puree. In a large clay cazuela, wide soup pot, or Dutch oven, heat the vegetable oil until it smokes. Add the chile mixture, constantly stirring. Take care that it doesn't splatter. Cook for 20 to 30 minutes, still stirring constantly, until it is very hot and bubbling.

Add the tomato mixture and continue frying until it is bubbling and the liquid is reducing, about 20 minutes to half an hour. Lower the heat to a simmer and add the fresh hierba santa leaves that are torn into pieces. Cook on a low heat as you make the tortitas. Add chicken stock or hot water if the mole starts to get too thick. The mole should just coat the back of the spoon. Add a small amount of salt, remembering that the dried shrimp tortitas are a bit salty.

For the *tortitas*:
On the comal, toast the shrimp, moving them constantly until they are brown and give off their aroma. Be careful that they do not burn. Remove from the comal, place aside to cool, and toast the oregano for 30 seconds. Remove from comal and set aside.

Toast the corn tortillas (or tlayudas) until crisp, turning often. When completely cooled, grind them to a fine powder, and place in a bowl. In a blender, finely grind the shrimp and place in a different bowl.

In a large mixing bowl, beat the eggs well. Add the oregano and ground shrimp and mix well. Add the ground tortilla and combine well to make dough. Form the dough into 16 patties (*tortitas*) and place on a tray.

In a large frying pan, heat the oil and fry the *tortitas* a few at a time. Do not crowd the pan. The oil should completely surround each one. Turn once and drain them on paper towels. Continue frying the remainder of the patties.

Add the tortitas to the hot mole and heat through. Serve two tortitas on a plate and cover with the mole sauce. Serve with soft corn tortillas. **Serves 12**

MONTEFRIO
NUXIÑO
SANTA CRUZ
ZARAGOZA

MOLE ROJO DE FANDANGO

Este pueblo es uno de los más viejos del CEDICAM, y mientras bajábamos las montañas para dirigirnos a una fiesta, esa mañana pude ver el resultado de un proyecto de doce años, evidenciado por los árboles creciendo en las montañas verdes y barrancos, en vez de las colinas rojas que la Mixteca esta tratando de rescatar. Las mujeres del pueblo estaban en el Palacio Municipal, el cual en ese momento, se convirtió en una enorme cocina, con cientos de manos trabajando juntas limpiando los chiles, cortando tomates, haciendo tortillas y moviendo enormes cazuelas llamadas apaztles llenas de mole. Los cuatro apaztles estaban reposando encima de tres enormes rocas con leña ardiendo en la parte de abajo, provocando que el pasillo estuviera lleno de humo.

Este pueblo es conocido por elaborar sombreros, y la mayoría de las cocineras, tenían puesto sombreros coloridos en sus cabezas, mientras servían una gran comida que se repartió después de la misa y otra por la tarde. Las mujeres habían estado cocinando por días, y algunas de ellas estaban demasiado cansadas, tanto asi que se quedaban dormidas estando de pie.

Yo adapté la receta original, que era para 1,500 personas, y la convertí en una lo suficientemente grande para una comida o reunión de 40 a 50 personas. Esta receta me la dió Guillermina Velasco, la mujer del presidente del pueblo, y todas las cocineras que nos enseñaron y alimentaron, incluyendo a Eucebia Perez, Petra López Santiago Aldamar, Paula Vásquez, Leonor Cruz López, Petra Velasco Sánchez, solo por nombrar algunas.

Mi parte favorita de esta receta, es el cocinar el pavo con las peras y las semillas de anís, haciendo un caldo muy sabroso.

INGREDIENTES

Para el pavo:
8 kilos de pavo (o guajolote) en piezas o trozos
2 cebollas grandes, cortadas a la mitad
2 cabezas de ajo, cortadas a la mitad horizontalmente
3 zanahorias, peladas y cortadas en trozos
4 tallos de apio con todo y hojas
2 cucharadas de semillas de anís
½ cucharada de pimienta negra
6 pimientas gordas
3 peras, cortadas a la mitad
Sal de mar al gusto

Para el mole:
120 gramos de chile pasilla, sin rabo, sin semilla y desvenados
120 gramos de chile ancho, sin rabo, sin semilla y desvenados
120 gramos de chile mulato, sin rabo, sin semilla y desvenados
120 gramos de chile guajillo, sin rabo, sin semilla y desvenados
2¾ kilos de tomates rojo
2 cebollas blancas grandes
2 cabezas de ajo
1 cucharadita de comino
1 cucharadita de clavo
1 cucharadita de pimienta gorda
½ onza de canela
1 cucharadita de orégano Oaxaqueño (or marjoram?)
1 cucharadita de tomillo fresco
2 cucharadas, ¼ taza de aceite vegetal
½ taza de almendras
½ taza de pasas
½ taza de ajonjolí
De 2 a 3 cucharadas de sal de mar, para resaltar el sabor y el gusto

PROCEDIMIENTO

Para el pavo:
Llenar una olla grande con 4 galones de agua y agregar las cebollas, ajo, zanahorias, apio y hervir. Llenar una toalla con las especias y sellarla bien, sumergir en el caldo. Cuando hierva, agregar las piezas de pavo y hervir de nuevo, retirar la espuma que se forma de encima. Después, bajar la flama para que se cocine lentamente. Agregar las peras enteras junto con el pavo y seguir cocinando hasta que la carne este suave. Remover la carne del caldo y reservarla en un recipiente grande. Desechar las peras, los vegetales y las especias del cocido.

Para el mole:
Calentar 4 litros de agua hasta que hierva.

En un comal, plancha o sartén caliente tostar los chiles a fuego medio por ambos lados, hasta que cambien de color, ampollen y suelten su aroma, tostando un solo tipo de chile a la vez. Removerlos del comal y colocarlos en un recipiente grande, vaciar agua caliente encima de los chiles hasta cubrirlos. Dejar remojando de media hora hasta una hora. Volteándolos de ves en cuando para que estos se rehidraten.

En el mismo comal asar la cebolla y ajo hasta que trasluzcan y suavicen. Removerlas del comal y colocarlas en un recipiente.

Young feast-day atendee enjoys a vegetarian tostada.

En el mismo comal, asar los tomates hasta que estos se suavicen, retirarlos y colocarlos en un recipiente grande para que enfríen. Cuando estén fríos, remover la piel y colocarlos en un recipiente aparte.

En el mismo comal o en una sartén pequeña, tostar el comino, clavo, pimientas y la canela en rama hasta que suelten su aroma y estén doradas ligeramente. Mover constantemente y colocarlos en el recipiente donde están las cebollas y el ajo.

En una sartén pequeña a fuego medio colocar el orégano oaxaqueño y el tomillo fresco, tostar hasta que suelte su aroma y cambien de color. Colocarlo en el mismo recipiente de la cebolla, ajo y las especias, mezclar bien.

En una sartén mediana para freír, calentar 2 cucharadas de aceite y freír las almendras. Cuando doren removerlas de la sartén y agregar al recipiente de las especias. Después añadir las pasas y freír hasta que inflen. Adicionar las pasas igualmente al recipiente de las especias, unir bien.

En la misma sartén, freír el ajonjolí a fuego medio, moviendo constantemente hasta que doren ligeramente. Colocar en el recipiente de las especias.
Moler los chiles en varias tandas hasta que suavice. Use el agua necesaria, la que usó para remojar los chiles, para molerlos bien. Colar la mezcla con un pasapuré o un colador fino. Debe estar bien suave. Cada combinación se mantiene separada.

Licuar los tomates hasta que suavicen y colar la mezcla con un pasapuré o un colador.

Licuar todos los ingredientes para sazonar con 2 tazas del caldo de pavo. No colar esta mezcla.

En un cazuela grande calentar 1/4 taza de aceite y colocar la mezcla de los chiles y freír por media hora o hasta que la mezcla esté brillosa en la parte de arriba y burbujeando. Se debe mover todo el tiempo con una cuchara o paleta.

Agregar el puré de tomate y freír por otra 1/2 hora o mas hasta que la mezcla este burbujeando y brille en la parte de arriba.

Agregar la mezcla sazonadora y freír por 1/2 hora, agregando 2 tazas de caldo de pavo a medida que se necesite. La mezcla no debe estar muy espesa.

Colocar la masa con 3 tazas del caldo adicional en una licuadora y procesar hasta que se convierta esto en un puré, con la consistencia de una ligera bechamel.

Añadir el puré de masa y continuar moviendo hasta que hierva. Adicionar 20 tazas de caldo de pavo, 2 tazas a la vez, dejando cocinar entre cada vez que se añade el caldo. Probar el mole y si el sabor del chile se queda intensamente en la garganta, agregar más caldo para balancear el mole.

Completar con la sal poco a poco, dejando que se disuelva cada vez que se agrega. Esto hará que salgan los sabores. Continuar moviendo constantemente hasta la hora de servir. Si se espesa mucho, aligerar el mole con caldo de pavo. El mole debe sólo cubrir la parte trasera de una chuchara, así sabemos si está listo.

Para servir:
Colocar una pieza de pavo en un tazón. Con una cuchara, bañar con mole la pieza de pavo. Servir con tortillas de *maíz* recién hechas a mano y con un mezcal. **Porciones 40 a 50**

RED FIESTA MOLE

The village of San Miguel Huautla is one of the oldest members of CEDICAM. As we walked down the hill to the fiesta that morning, I could see results of the twelve-year Mixteca project. Trees were now growing on the green hills and in the gullies, replacing the previously red, parched earth. The women of the village were in the community center, converted at that moment into a big temporary kitchen. Hundreds of hands worked together to clean the chiles, cut tomatoes, make the tortillas—and to stir the giant pottery vats (*apazles*) of mole with big paddles or *garrotes*. The four apazles were resting on three huge rocks built with wood fires underneath, making one side of the hall extremely smoky. This village is known for their crafting of colorful sombreros, and many were wearing the hats as they made the celebratory meal to be served for the midday meal after Mass. The women had been cooking for days, and some of them were so tired they looked as though they were falling asleep standing up! I reduced the original recipe, which was for 1,500 people, but made it large enough for a fun gathering of 40 to 50 people. This recipe was given to me by Guillermina Velasco, the village president's wife, and the local cocineras who taught and fed us: Eucebia Pérez, Petra López Santiago Aldamar, .Paula Vásquez, Leonor Cruz López, and Petra Velasco Sánchez. My favorite part of this recipe is cooking the turkey with pears and anise seed, making quite a delicious broth.

INGREDIENTS

For the turkey:

16 pounds turkey parts
2 large white onions, cut in halves
2 heads garlic, cut in half horizontally
3 carrots, peeled and cut into chunks*
4 celery stalks with leaves, including the celery heart, if possible*
2 tablespoons anise seed
½ tablespoon black peppercorns*
6 allspice berries
3 pears, cut in half
Sea salt, to taste
**Not in the original recipe*

For the mole:

4.2 oz. chiles pasillas, stemmed, seeded, deveined
4.2 oz. chiles anchos, stemmed, seeded, deveined
4.2 oz. chiles mulatos, stemmed, seeded, deveined
4.2 oz. chiles guajillos, stemmed, seeded, deveined
6¼ pounds ripe plum tomatoes
2 whole large white onions
2 heads garlic
1 teaspoon cumin
1 teaspoon cloves
1 teaspoon whole allspice
½ oz. cinnamon
1 teaspoon Oaxacan oregano, or marjoram
1 teaspoon fresh thyme
2 tablespoon plus ¼ cup vegetable oil
½ cup almonds
½ cup raisins
½ cup sesame seed
1 pound of prepared masa
2 to 3 tablespoons sea salt, to taste

METHOD:

For the turkey:

Fill a large stockpot with 4 gallons of water. Add the onions, garlic, carrots, and celery and bring to a boil. Add the anise seed, black peppercorns, and allspice berries to a cheesecloth bag and sew or close with a tie. When it comes to a boil, add the turkey pieces and bring to a boil again, skimming the foam from the top, then lower the heat. Add the whole pears and simmer the turkey a few hours, or until the meat becomes soft. Remove the meat from the stock and reserve it in a separate bowl. Strain the pears, the vegetables, and spices from the stock.

For the mole:

Heat 4 quarts of water and bring to a boil.

On a hot comal, griddle, or frying pan over medium-high heat, toast the chiles on both sides, until they are brown, blistered, and give off their scent. Best to toast one variety at a time. Remove them from the comal, and place in a large bowl. Cover with hot water. Allow the chiles to soak half an hour to an hour, turning to rehydrate all the chiles. Reserve liquid.

On the same comal, roast the onions and garlic until translucent and soft. Remove from the comal and place them in a bowl.

On the same comal, roast the tomatoes until soft and remove from the heat. Place them in a large bowl to cool. When they are cool enough to handle, skin the tomatoes and keep in a separate bowl.

On the same comal or medium frying pan, toast the cumin, clove, whole allspice, and cinnamon sticks until aromatic and lightly brown, stirring constantly. Place in the bowl with the onion and garlic.

In a smaller frying pan over medium heat, toast the Oaxacan oregano (or marjoram) and the fresh thyme, until aromatic and brown. Place in the same bowl as the onion, garlic, and spices. Mix well.

In a medium frying pan, heat 2 tablespoons of oil and fry the almonds. When they are browned, remove from the pan and add to the spices. Add the raisins and fry until plump. Add this to the spices and mix well.

In the same pan, fry the sesame seeds over medium to high heat, stirring constantly until nicely browned. Add to the spice mixture.

Blend the chiles in batches until smooth. Use as much of the reserved chile soaking water to blend until smooth. Pass this mixture through a food mill or large sieve. It should be silky smooth. Each mixture is kept separate.

Blend the tomatoes until smooth, and pass them through the food mill.

Blend all the seasoning ingredients until smooth with 2 cups of turkey stock. Do not strain this mixture.

In a big clay cazuela, heat 1/4 cup oil and add the chile mixture. Fry for half an hour or until the mixture is shiny and bubbling. You must stir constantly.

Add the tomato puree and fry again for 30 minutes or until the mixture is bubbling and shiny on top.

Add the seasoning mixture and fry for 30 minutes. Add 2 cups of turkey stock as needed. The mixture should not be too thick.

Place the masa with 3 cups of additional stock in the blender and blend until it turns into a puree, the thickness of a thin béchamel.

Add the masa puree and continue stirring until it comes to a boil. Add 20 cups of turkey stock, 2 cups at a time, letting the broth cook down between additions. Taste the mole and if the chile flavor is too spicy, add more stock to balance the mole.

Add the sea salt little by little, letting it dissolve each time. This will bring out the flavors. Stir constantly until serving time. If it becomes too thick, add a little more stock.. It should just coat the back of a spoon.

To serve:
Place a piece of turkey in a large bowl. Ladle the mole sauce on top. Serve with fresh handmade corn tortillas and some mezcal!
Serves 40-50 guests

MOLE AMARILLO DE FRIJOL BLANCO Y NOPALES

Rosario Santiago Santos es la nieta más joven y gregaria de Epifania Palacios, una cocinera de Zaragoza Tilantongo, un pueblo en la montaña. Llegamos a su casa de ladrillos, cerca del atardecer, mientras, ellos preparaban este mole para la Feria de La Milpa. Ellos nos sorprendieron contándonos historias a medida que cocinaban y hacían tortillas de maíz en el comal. De regreso a Oaxaca probamos las recetas, y salió muy picante, al estilo de la Mixteca. Es por eso que aquí doy las 2 opciones; estilo Mixteca picosa y estilo Valles Centrales con menos chiles. Durante la siembra de maíz, este es el platillo que se sirve. Si no se cuenta con nopales, se puede sustituir con ejotes.

INGREDIENTES

Para los frijoles:
1/2 kilo de frijoles blancos
1/2 cebolla blanca mediana, finamente picada
5 dientes de ajo, finamente picado
3 hojas de hierba santa (hoja santa), cortadas en pedazos grandes
2 cucharaditas de sal de mar
1/2 kilo de nopales asados, limpios y cortados en piezas

Para el mole:
1 cabeza de ajo, pelada
1 cebolla blanca, en rodajas grandes para asar
3 a 3 1/2 onzas de chile guajillo, sin rabo, sin semillas y desvenados
2 cucharadas de orégano Oaxaqueño, o mejorana, secos.
2 cucharaditas de semillas de comino
3 pimientas gordas enteras
170 g masa preparada (2/3 taza de masa harina y 1/3 taza de agua más 2 cucharaditas masa preparada)
Sal de mar, al gusto

PROCEDIMIENTO

Para los frijoles:
Hervir 3 litros de agua en una olla. Agregar la cebolla, ajo y dejar por unos 15 minutos. Bajar la flama y agregar los frijoles, dejar 45 minutos o hasta que estén suaves. Añadir las hojas santas y sal de mar al gusto. Continuar cocinando por 5 minutos antes de adicionar los nopales. Retirar del fuego.

Para el mole:
Hervir 1 litro de agua en una olla, mientras que en un comal, asar el ajo y la cebolla hasta que estén suaves. En un tazón poner los chiles y cubrir con el agua hirviendo, dejar que se remojen por unos 15 minutos.

Una vez que los chiles estén suaves licuar con la cebolla, ajo, orégano, comino, pimienta y licuar hasta que quede un puré, pasar por un colador y reservar.

Agregar el puré a la mezcla de frijoles y calentar por 10 minutos.

Licuar la masa con una taza de agua hasta obtener una mezcla suave. Agregar esta mezcla al mole y cocinar por 15 minutos. Completar con sal y servir con trozos de limón. **Porciones 12 a 14**

YELLOW MOLE WITH CACTUS AND WHITE BEANS

Rosario Santiago Santos is the young and gregarious granddaughter of Epifania Palacios, a village cook in the mountain pueblo of Zaragoza Tilantongo. We arrived at their brick home around sunset while they were preparing this mole for the *Féria de La Milpa*. They told stories while they cooked and made fresh tortillas on the comal.

Back in Oaxaca, we tested the recipes. I offer two options for this recipe: Central Valley style, which has a smaller amount of chiles, or Mixtecan style, which uses the full amount of chiles guajillos. The full amount recommended will make a picante dish. This dish is often served in the countryside when families are planting corn in the early summer. If nopales are not available, you can use green beans as a substitute.

INGREDIENTS

For the beans:

1 pound dry white beans
½ medium white onion, finely chopped
5 cloves garlic, finely chopped
3 hierba santa (hoja santa) leaves, torn into big pieces
2 teaspoons sea salt
1 pound nopales, cleaned, grilled, then cut into pieces

For the mole:

1 head garlic, peeled
1 white onion, in thick slices to grill
3 to 3½ oz. chile guajillo, destemmed, deseeded and deveined
2 tablespoons dried Oaxacan oregano, or marjoram
2 teaspoons cumin seed
3 allspice, whole
6 oz. prepared masa (2/3 cups masa harina and 1/3 cup water plus 2 tablespoons)
Sea salt, to taste

METHOD

For the beans:

In an olla or clay pot with a lid, bring 3 quarts of water to boil. Add onion and garlic and cook 15 minutes. Add the beans, lower the heat and cook 45 minutes or until beans are almost soft. Add the hierba santa leaves and 2 teaspoons sea salt. Continue cooking 5 minutes and add the nopales. Remove from heat.

For the mole:

On a comal, griddle, or dry frying pan, roast the garlic and onion until translucent. In a small pot, heat 1 quart of water to boil. Pour hot water to cover the chiles and soak for 15 minutes, or until soft.

With tongs, remove chiles from soaking water and grind in the blender with the roasted onion and garlic, oregano, cumin, and allspice until very smooth. Place puree in a food mill and strain.

Add the puree to the bean mixture and heat through, about 10 minutes.

Place the masa in a blender with 1 cup of water and blend until smooth. Add this mixture to the mole and cook for 15 minutes more. Add salt to taste and serve with limes. **Serves 12-14**

TILA (PAN) DE MUERTO

Tila es el nombre que se le da al pan en Mixteco, y así es como Armando Cenobio Valencia se refiere al pan de muerto, un pan especial que se elabora a fines de Octubre para la celebración del Día de Muertos. Es tanta la demanda de este pan que varias panaderías suspenden la elaboración de cualquier otro tipo de pan. Días cercanos a la celebración, Armando recibe pedidos de hasta 5,000 piezas durante esta época por lo cual elabora casi 500 panes diarios. Gerardo Hernández y su familia de panaderos, hacen este producto para los pobladores de San Pedro Quilitongo. Muchos lugareños hacen su propia y elaborada decoración en cada pan y encienden sus hornos de adobe especialmente en estas fechas. Toda la masa es hecha a mano en grandes bateas de madera y toma mucho tiempo para que levante. El pan de muerto es perfecto para remojar en tazones con chocolate de agua, la bebida ritual de la fiesta.

INGREDIENTES

3 tazas de harina de trigo
1/2 cucharadita de anís
1 1/4 cucharadas de levadura seca (disuelta en 1/2 taza de agua a temperatura ambiente)
1/4 taza de azúcar
1/4 cucharadita de sal
3 huevos
1/2 taza de manteca o manteca vegetal, suave (1/4 para la mezcla, 1/4 parea el proceso de amasar)
2 cucharadas de ajonjolí

PROCEDIMEINTO

Colocar la harina en un recipiente mediano y mezclarla con el anís. Después disponerla en una mesa o un mostrador, elaborando un pozo con la mezcla. En el centro agregar los huevos, la levadura disuelta, azúcar, sal y 1/4 taza de manteca y mezclarla para hacer una masa pegajosa. Amasarla por 15 a 20 minutos o hasta que la masa este suave. Poco a poco frotarla manteca en su mano y continuar amasando. Continuar haciendo el mismo proceso hasta que la masa ya no se pegue en sus manos.

Trabajar la masa por otros 5 minutos. Poner la masa en un recipiente engrasado. Cubrir con una toalla y colocarlos en un lugar cálido. Dejar que la masa repose y esperar que doble su tamaño, esto toma alrededor de una hora.

Golpee la masa y dividirla en 4 bolas aproximadamente de 200g cada una. Formar hogazas redondas, y colocar encima de una charola para hornear (previamente cubierta con papel encerado), dejando espacio entre los panes para que incremente su tamaño. Dejar que la masa "crezca" otros 30 minutos. Cubrir la parte de arriba de los panes con aproximadamente 1 cucharada de manteca y hacer una hendidura, usando un cuchillo filoso. Espolvorear 1/2 cucharadita de ajonjolí encima de cada pan. Hornear por 45 a 50 minutos o hasta que se dore bien y el pan tenga un sonido hueco cuando se golpee. Dejar que se enfríe completamente antes de cortarlo, o se aplastara y ya no se levantara el pan de nuevo. Es un pan muy suave así que no los encime.

Servir con un tazón de chocolate caliente. **Porciones 4 panes chicos**

NOTA: Este pan es perfecto para hacer tostadas francesas.

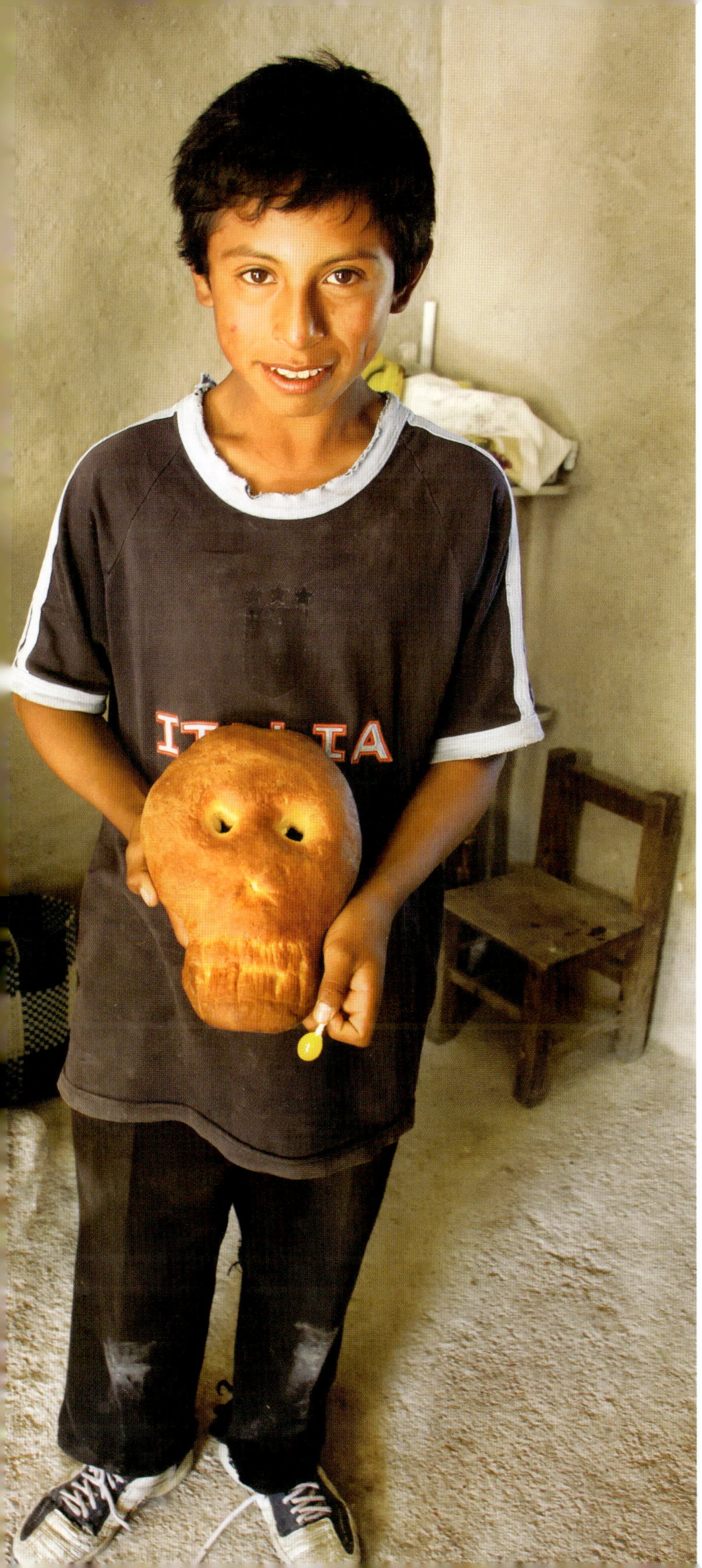

BREAD FOR THE DAY OF THE DEAD CELEBRATION

Tila is the Mixtecan word for bread. Armando Cenóbio Valencia refers to this tila as a specialty made at the end of October. This bread is made in very large quantities for the Day of the Dead celebration and all bakeries stop making any other kind of bread to bake only the tila. In the days leading up to the holiday, Armando makes about 500 small loaves of bread a day. People call in to place their orders—up to 5,000 pieces!

Gerardo Hernández and his family bake for the villagers of San Pedro Quilitongo. Many households make their own elaborately decorated breads. They fire up their adobe ovens for this special time of year. The dough is mixed by hand in huge wooden vats and takes a long time to rise. This bread is perfect for dipping into steaming bowls of hot *chocolate de agua* (hot chocolate prepared with water), the ritual drink of the Day of the Dead celebration.

INGREDIENTS

3 cups all-purpose flour
½ teaspoon anise seed
1¼ tablespoons active dry yeast (dissolve in ½ cup of water, room temperature)
¼ cup sugar
¼ teaspoon sea salt
3 eggs
½ cup lard or vegetable shortening, softened (¼ for the mixture, ¼ for the kneading process)
2 tablespoons sesame seed

METHOD

Place the flour in a medium-sized mixing bowl and mix with the anise. Place the mixture on a table or counter, making a well in the center. Add eggs, the dissolved yeast, sugar, salt, eggs, and ¼ cup lard and mix. This will make a sticky dough. Knead for 15 to 20 minutes or until the dough is soft. Little by little, rub more lard on your hands and continue kneading. Continue repeating this process until the dough doesn't stick to your hands anymore. Knead the dough for another 5 minutes. Put the dough in a greased bowl. Cover with a damp cloth and put in a warm place. Let the dough rise until doubled in size, about 1 hour.

Punch down the dough and divide into 4 balls about 8 oz. each. Form round loaves and place them on waxed paper on a baking sheet, allowing space for the bread to increase in size. Let it rise again for about 30 minutes. Cover the top of loaves with about 1 tablespoon of lard and cut a slit in the top, using a sharp knife or a razor blade. Sprinkle about ½ teaspoon of sesame seeds on top of each loaf. Bake for 45 to 50 minutes or until nicely browned and the bread has a hollow sound when tapped. Allow to cool completely before you cut, or it will deflate and will not rise again. It is very soft bread, so do not stack the loaves.

Serve with a bowl or mug of hot chocolate. **Makes 4 small breads**

Note: This bread makes wonderful French toast.

CREPAS RELLENAS DE REQUESÓN Y CUBIERTAS DE PERAS BAÑADAS

Esta es una de las recetas que compartimos con las cocineras que vinieron a nuestra cocina. Ese día utilicé peras de la Mixteca las cuales tiene un sabor delicioso y característico. Utilizamos mezcal para darle un toque distinto, pero se puede sustituir con jugo de frutas si así lo desea. Para una versión rápida, puedes omitir el relleno solo doblar las crepas y cubrir con crema batida fresca. Decora con Jamaica o alguna flor comestible.

INGREDIENTES

Para las crepas:
4 huevos
1 taza de leche
2 cucharadas de mantequilla clarificada (o aceite)
1 taza de harina de trigo
½ cucharadita de sal
2 cucharaditas de azúcar

Para el relleno:
¼ taza de pasas
1 cucharada de mezcal joven, ron o jugo
¼ taza de miel
1 huevo
340 gramos de requesón o queso ricotta
1 cucharada de ralladura de cascara de limón
1 cucharada de ralladura de cascara de naranja

Para el topping:
2 cucharadas de mezcal joven
½ taza de pasas
½ taza de almendras, tostadas y picadas
2 cucharadas de mantequilla sin sal, derretida
4 tazas de peras, peladas y cortadas en cubos
2 cucharadas de azúcar
1 taza de jugo de naranja

Para la salsa:
¼ taza de flor de Jamaica seca
1 cucharada de azúcar

Para freír las crepas:
½ cucharada de aceite de girasol o vegetal

Para guarnición:
1 taza de crema para batir
½ cucharadita de vainilla

PROCEDIMIENTO

Para las crepas:
En un recipiente, batir los huevos, leche y mantequilla clarificada. Agregar a la mezcla la harina cernida, sal y azúcar. Batir hasta que todos los ingredientes se incorporen. Reservar por 30 minutos cubriendo con un paño.

Para el relleno:
En una sartén a fuego medio calentar las pasas con el mezcal y 2 cucharadas de agua, tapar y cocinar hasta que las pasas se esponjen y estén suaves, unos 10 minutos. Escurrir el exceso de líquido y agregar miel.

En un recipiente mediano, batir el huevo, requesón y mezclar bien. Agregar las pasas, la ralladura de limón y naranja y mezclar bien.

Para el topping:
En una sartén poner las 2 cucharadas de agua, mezcal y las pasas. Dejar unos 10 minutos a fuego bajo.

Comenzar a tostar las almendras evitando que se quemen, retirar del sartén dejar que enfríen y picar.

En una sartén, comenzar a derretir la mantequilla fuego bajo, agregarlas peras y freír de unos 8 a 10 minutos moviendo constantemente. Espolvorear el azúcar de poco a poco sobre las peras y dejar cocinar otros 15 minutos. Comenzar a agregar la canela, pasas y almendras moviendo ocasionalmente, añadir el jugo de naranja y dejar cocinar por unos 3 minutos o hasta que se evaporen los líquidos.

Para la salsa:
Hervir una taza de agua con la Jamaica, cubrir y dejar a fuego medio por unos 2 minutos. Remover las flores y reservar. En esa agua agregar azúcar y dejar que reduzca hasta que se forme un jarabe. Reservar.

Para preparar las crepas:
Calentar ½ cucharada de aceite en un sartén de teflón (o un sartén especial para crepas) de 14 centímetros. Pasar una toalla de papel para remover el exceso de aceite. Vaciar ¼ taza de la mezcla de la crepa al sartén. Mover el sartén en círculos para que la mezcla cubra la superficie del sartén. Cuando las orillas empiecen a dorar y a levantarse, voltear la crepa. Dejarla cocinar por 1 minuto. Retirar del sartén y colocarlas en un plato. Continuar con el resto de la mezcla, encimando las crepas.

En platos individuales para servir, rellenar cada crepa con 3½ cucharadas del relleno, y enrollarlas. Con una cuchara cubrir la crepa con las peras y un poco de la crema batida encima. Decorar con las flores de Jamaica y un poco del jarabe.
Porciones 10 a 12 crepas

STUFFED CREPES WITH FARMER'S CHEESE AND TOPPED WITH PEARS IN MEZCAL

This is one of the recipes that we taught the village cooks when they came to the Seasons of My Heart Cooking School. I used the pears from the Mixteca, which are exceptionally delicious and have a quintessential fruity and rich flavor. We added mezcal to give some excitement to the dish, but you can substitute rum or fruit juice. For a shorter version of this dessert, you can omit the filling and simply fold the crepes and top them with freshly whipped cream. Sprinkle with the *Jamaica* (hibiscus) or any other edible flowers.

INGREDIENTS

For the crepes:

4 eggs
1 cup milk
2 tablespoons melted butter or oil
1 cup all-purpose flour
½ teaspoon salt
2 teaspoons sugar

For the filling:

¼ cup raisins
1 tablespoon mezcal joven (not aged) or rum or juice
¼ cup honey
1 egg
¾ pound *requesón*, or farmer's cheese or ricotta
1 tablespoon finely grated lime peel
1 tablespoon finely grated orange peel

For the topping:

2 tablespoons mezcal joven
2-inch cinnamon stick
½ cups raisins
½ cup almonds, toasted, roughly chopped
2 tablespoons unsalted butter, melted
4 cups pears, peeled and cut in small cubes
2 tablespoons sugar
1 cup orange juice

For the sauce:

¼ cup dried hibiscus flowers
1 tablespoon sugar

To fry the crepes:

½ tablespoon sunflower or vegetable oil, add more as needed

For the garnish:

1 cup whipping cream or crème fraîche
½ teaspoon Mexican vanilla

LEFT: Walking to the Feast Day celebration in San Miguel Huautla.

METHOD

For the crepes:

Beat the eggs in a medium-sized bowl. Add the milk and melted butter or oil. Add the flour, salt, and sugar and beat until smooth. Let rest for 30 minutes.

For the filling:

Heat the raisins, mezcal and 2 tablespoons water in a small saucepan, covered, over medium heat until the raisins plump up and are soft, about 10 minutes. Drain and add the honey.

In a medium-sized mixing bowl, beat the egg. Add the cheese and mix well. Stir in the raisins, grated lime, and orange peel.

For the topping:

In a small saucepan, heat the mezcal, 2 tablespoons water, and the raisins. Simmer over low heat for 10 minutes.

In a small frying pan, toast the almonds over medium heat for about 10 minutes, stirring often. Do not let them burn. Remove from the pan, cool and roughly chop.

In a wide saucepan, melt the butter and fry the pear pieces over low heat, for about 8 to 10 minutes, stirring occasionally. Sprinkle the sugar little by little over the pears. Cook for about 15 minutes. Add cinnamon stick, raisins, and almonds and stir occasionally for about 8 more minutes. Add the orange juice and let it simmer for 3 minutes more—do not let the liquid dissolve completely. Set aside to cool.

For the sauce:

Bring 1 cup of water to a boil. Add the hibiscus flowers. Cover and bring to a boil over medium heat for about 2 minutes. Strain and reserve the flowers. Add the sugar to the simmering hibiscus water. Let it reduce until it turns into syrup. Set aside.

To make the crepes:

Heat ½ tablespoon oil in an 8-inch crepe pan. Wipe the pan with a paper towel, making sure that the entire surface is coated with oil. Pour ¼ cup crepe batter into the pan and roll the pan around to coat the surface. When the edges of the crepe start to turn up, you can turn the crepe. Cook for 1 minute. Continue to make the crepes until all the batter is used up, stacking them on a plate. On individual serving plates, fill each crepe with 3½ tablespoons of the filling, and roll. Spoon the pear topping across the top and add a dollop of whipped cream.. Decorate with the hibiscus flowers and a little bit of the syrup. **Serves 10-12**

CHAMPURRADO DE TRIGO

Tuvimos la suerte de probar esta bebida caliente una mañana durante la festividad de San Miguel Huautla. Yo soy una amante de atoles, especialmente el atole de trigo y siempre he sido una fanática de mezclar chocolate con el atole para hacer champurrado, así que cuando escuche "champurrado de trigo" me emocioné mucho. La principal siembra, aparte del maíz, en la Mixteca es el trigo, el cual fue introducido allí por los españoles. Los habitantes actuales, se sienten muy orgullosos de sembrar dos tipos diferentes de trigo en su comunidad. Otra mañana en San Isidro Jaltepetongo, Esther Sánchez Silva y Eugenia Sánchez Séliz nos enseñaron un grandioso atole de trigo, el cual es excelente para calentar el cuerpo en las mañanas frías de montaña. Ambas recetas son similares, así que quise incluir ambas.

INGREDIENTES

Para el champurrado:

1 pieza de canela (4 cm de largo)
1 taza de trigo
114g de chocolate Oaxaqueño
2 cucharadas de azúcar
Una pisca de sal de mar

PROCEDIMIENTO

Hervir 4 tazas de agua con canela.

Moler el trigo en una licuadora. Agregar el trigo poco a poco al agua y mover para no hacer grumos. Dejar hervir 10 minutos y agregar el chocolate. Mover constantemente hasta que se derrita el chocolate. Empezar agregar el azúcar y cocinar por 3 minutos. Añadir una pisca de sal y dejar unos 2 minutos más.

Retirar de la estufa y servir caliente.

Para el atole de trigo:

INGREDIENTES

1 taza de trigo
2 piezas de canela (4 cm de largo), a la mitad
4 cucharadas de azúcar, o piloncillo rallado
Una pisca de sal de mar

PROCEDIMEINTO

Tostar el trigo en un comal a fuego alto, moviendo constantemente con una escobeta o una paleta durante 10 minutos, hasta que estén tostados. Retirar del comal y reservar para que enfríen.

Hervir 4 tazas de agua en una olla.

Licuar el trigo, ya frío, agregando en cantidades pequeñas y moler hasta que se haga una harina; luego colocar esta harina nuevamente en la licuadora junto a 2 tazas de agua y procesar hasta que se haga una pasta. Pasar el licuado por un colador o un pasapuré y reservar. Tomar todo lo que queda en el colador y volverlo a licuar con 2 tazas de agua. Pasar la mezcla por un colador, nuevamente, y adicionarlo al agua hirviendo. Mover constantemente para que no se pegue al fondo de la olla.

Agregar la canela y la sal. Seguir moviendo. Una vez que empiece a hervir, adicionar el azúcar y dejar unos 5 minutos más sin dejar de mover.

Servir caliente. **Porciones 6**

HOT WHEAT DRINK WITH CHOCOLATE

We were fortunate to try this hot drink early in the morning on the feast day of San Miguel Huautla. I love *atole* (warm corn drink), especially *atole de trigo* (wheat atole), and have always been a fan of mixing atole and chocolate to make *champurrado*. When I heard of *champurrado de trigo*, I got very excited.

One of the main crops in the Mixteca is the wheat berry, introduced to the Mixteca by the Spaniards. The locals were proud to be growing two different kinds of wheat in their community. In San Isidro Jaltepetongo, Esther Sanchez Silva and Eugenia Sánchez Séliz taught us a wonderful atole de trigo, or hot wheat drink that is warming for the cold mornings in the hills. They are very similar, so I've included both recipes.

For the *champurrado*:
INGREDIENTS:
1 cinnamon stick, 2 inches long
1 cup wheat berries
4 oz. Oaxacan chocolate
2 tablespoons sugar
Pinch sea salt

METHOD:
Bring 4 cups of water to a boil with the cinnamon.

In the blender, blend the wheat berries until coarsely ground. Add it to the boiling water little by little, stirring constantly so that lumps do not form. Boil for about 10 minutes and add the chocolate, stirring constantly so the chocolate will melt completely. Add the sugar and cook for 3 more minutes. Add a pinch of sea salt and cook for 2 minutes more. Turn off and serve hot.

For the *atole de trigo*:
INGREDIENTS
1 cup wheat berries
2-inch cinnamon stick broken in half (Mexican cinnamon or *canela*)
4 tablespoons sugar or grated piloncillo
Pinch of sea salt

METHOD
On a comal or dry, heavy frying pan over a high flame, toast the wheat berries, moving them constantly with a brush or a wooden spoon for 10 minutes, or until toasty. Remove from the comal, and set aside to cool.

In a saucepan bring 4 cups of water to a boil.

In a blender, place the cooled, toasted wheat in small amounts and grind until it turns into flour. Repeat until it is all ground. Place all the wheat flour in the blender and add 2 cups of water and blend until smooth. Pass through a large sieve or food mill and set aside. Take everything that remains in the sieve and grind it again in the blender with 2 additional cups of water and blend well. Pass this through the food mill again and add the wheat puree to the boiling water. Add the cinnamon and the pinch of salt. Continue stirring constantly so it doesn't stick on the bottom. When it starts to boil, add the sugar and continue to stir for an additional 5 minutes. Serve hot. **Makes 6 servings**

Capítulo 8

LA MEDICINA DE LA MILPA

MILPA'S MEDICINE

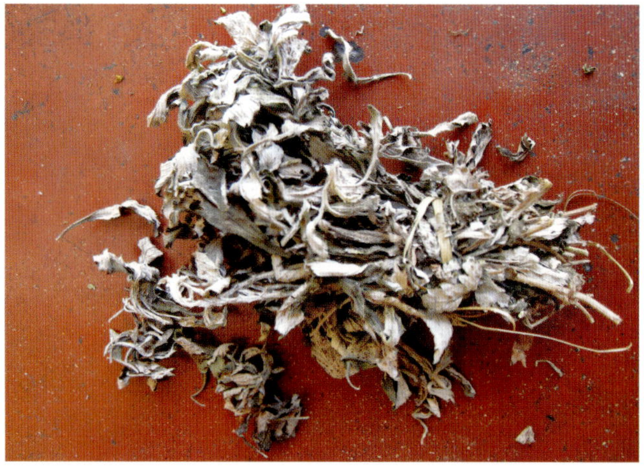

LAS PLANTAS MEDICINALES QUE NACEN EN LA MILPA

De la Salud y la Independencia ante Compañía Pharmaceuticas Internacionales

LEFT: Assorted dried medicinal herbs collected from the milpa.

Cuando destruimos la gran biodiversidad que contiene la milpa por sembrar monocultivos y usar herbicidas, ocurre algo semejante a lo que hacemos cuando talamos una selva tropical. Sin darnos cuenta, destruimos cientos de plantas medicinales que son parte del ecosistema, sin saber cuales son sus propiedades para curar enfermedades.

En el ecosistema especial de la milpa también brotan cientos de plantas medicinales que representan una riqueza común que la cultura indígena y campesina puede compartir con el mundo.

El Señor Pedro Velasco, campesino y facilitador de la organización CEDICAM, ha estudiado y practicado los conocimientos de los ancestros Mixtecos y también de otras culturas tradicionales. Lo entrevistamos en su casa en la ciudad de Asunción Nochixtlán.

Guillermo Santiago Cruz: Pedro ¿en el ambiente especial que crea el sistema llamado milpa, hay plantas medicinales que, como los quelites, no crecen en otros ambientes?

En primer lugar, en el sistema milpa nacen muchas plantas que ayudan a la alimentación y la salud de las familias campesinas. Unas plantas que nacen y crecen en la milpa son los quintoniles, las verdolagas y las violetas que fortalecen la salud de las familias campesinas.

Las plantas medicinales que se encuentran en los sistemas de la milpa son una infinidad de plantas, especialmente las que son de flores moradas, por mencionar alguna de ellas, el aceitillo. Esta planta ayuda a la gente a conseguir el sueño cuando tienen problemas de insomnio o no pueden dormir. La estrellita del mar, que tiene una flor azulita se usa para equilibrar la temperatura en niños cuando tienen fiebre. Tenemos también la paletearía que nace en el sistema milpa que se usa para dar baños a los enfermos cuando les da gripa muy fuerte. También nace la lentejilla que se usa para curar la gripa. El epazote de toro, o de zorrillo también se puede encontrar en la milpa. Esto ayuda a los que lo toman a curarles la cruda, tomándola en té. El quelite de cuni se usa para quitar la tos. Este se toma en té. La hierba mora ayuda a contrarrestar la anemia en niños pequeños.

Guillermo: ¿Puede describir algunas de las plantas que apoyan la salud humana y que crecen en y alrededor de la milpa?

Alrededor de las parcelas hay muchas plantas medicinales como el pirúl, chamizo del rio, hierba del ángel, el huele de noche, el enebro, el árnica para todo tipo de inflamación y para curar heridas. También muchas veces la gente siembra cosas como el romero, y el estafiate para dolor de estómago. También se encuentra la ruda, el sauco, la manzanilla y el floripondio, la Santa María, el orégano, y la hierbabuena. El orégano se usa con leche cuando una persona se envenena, y la manzanilla para problemas estomacales.

La biznaga, o cabeza de viejo, se usa para activar los nervios cuando uno sufre de embolia. Hierba de sangre, que tiene una flor color rojo, hace más fuerte la sangre. El gordolobo y el marrubio se usan para los nervios. La hierba de borracho es útil para la cruda y problemas estomacales. La tronadora sirve para aliviar la diabetes, además de la chicalote blanco y el nopal. Hay muchísimas plantas con propiedades medicinales. Los vellos de elote se usan para los riñones, y el simonillo es bueno para la diabetes.

Guillermo: ¿Todavía hay muchas personas en las comunidades mixtecas que tienen este conocimiento?

Hay muy pocas personas que conocen estas plantas medicinales. Principalmente los más ancianos, porque los jóvenes le tienen más confianza a la medicina "moderna, patentada."

Guillermo: ¿Piensa que parte del conocimiento sobre las plantas medicinales que tenían los antepasados ya ha sido perdido?

Se han perdido muchos conocimientos. Y son muy pocos los que todavía los conservan. Pero todavía algunos ancianos tienen un conocimiento profundo de las propiedades medicinales de las plantas que se producen en los sistemas de la milpa en esté rincón de la Mixteca Oaxaqueña.

Guillermo: ¿Qué podemos hacer para conservar este conocimiento y las plantas medicinales que forman la base de esta sabiduría?

Tenemos que difundir este conocimiento para que la gente una vez más se dé cuenta de la riqueza que tenemos y que no conocemos en los sistemas de la milpa.

Guillermo: ¿Cómo han sido afectadas las plantas medicinales por los cambios en las técnicas agrícolas que entraron con la "revolución verde"?

El uso de fertilizantes y los herbicidas han tenido un impacto fuerte, eliminando muchas plantas medicinales que se producen en los terrenos de sembradura. Pero también el desconocimiento de la gente que bajo el sistema tradicional de libre pastoreo dejan a sus animales acabar con plantas con mucho valor medicinal.

CEDICAM: ¿Y la medicina "científica" y "moderna" occidental, qué papel debe jugar?

Van de la mano. Muchas de las medicinas patentadas vienen de estas plantas medicinales. El estafiate es una planta que está patentada porque de ella sacan sustancias para hacer medicamentos. Si usamos estas plantas que nacen en los sistemas milpa, no nos cuesta dinero sanar algunas enfermedades.

CEDICAM: En otras palabras, representan una parte importante de los bienes comunales que compartimos en nuestras comunidades para el bien común. Gracias, Pedro.

THE MILPA'S MEDICINE

Health and Independence from International Pharmaceutical Companies

When we destroy the great biodiversity of the milpa by planting monocultures and using herbicides, we unwittingly destroy hundreds of special plants, which share the ecosystem of the trees, with no understanding of what capacities these plants may have, for instance, to cure human illnesses.

In the milpa's ecosystem as well, hundreds of useful plants sprout, many of which have special medicinal properties. These plants represent a common biological "wealth" that indigenous cultures can share with the other peoples on the planet.

Pedro Velasco, campesino and facilitator in sustainable agriculture for CEDICAM, has investigated the ancient medicinal knowledge of the Mixtec ancestors and of other traditional cultures. CEDICAM interviewed him in his home in Asunción Nochixtlán.

Guillermo Santiago Cruz: Pedro, in the special environment that the milpa systems create, are there medicinal plants, which, like the quelites, grow only there and sprout spontaneously?

Definitely. Within the milpa there are many plants that grow on their own, which assist the campesino families to stay healthy. One such plant is *la aceitilla (Bidens sp)*. This plant is used as a sleep aid for those who have problems sleeping. The *estrellita de mar**, a plant which has a tiny blue flower, also grows in the milpa. It is used to control fever in children when they have a temperature. *La pale aria* is another such plant that is used to bathe children to bring down a fever.

I have found *la lentejilla (Lepidium virginicum)* in the milpa, too. It's used to cure colds and flu. The *epazote de toro (Chenopodium graveolens)*, also called *epazote pestoso* or *de zorillo* because it has such a strong smell, can also be found there. This plant, which is used in the form of a tea, helps relieve a hangover.

You can also find the *quelite de cuni* in the milpa, which is used to cure a cough. You take it in the form of a tea.

Guillermo: Are there other medicinal plants that, if they don't grow right in the milpa, can be found around the milpa?

Yes, there are lots of such medicinal plants such as *el pirul (Schinus molle), chamiso del río (Eupatorium sp.), hierba del angel, el huele de noche (Cestrum sp.), el enebro (Juniperus sp.)*, and *el árnica (Heterotheca inuloides)*, the latter which is used to reduce swelling and to help heal all kinds of cuts and wounds. *La hierba mora (Solanum sp.)* is used to control anemia. These plants grow on their own, but people often also plant medicinal plants such as *romero (Rosmarinus officinalis), el estafiate (Artemisia mexicana)* for stomach pain, *la ruda (Ruta graveolens), el sauco (Sambucus mexicanus), la manzanilla (Matricaria recutita), el floripondio (Brugmansia sp.)*, and *la Santa Maria (Tanacetum parthenium)*. People also plant *el oregano (Lippia sp.)* and *la hierbabuena, (Mentha spicata). El oregano* is used with milk to counteract poisoning and *la hierbabuena* for stomach problems.

The small cactus called *la bisnaga*, or *cabeza de viejo (Mammillaria senilis)* is used to reactivate nerves when someone has suffered a stroke. *Hierba de sangre*, which has a deep red flower, is used to strengthen the blood, and *el gordolobo (Gnaphalium indicum)* and *el marrubio (Marrubio vulgare)* are used to calm the nerves. *La hierba del borracho (Satureja sp.)* is useful for a hangover, and various other health problems. *La tronadora (Tecoma stans)* helps those with diabetes, as does the *chicalote blanco (Argemone sp.)*. There are literally hundreds of plants with medicinal properties. Even the corn silk, when used to make a tea, aids the kidneys. *La simonillo (Conyza filaginoides)* is also good for diabetes.

Guillermo: Are there still many people in the Mixtec communities that possess this knowledge?

Today very few people still possess this knowledge of medicinal plants. Many people just rely on "modern" patent medicines.

Guillermo: Do you think that much of the knowledge of medicinal plants that the ancestors had has been lost?

Yes, we have lost a lot. But there are still some older members of our community who have a profound knowledge of the properties of the medicinal plants of the Mixteca.

Guillermo: What can we do to conserve this knowledge and the medicinal plants on which this wisdom is based?

We need to spread this knowledge once again so that the people here will once again recognize the richness of plants and biodiversity that we have here in our milpas.

Guillermo: How have the changes in agricultural technologies that came in with the "green revolution" affected medicinal plants?

The use of chemical fertilizers and, above all, herbicides has had a strong impact and has eliminated many important herbs. But also the lack of knowledge of the people who, with the system of free common pasturing that we have in the villages, have allowed their animals to destroy plants that have a high medicinal value.

Guillermo: And the scientific, modern, occidental medicine, what role should it play?

These two types of medicine go hand in hand. Many of the patent medicines come from these medicinal plants. *El estafiate*, for instance, is an herb from which they extract substances to make pain control medicines. But if we know these plants that grow in our milpas, the medicines don't cost us anything.

Guillermo: In other words, these plants represent an important part of the "common wealth," the "commons" that we share in our communities for the common good. Thank you, Pedro.

*Editorial note: Without extensive fieldwork it is difficult to determine exact scientific names for each of the medicinal herbs mentioned. The Latin equivalents are tentative, and some equivalents were not easy to determine.

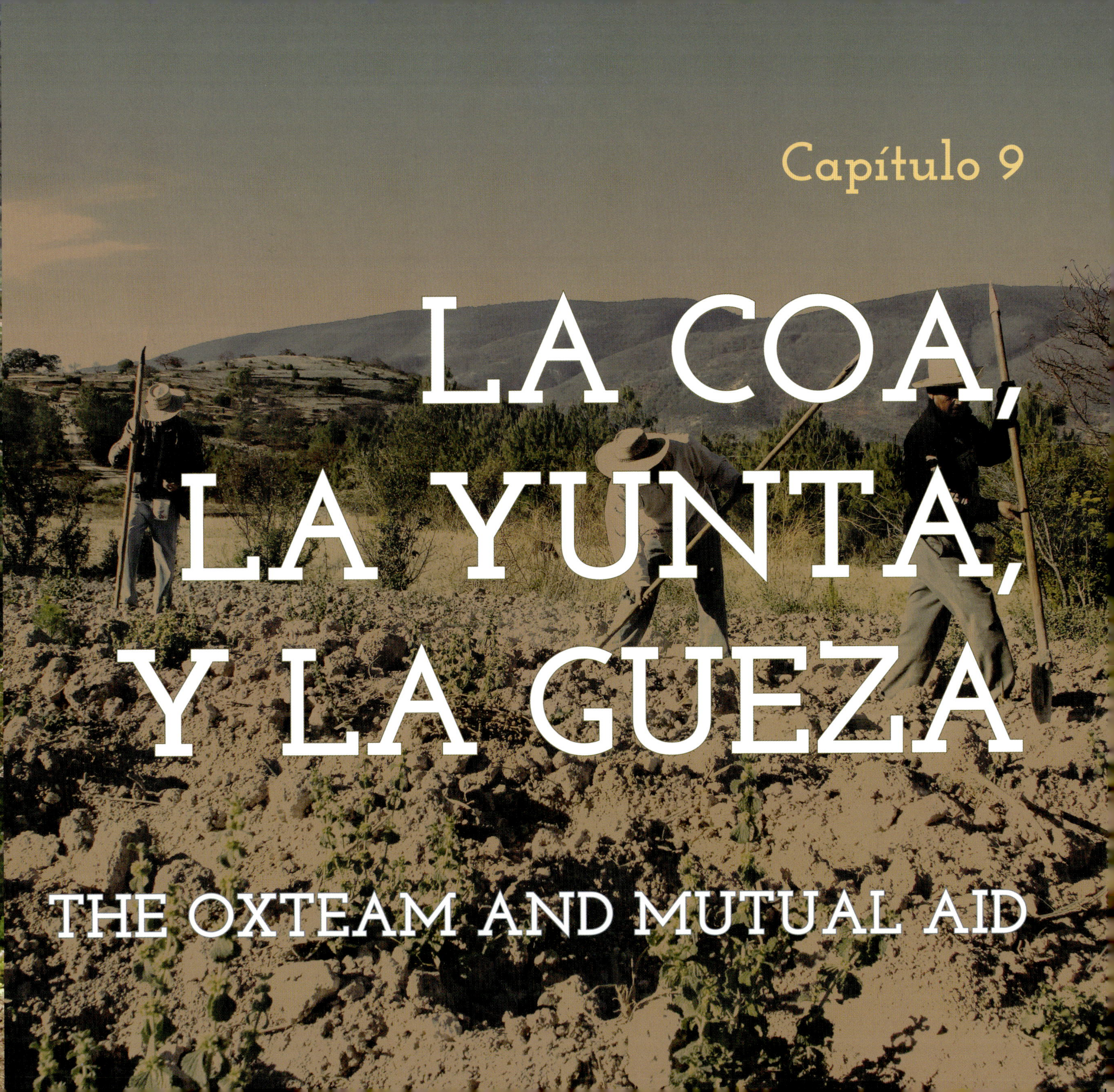

Capítulo 9

LA COA, LA YUNTA, Y LA GUEZA

THE OXTEAM AND MUTUAL AID

Piso Firme

LA COA, LA YUNTA, Y LA GUEZA

Analizando Tecnologías, Maximizando la Eficiencia Energética

Es marzo y apenas la semana pasada terminamos de sembrar el maíz de cajete en la comunidad. Somos pocos los que acá sembramos cajete, hace tres años dos familias en la comunidad sembraron este tipo de maíz que es tan resistente a la sequía, ahora somos cuatro.

Primero barbechamos las tierras con la yunta y el arado egipcio que hacemos aquí en la comunidad de las ramas de encino. Entonces, cruzamos otra vez con la yunta, y finalmente hacemos los surcos. Entre todos fijamos una mañana para empezar a sembrar, primero en la parcela del joven Agustín, y después en las parcelas de cada uno de nosotros.

Temprano, el jueves, cuando el aire de la mañana todavía se siente frío y el sol todavía no ha tocado las cumbres de las montañas del otro lado del valle, empezamos a sembrar los cuatro. Cada uno tiene un surco siguiendo el líder que ubica las distancias entre cada planta para empezar a escarbar con la pala de la coa. Escarbamos pequeñas ollos o cajetes hasta encontrar en el suelo seco, humedad residual del año pasado. Entonces, volteamos la coa, hacemos un hoyito pequeño y depositamos tres semillas de maíz, una de fríjol y cada segunda o tercera mata, una semilla de calabaza, en la tierra húmeda. Seguimos haciendo un padrón preciso de cajetes cruzando la parcela de un lado a otro y también por la diagonal. Es casi como una danza lenta que tiene sus propias reglas y ritmos.

Cuando sale el sol y empieza a calentarse el día, descansamos un rato y vamos a la casa de la Tía Guillermina, la mamá de Agustín para comer *ndeyu nde'e*, un mole especial con fríjol negro que hay que comer cuando uno está sembrando cajete. Durante el día es también obligatorio tomar el tepache, una bebida hecha de pulque con piña o piloncillo.

Se empieza a sentir el calor del sol cuando salimos de nuevo a sembrar, y seguimos haciendo el mismo padrón casi como un tablero de ajedrez, mientras compartimos las noticias de la comunidad, la historia de las figuras importantes en el pasado del pueblo y el chisme del día. El maíz nacerá y crecerá con esta poca humedad hasta que lleguen las primeras lluvias de mayo o junio.

¿Les parece muy trabajoso e ineficiente? ¡Esperen un momento!

Vivimos un tiempo muy especial en este planeta. Uno de los retos más serios es el rápido desgaste de las fuentes de energía disponibles mientras cambiamos el clima con la contaminación que generamos. Estudios muestran que el costo energético del sistema alimentario "avanzado" es muy alto, diez calorías de energía para hacer llegar una caloría a la mesa de las familias estadounidenses. Aquí producimos tres a siete calorías de comida por cada caloría que gastamos.

Hay dos razones principales. Una, que nuestro tipo de agricultura es de bajos insumos. No necesitamos fábricas de tractores y de fertilizantes ubicados cientos de kilómetros de aquí para poder sembrar. Tenemos nuestros toros que hasta se reproducen. Tenemos una riqueza de semillas y una biodiversidad agrícola como herencia de nuestros abuelos y abuelas y hacemos nuestros arados, y tenemos el abono de los animales y los abonos verdes que sembramos, para enriquecer nuestros suelos. Invertimos poco en energía y en dinero.

La segunda razón es que nos ayudamos mutuamente. Si el trabajo es cansado, tenemos nuestras costumbres para ayudarnos. Cuando trabajamos juntos sembrando el cajete, estamos practicando una tradición muy antigua de ayuda mutua que llamamos *gueza*. Así entre la comunidad nos ayudamos mutuamente en tiempos de la siembra, la cosecha, o cuando hay una boda o un trabajo duro por hacer. Eso no sólo hace que el trabajo sea menos cansado y más divertido sino que también cree una economía que hace que nuestras comunidades funcionen mejor.

El cajete, por ejemplo. Algunos están dejando de sembrar el maíz cajete porque es más trabajo. Entonces, tienen que pagar a trabajadores para ayudar con la siembra y, al final, el costo es demasiado alto por los rendimientos que se esperan. Pero el sistema de la siembra del cajete siempre depende de la tradición de la *gueza*. Con la ayuda mutua de la *gueza*, el cajete sigue funcionando como una de las mejores cosechas que tendremos; funcionando socialmente, ecológicamente y económicamente.

Somos principalmente agricultores de subsistencia. Dicen que hay más de mil millones de gentes como nosotros en el mundo y que producimos más del 50% de los alimentos que se comen. Además, somos guardianes de la biodiversidad de la que depende la familia humana. Todos los bancos de semillas del mundo sólo preservan mil millones de semillas de maíz de unas pocas variedades. En cambio nosotros los campesinos y campesinas de México producimos cada año más de 20 mil millones de semillas de casi sesenta razas, y entre estas, seleccionamos las semillas más capaces de adaptarse a los climas cambiantes y al estrés ambiental. Dependemos de la agricultura de bajos insumos. Estudios recientes de la ONU muestran que, apoyando este tipo de agricultura, podemos doblar nuestra producción y dar de comer no solamente a nuestras familias sino a un mundo en crisis alimentaria.

"Casi no tenemos que comprar nada en nuestra comunidad," dijo el Tío Juan el otro día. Quizá muchos de nosotros podemos reducir el consumo en nuestras casas y en nuestros sistemas de producción. También podemos aprovechar más la costumbre de ayuda mutua o *gueza* en nuestras comunidades y economías locales. Los pueblos originarios de las Américas tienen un nombre especial para vivir de una manera que ayude a resolver las crisis que enfrenta hoy la familia humana. En Aymara se dice *suma kawsay*, en español *vivir bien*, en el idioma tseltal de nuestros vecinos de Chiapas *lekil kuxlejal*. Aquí en Oaxaca algunos dicen "comunalidad" para indicar este conjunto de valores y prácticas que sostienen a nuestras comunidades. Para todos, tiene que ver con una manera de vivir basada en el cuidado de la Madre Tierra, el trabajo comunitario y solidario, el respeto por la sabiduría de las culturas originarias, y el respeto para todo el mundo natural y humano porque todo "tiene corazón" y merece ser honrado.

R. Preparing the energy-efficient oxteam for work in the fields.
OVERLEAF: Threshing wheat with an efficient donkey team.

THE COA, THE OX TEAM, AND GUEZA

Analyzing Technologies and Maximizing Energy Efficiency

It is March and just last week we finished planting the corn we call *cajete*. There are only a few of us who plant cajete here in the community. Three years ago only two families in the community planted this variety of corn that is so resistant to drought. Now there are four of us.

First we plow the land with ox teams using the yunta, the Egyptian plow that we make ourselves from oak branches. Then we cross-plow once again with the ox team. Finally, we make the furrows. We decide as a group when to begin planting, first in the fields of young Agustín and later in the rest of our fields.

Early Thursday morning when the morning air still feels cold, and the sun has not yet touched the mountainsides across the valley, the four of us begin to plant. Each of us has a furrow, following a leader who carefully eyes the distance between plants, and we begin to dig with the shovel end of the coa. We dig small indentations or *cajetes* (which means small boxes, the origin of name for the corn variety also called *cajete)* in the dry soil until we find residual humidity left from last year's rains. Then we turn over the coa, open a small pick-sized hole in the moist earth, and drop in 3 seeds of corn, one bean seed, and in every third hole a squash seed. We continue making a precise pattern of indentations, crossing the field from one end to the other and diagonally as well, much like a chess board. Planting is like a slow dance with its own rules and rhythms.

When the sun comes up, and the day begins to warm, we rest before going to the house of Tía Guillermina, Agustín's mom. We eat *ndeyu nde'e* (in Mixteco), a special mole with black beans that by custom one must serve when planting cajete.

The sun feels hot when we return to the fields and we continue creating the chess pattern across the furrows. Meanwhile, we share the news of the community, the history of important people in the community's past, and the gossip of the day. The corn will sprout and grow with this small amount of humidity and will continue to grow when the first rains arrive in May or June.

Does all of this seem to be very hard work and very inefficient? Wait just a minute! We live in very special times on this planet today. One of our greatest challenges is that we are using our available energy sources very quickly. At the same time, we are changing the climate with the contamination we produce in the process. But studies show that the cost in energy of the "advanced" food systems of the industrialized countries is very high: ten calories of energy to get one calorie of food to the U.S. family table. Here, on the other hand, we produce three to seven calories of food for every calorie of energy that we use to farm.

There are two principal reasons for this. One is that our process is a low-input agriculture. We don't need tractor factories or fertilizer plants hundreds of miles away to be able to plant. We have our oxen (which even reproduce themselves!) We have a wealth of native seeds and an agro-biodiversity inherited from our ancestors, and we make our own plows. In addition, we have animal manure and green manure crops to enrich our soils. All of this costs little in energy—and in dollars.

In addition to this, if the work is tiring, we have our built-in social customs to assist us. When we work together planting cajete, we are practicing a very ancient tradition of mutual aid that we call *gueza*. We help each other in planting season or in harvest, when there is a wedding, or when there is a particularly difficult job to be done. This not only makes our work less tiring and more fun, it also forms a part of an economy that enhances our communities.

For instance, some farmers are no longer planting cajete corn because it is difficult and time-consuming work. They choose to pay outside workers to help plant, and in the end, the cost of growing becomes prohibitively high, especially given the yields one can expect. But the system of planting cajete always depended on the tradition of the *gueza*. With the mutual aid of gueza, cajete continues to function as a rich crop; it functions socially, ecologically—and economically.

We are principally subsistence farmers. They say there are more than a billion like us in the world today. And, we produce more than 50% of the world's food! In addition, we are the keepers of the agricultural biodiversity on which the human family depends. All of the world's seed banks preserve only a billion corn seeds of limited varieties while, we, the campesinos of Mexico, produce more than 20 billion corn seeds from almost 60 races annually, out of which we select those most able to adapt to changing climates and environmental stress. We campesino farmers depend on a low-input agriculture, and recent studies from the United Nations indicate that with support for this type of agriculture, we can double our production and feed not only our families but a world in food crisis.

"We hardly need to buy anything here in our community," Tío Juan explained the other day. Perhaps we should consider that more of us could reduce our need to consume in our homes and in our production systems. And perhaps we can make better use of the custom of mutual aid in our communities and in our local economies. The indigenous peoples of the Americas have a special name for what it would be to live in such a way that would help resolve the crises the human family faces today. In Aymara it is *suma kawsay;* in Spanish, *vivir bien;* in the Tseltal of our neighbors in Chiapas it is called *lekil kuxlejal*. But in whatever language, it involves a way of life that stresses the importance of caring for Mother Earth, community work and solidarity, respect for the wisdom of the heritage cultures, and respect for everything in the natural and human world. Everything "has heart" and deserves to be honored.

Planting bean and corn seeds.

POS NOTA

AFTERWORD

LA MILPA

UN PATRIMONIO ECOLÓGICO PARA LA HUMANIDAD

Miguel A Altieri

Cuando en la década de los cincuenta los agrónomos norteamericanos arribaron a México para impulsar la Revolución Verde financiados por la Fundación Rockefeller, supuestamente para modernizar la agricultura campesina elevando la producción de maíz con variedades mejoradas y fertilizantes químicos, las milpas de los chinamperos de San Gregorio, Tláhuac, Mixquic, etc., alcanzaban rendimientos de hasta 6,5 t/ha de maíz y una hectárea de Chinampa producía suficiente alimento para alimentar de 15 a 20 personas. En contraste, los rendimientos de maíz en USA, eran en 1955, sólo de 2,5 t/ha. Entonces, uno se pregunta: en esa época ¿quién iba a enseñar a quién a producir maíz?

Como en este libro lo demuestran Jesús León Santos, Felipe Dahl-Bredine, Susana Trilling y Judith Cooper Haden, los campesinos de la Mixteca y los que en otras laderas de zonas de temporal de Tlaxcala, Oaxaca, Puebla, Guerrero, etc., aún mantienen la milpa tradicional, generan en una hectárea de milpa 4, 230, 000 mil calorías (2 t/ha de maíz o de 150 a 250 semillas por semilla plantada y al menos una tonelada de frijoles y calabaza), proveyendo suficientes calorías para una familia de 5 a 7 personas por año. A esto habría que agregar, que de la milpa mencionada, los campesinos cosechan, en promedio, de 1,5 a 2,5 t/ha de quelites utilizados especialmente en épocas de sequía como fuente de nutrición en la alimentación humana y animal y para uso medicinal.

Además, estos campesinos son mucho más eficientes en el uso de la energía que los maiceros modernos del "Midwest" americano, lujo que ya no se pueden dar, debido a los precios del petróleo, del cual dependen sus monocultivos.

¿Pero qué explica que estas milpas campesinas sean tan productivas, eficientes y resilientes? Una característica ecológica general de la milpa es su grado de diversidad, tanto que, usualmente, a nivel de variedades y de especies, toma la forma de policultivos. Los policultivos producen más rendimiento en un área determinada que lo que se obtiene de monocultivos ocupando la misma área. Los policultivos más tradicionales muestran valores de uso de la tierra mayores a 1.5, lo que significa que en promedio se necesita 1,5 hectáreas de monocultivo para obtener la misma producción que una hectárea de policultivo.

En México es de particular importancia toda la diversidad de maíces existente en las milpas (66 razas), cuya amplia base genética es adaptativa al reducirse la amenaza de pérdida de rendimiento por factores productivos, lo que permite a los agricultores en una variedad de ambientes obtener rendimientos aceptables, desde cero milímetros de lluvia y a nivel del mar, hasta en ambientes con 3,000 mm de lluvia y a 3,000 mil metros de altura.

Al intercalar cultivos en la milpa, los agricultores logran, a la vez, varios objetivos productivos y de conservación. Por ejemplo, la milpa diversificada incrementa las oportunidades ambientales para los enemigos naturales de las plagas insectiles, y consecuentemente, mejora el control biológico de estas. En las milpas de maíz y frijol se incrementa la abundancia de insectos artrópodos depredadores y parasitoides de plagas, derivada de la expansión de alimentos disponibles, fuentes de polen, néctar y micro-hábitats, recursos importantes para atraer y retener estos insectos benéficos.

Los campesinos, sembrando una combinación de tres o más variedades, logran en los campos, una diversidad genética que también ofrece un gran potencial para el control de agentes patógenos.

Es un testimonio de la resiliencia de la milpa, misma que ha permanecido a pesar de los cambios que han barrido las áreas rurales de México: TLC, importación de maíz (dumping desde USA), políticas gubernamentales, introducción de nuevas tecnologías y transgénicos, pobreza, migración a las ciudades y al Norte, etc. Muchos campesinos enfrentaron estos cambios con resistencia e ingeniosamente. Es de sumo interés, que aquellos que producen para la familia o sus localidades y que, por ende, rechazaron la tecnología de la Revolución Verde y escasamente se ligaron a los mercados, son los que menos han sufrido los impactos de estos cambios.

Estos campesinos, denominados pobres o marginales, son los que aún cultivan millones de hectáreas con maíces nativos y tecnología tradicional ancestral en la forma de milpas policulturales, mostrando con ello una estrategia indígena, agrícolamente exitosa, que constituye un tributo a la "creatividad" de los agricultores tradicionales.

La milpa campesina ofrece un modelo ecológico prometedor: ya que promueve la biodiversidad, prospera sin agroquímicos y con poca energía fósil, y sostiene la producción todo el año. Los nuevos modelos que la humanidad necesitará en el futuro cercano, de una agricultura ecológica, biodiversa, resiliente, sostenible y socialmente justa, deberán estar necesariamente arraigados en la racionalidad ecológica de la agricultura tradicional campesina, que representa ejemplos duraderos de formas acertadas de agricultura local. Después de todo, históricamente, estos sistemas campesinos han alimentado a la mayoría de la población mexicana, y aún hoy mismo, producen no menos del cincuenta por ciento del maíz, frijol y calabaza que alimenta a las masas urbanas y rurales.

Miguel A. Altieri
Universidad de California, Berkeley
Sociedad Científica Latinoamericana de Agroecología (SOCLA)

THE MILPA

ECOLOGICAL PATRIMONY FOR HUMANITY

Miguel A Altieri

When in the decade of the fifties North American agronomists arrived in Mexico to push the Green Revolution financed by the Rockefeller Foundation, supposedly to modernize campesino agriculture by raising corn yields with improved varieties and chemical fertilizers, the milpas of the *chinampas* (artificial island gardens reclaimed from lakes or ponds) of San Gregorio Tlahuac, Mixquic, and others, were already yielding 6.5 tons per hectare and producing sufficient food per hectare to feed 15 to 20 people. In contrast, corn yields in the USA in 1955 were only 2.5 tons per hectare. One then asks, who in those times was going to teach whom to produce corn?

As Jesús León Santos, Phil Dahl-Bredine, Susana Trilling, and Judith Cooper Haden combine to demonstrate in this book, the campesinos of the Mixteca, as well as of other areas where campesinos still retain the traditional milpa, generate 2 tons of corn, or 150-200 seeds per seed planted, and approximately a ton of beans and squash, containing enough calories (4,230,000) for a family of 5-7 people annually. To this we have to add the fact that the campesinos harvest from 1.5 to 2.5 tons per hectare of wild greens (quelites) utilized for human and animal food and serving as a critical source of nutrition and medicinal herbs, especially in times of drought. These campesinos are also much more efficient in their use of energy than are the modern corn growers of the American Midwest, a luxury impermissible in times of the high energy costs of the petroleum on which their monocultures depend.

But what explains the fact that these campesino milpas are so productive, efficient, and resilient? One general characteristic of the milpa is its degree of diversity, both in plant varieties and species, usually in the form of polycultures. Polycultures produce higher yields than monocultures in a determined amount of space. They exhibit use values greater than 1.5, which means that one would need to plant 1.5 hectares of monoculture to get yields equivalent to one hectare of polyculture.

Of particular importance in Mexico is the diversity of corn races (66) in the milpa. Corn's large genetic base makes it adapt easily to production factors that could threaten yields and enables farmers to obtain acceptable yields in environments from 0 millimeters of rain and altitudes at sea level to environments with 3,000 millimeters of rain and altitudes of 3,000 meters.

The diversified milpa provides new environmental opportunities for the natural enemies of insect infestations, leading to improved biological control of pests. It is well documented that in corn/bean milpas there is an increase in the abundance of predatory arthropods and insect parasites brought on by the increased availability of different kinds of prey, sources of pollen, nectar, and micro-habitats, all of which are important resources for attracting and keeping beneficial insects. The genetic diversity, which campesinos achieve in these fields by planting a combination of three or more different varieties, also creates a great potential for control of pathogens.

It is a testimony to the resilience of the milpa that it persists in spite of the changes that are sweeping the Mexican rural areas: NAFTA, corn imports and dumping from the U.S., government policies, the introduction of new technologies and transgenic crops, poverty, migration to cities in the North, etc. Many campesinos confront these changes with resistance and ingenuity. Interestingly enough, it is those who have linked less with the markets, who have rejected Green Revolution technologies, and who produce for the family and local markets that have suffered least from the impact of these changes.

These campesinos, called poor and marginal, are those that cultivate millions of hectares of agricultural lands with native corn varieties and traditional ancestral technologies in the form of polycultural milpas, exemplifying a successful indigenous agricultural strategy, which is a tribute to the "creativity" of traditional farmers. The milpa campesina offers a promising ecological model since it promotes biodiversity, prospers without agricultural chemicals and with little fossil fuel energy, and sustains production throughout the year. The new models of ecological agriculture, biodiverse, resilient, sustainable, and socially just, which humanity will need in the near future, must necessarily be rooted in the ecological rationale of traditional campesino agriculture which represents lasting and proven forms of local food production. After all, these campesino systems have historically fed the majority of the Mexican population and still today produce no less than 50% of the corn, beans, and squash that feed its urban and rural masses.

Miguel A. Altieri
University of California, Berkeley
Latin American Scientific Society for Agroecology, (SOCLA)

GLOBALIZANDO LA MILPA

Felipe Dahl-Bredine

Mi esposa y yo llegamos a la Mixteca Alta hace 13 años. Fué entonces cuando empecé a trabajar con los hombres y mujeres campesinos del Centro de Desarrollo Integral Campesino de la Mixteca A.C. En aquel tiempo, yo no sabía prácticamente nada sobre ésta sorprendente cultura. Pero sospechaba que era la misma ignorancia que había compartido con la mayoría de la gente estadounidense y los mexicanos que viven en el área urbana, y que esa riqueza de experiencia y sabiduría que se había ocultado a nosotros, valía la pena ser investigada.

Hoy tengo el honor de ser Suplente del Agente de una de las pequeñas comunidades mixtecas de Santiago Tilantongo, en el corazón histórico de la Mixteca Alta. El camino hasta aquí ha sido una profunda experiencia cultural, un regalo de una cultura que cuenta con al menos 5 mil años de vida en estas escarpadas montañas del sur de México.

Las leyendas cuentan que a orillas de los ríos de la cercana población de Santiago Apoala, dos ahuehuetes se enamoraron. De su deseo de crear algo bello como fruto de su amor, nacieron los primeros mixtecos. De hecho, estas montañas están llenas de historias y hermosas leyendas.

Los Mixtecos fuéron de los primeros pueblos en el continente americano en desarrollar la escritura. El pueblo mixteco es el único en las Américas con mil años de historia escrita, todavía existente en sus antiguos códices, cuidadosamente inscritos en los libros de piel de venado que se pueden leer como pictogramas o ideogramas y, al mismo tiempo, entenderse fonéticamente por los sonidos hablados de los nombres de las imágenes.

Hace entre 9 y 10 mil años, los antepasados mixtecos, junto con otros pueblos indígenas de Oaxaca, crearon el maíz de la planta silvestre llamada teocintle. Esta "gente del maíz," tal como las leyendas y las percepciones actuales los denominan, también inventaron un revolucionario sistema de cultivo llamado la milpa: el tema de este libro.

En nuestra comunidad de San Isidro Yukuyoko Tilantongo, la evidencia más fuérte de esta historia se encuentra tal vez, en las costumbres comunales que sustentan nuestra vida de pueblo. Los bosques y los campos se manejan en común, y cada familia ha recibido parcelas que se heredan de generación en generación y pueden ser vendidas a terceros dentro del pueblo. Pero si no se utiliza, la tierra se devuelve a la comunidad para el uso de otros. Es a través de tequios regulares o proyectos de trabajo comunitario, que mantenemos la carretera y limpiamos la comunidad. La ayuda mutua en tiempos de la siembra o la cosecha, de bodas o funerales, es todavía parte de la cultura de San Isidro. Este intercambio de ayuda en momentos de necesidad se llama "gueza." Cuando la asamblea de la comunidad escoge a una persona, para tomar una posición de liderazgo como "agente" o "suplente," es un honor y una obligación. Servir a la comunidad no es opcional, sino parte de lo que es ser una comunidad. Tales cargos representan un servicio gratuito en muchas comunidades y simbolizan un balance muy diferente entre el individuo y la comunidad, que lo que opera en la sociedad estadounidense, por ejemplo.

Las áreas comunes manejadas por la Comisión de Bienes Comunales otorgan el derecho al pastoreo y acceso a leña y hierbas medicinales a todos los ciudadanos, como en los "comunes" de la Edad Media en

Europa. Sistemas sensatos de redistribución de la riqueza siguen funcionando durante las fiestas, cuando la gente se reúne para celebrar la vida en comunidad, y aquellos con más recursos económicos comparten comida y bebida gratis a todos los que pueden llegar en los tres o cuatro días de fiesta. Todavía tiene sentido el que si una persona tiene demasiado, alguien sin duda no tendrá lo necesario para vivir. Todas estas estructuras comunitarias son designadas y protegidas como "usos y costumbres" en todas las comunidades indígenas de Oaxaca.

Imaginémonos la conmoción vivida, cuando esta cultura fué invadida por los europeos que buscaron el oro y por una alienada visión económica en el siglo XVI. El noventa por ciento de la población desapareció, víctimas de la guerra, esclavitud y enfermedades europeas. Hoy en día podemos ver las huellas dejadas por esta colisión en las cicatrices y barrancas en las laderas erosionadas. El arado, cabras, ovejas, la nueva producción industrial de la cal y de mezcal que consumieron grandes cantidades de árboles, socavaron la delicada base ecológica de las montañas. Un estudio de la ONU estima que un promedio de cinco metros del suelo se han perdido por la erosión desde la conquista española.

Fué en este escenario, que los hombres y mujeres del CEDICAM, quienes nos contaron la historia de la milpa mixteca en las páginas anteriores, se encontraron en la década de los ochenta. En estos años, con la presencia de campesinos organizados de Guatemala que huyeron de la violencia de los regímenes represivos, legado del golpe de Estado financiado por Estados Unidos en la década de 1940, comenzaron a plantar árboles y cavar zanjas a nivel para retener el suelo en las laderas de Tilantongo. Su trabajo y su visión han inspirado a los pobladores de la zona para plantar, literalmente, millones de árboles nativos y reforestar cientos de hectáreas de tierras erosionadas. En muchas regiones esto ha transformado los arroyos estériles rocosos, en sombreados bosques nativos, donde espontáneamente, nuevas variedades locales echan raíces donde no habían sido capaces de crecer durante siglos.

En los últimos años la visión de CEDICAM ha llegado a ser ampliamente conocida, y las instituciones del gobierno mexicano han iniciado proyectos similares de reforestación, conservación de suelos y control de la erosión. CEDICAM ha invertido gran parte de su esfuérzo en la promoción y defensa de la gran sabiduría de la agricultura indígena, de la milpa y de la enorme riqueza biológica representada por las variedades nativas de maíz y otras variedades agrícolas que la Mixteca ha heredado de su antigua cultura.

Lo Que Está en Juego

Como hemos visto, el antiguo sistema, llamado milpa, de sembrar juntas plantas que se complementan como el maíz, el frijol, el miltomate, la calabaza, además de plantas comestibles silvestres, produce altos rendimientos de comida nutritiva en un ambiente ecológicamente balanceado y sostenible. Pero la milpa no solamente representa un sistema agroecológico bien diseñado y altamente eficiente, que la cultura Mixteca en conjunto con otros pueblos de Mesoamérica ha preservado como patrimonio de la humanidad. No solamente sugiere maneras eficientes y sustentables para enfrentar las crisis alimentarias del siglo XXI. También simboliza, primeramente, todo lo que podemos ganar, escuchando a las voces originarias del planeta que han sobrevivido a siglos de dominio de la civilización del mundo occidental, y en segundo lugar, todo lo que podríamos perder, de rehusarnos a escucharlas.

A pesar de que la mayoría de nuestros líderes políticos se niegan a admitirlo, la familia humana vive una etapa crítica en su historia en el planeta. Estos son tiempos únicos. Nunca antes ha ocurrido que nuestra manera de vivir nos haya conducido a un conflicto directo con los límites del planeta para sostenernos. Nunca antes hemos visto brechas tan insostenibles entre los ricos y los pobres, entre la clase media y los sumamente ricos. Y nunca antes han tenido los ricos y las grandes corporaciones, un dominio tan fuérte sobre el futuro de la humanidad. Por eso lo que las comunidades indígenas y originarias tienen para enseñarnos como alternativa a los sistemas políticos, sociales y productivos, que nos han conducido a este callejón sin salida, es vitalmente importante.

Sin embargo, unas pocas corporaciones, en conjunto con instancias de gobierno simpatizantes con sus diseños, literalmente tienen el poder de eliminar la mayoría del conocimiento agrícola tradicional, de las semillas nativas, y las comunidades agrícolas tradicionales del planeta en solamente unas pocas décadas. Con afirmaciones falsas sobre eficiencia energética, seguridad ambiental y productividad, promueven una homogenización y limitación peligrosa de la agro-biodiversidad y una concentración igual de peligrosa, del control de nuestros sistemas alimenticios en las manos de unas pocas, pero inmensas, empresas comerciales. La agricultura de subsistencia tradicional, biodiversa, y en pequeña escala, como la milpa, depende de gastos bajos para insumos externos. Por eso, el acceso a abonos de animal, semillas guardadas de la cosecha, técnicas de trabajo intensivas, herramientas producidas localmente, y conocimientos adaptados a condiciones locales, son indispensables para los más de mil millones de agricultores de subsistencia que alimentan a sus familias y comercializan su producción excedente a vecinos de todo el mundo. Sin embargo, este tipo de agricultura y las condiciones y herramientas que lo hacen posible, representan un serio obstáculo para los intereses comerciales de estas corporaciones internacionales.

Con estímulos de tratados de libre comercio que favorecen a tales empresas, grandes consorcios agroindustriales quieren poner fin a esta independencia de insumos caros externos que tienen muchos de los agricultores tradicionales. Semillas genéticamente modificadas que son altamente dependientes de insumos caros de fertilizantes y pesticidas, son una de las técnicas que los grandes consorcios usan para lograr este fin. Procesos de patentes y leyes sobre la certificación de semillas, promovidos por los gobiernos, favorecen las capacidades tecnológicas de grandes corporaciones y amenazan con volver ilegal que las comunidades tradicionales, guarden e intercambien semillas. Al mismo tiempo, estos tratados de libre comercio desplazan a los pequeños agricultores de sus mercados locales con alimentos importados de todo el mundo.

Este texto *Milpa: De Semilla a Salsa* cuenta la historia de un final diferente. Es una historia atractiva sobre cómo la sabiduría indígena y las pequeñas parcelas biodiversas pueden enfrentar las crisis alimenticias de hoy y mañana. Sugiere cómo nuestros procesos de producción de alimentos pueden mejorar la calidad de nuestros alimentos y enriquecer sus sabores, mientras se mejoran los suelos de los que dependemos todos para nuestro futuro en este planeta. Y nos desafía a que veamos mas allá de nuestros prejuicios sobre qué es "el progreso", la "eficiencia" y lo "científico."

Pero las comunidades indígenas del planeta, no sólo nos están sugiriendo acercamientos diferentes a la agricultura probados durante milenios. Van mucho más allá y sugieren una comprensión económica muy importante sobre la responsabilidad comunal y la ayuda mutua. Ejemplifican una relación con la Madre Tierra y una manera de crear un sistema funcional de respeto por el uso de lo comunal compartido con la familia humana y las otras especies vivas, que desmiente el mito egoísta de la "tragedia de lo común" (la idea de que lo que no es propiedad privada, nadie se cuida). La sabiduría del sistema indígena de regulación comunal de los bienes comunales, como los bosques y tierras de pastoreo por medio de equipos democráticamente elegidos, ha sido probada con éxito durante milenios.

La parte agrícola y ecológica de la historia que cuenta esta *Milpa* tiene el apoyo de gran parte de la comunidad científica independiente. En 2008, más de 400 expertos de todo el mundo publicaron el Reporte de Evaluación Internacional de Conocimiento Agrícola, Ciencia y Tecnología para el Desarrollo (IAASTD), después de once consultas. Entre sus conclusiones está la necesidad de: " mantener la producción sostenible por medio de prácticas como técnicas de bajos insumos que ahorren recursos en base a sistemas integrales de manejo y un entendimiento de agroecología y la ciencia de los suelos."

En marzo de 2009, la Oficina de la Alta Comisionada para los Derechos Humanos de las Naciones Unidas, publicó un "Reporte sobre el Derecho a la Alimentación" que dice: "Agricultores de pequeña escala pueden duplicar su producción de alimentos en 10 años en regiones críticas, ocupando métodos agroecológicos."

El potencial productivo y el impacto ecológico positivo de la agricultura campesina biodiversa en formas tradicionales, como la milpa, se apoya en las investigaciones de estudiosas como la Doctora Ivette Perfecto de la Universidad de Michigan. Basado en investigaciones como la antes mencionada sobre la mayor producción total de comida por hectárea de los sistemas biodiversas campesinas, la Doctora Perfecto propone la creación de matrices de reservas biológicas vinculadas por granjas agroecológicas campesinas altamente biodiversas como la milpa. Esas granjas crearán corredores seguros para la migración de vida silvestre entre las reservas. Como documenta el reporte de la ONU sobre el derecho a la alimentación, tales matrices pueden lograr una producción total más alta de alimentos, mientras fomentan la biodiversidad silvestre y agrícola necesaria para la migración entre reservas y la sobrevivencia de meta-poblaciones.

¿Cuál Final?

La milpa es un símbolo para una historia con un final mucho más complejo, más rico en diversidad, y más ecológica y socialmente sostenible que la visión miope que actualmente domina el pensamiento occidental. Al mismo tiempo sugiere unas lecciones de carácter global. La "experiencia milpa" tiene algo que decirnos sobre las crisis ya mencionadas: el cambio climático, la merma y la contaminación de las capacidades de la tierra para sostener la vida, y la privatización y concentración de recursos financieros y el poder político en manos de una diminuta clase de súper-ricos.

Después del susto de ver una parte significativa de la ciudad de Nueva York bajo el agua, en el otoño de 2012, los del Norte Global que han sido escépticos frente a la amenaza que representa el cambio climático para el planeta, con dificultad pueden negar que algo está pasando. Aquí en la Mixteca Alta, como en muchas partes del Sur Global, la gente ha notado desde hace tiempo patrones de tiempo más violentos y temporadas agrícolas impredecibles. Sequías, inundaciones, heladas tempranas, y tormentas violentas de vientos fuértes y granizadas es ahora lo normal. Aunque el rumbo definitivo de estos cambios es todavía poco claro, los y las campesinos de la Mixteca Alta han tomado medidas para proteger los suelos y su sustento ante lo que venga. Han protegido suelos y cosechas contra los efectos por cambios de clima por medio de reforestación de las tierras que circunscriben las milpas y excavando zanjas trincheras que cruzan las laderas para retener suelos y agua durante eventos climáticos extremos. La diversidad misma de las plantas sembradas en la milpa no solamente mantiene un entorno biológico balanceado y una diversidad más resistente a los extremos climáticos, sino también asegura que si falla una de estas cosechas por eventos del clima, otras siembras sobrevivirán para llenar el hueco en el sistema alimenticio familiar. La diversidad que existe en un ambiente de reforestación y milpa, promueve productividad y sostenibilidad. También es parte de lo que ofrece resistencia frente al cambio climático.

Algo semejante puede ocurrir con nuestros sistemas básicos de organización social. Con diversidad viene una nueva resistencia hoy frente a los riesgos actuales de la familia humana. Muchos de nuestros sistemas básicos para la sobrevivencia social, de producción, transporte, financiamiento y uso de recursos, se concentran alrededor de pocas opciones, bajo el control de grandes organizaciones privadas y gubernamentales. Esta concentración del control sobre nuestras elecciones tecnológicas, y nuestras opciones sociales, que promueve el modelo económico dominante, nos hace particularmente vulnerables cuando estamos cara a cara ante los inevitables cambios políticos, ambientales y económicos que hemos provocados nosotros mismos.

En el caso de nuestro sistema de producción de alimentos, por ejemplo, la producción local para el consumo local y la priorización de necesidades básicas nos da mucho más resistencia frente a cambios climáticos y tiempos extremosos que concentrar la producción en enclaves urbanos y agrícolas lejanos de la ubicación de los que necesitan y consumen los productos. Al mismo tiempo, tales estrategias reducen las emisiones de gas invernadero al evitar el transporte de los alimentos por largas distancias. Estrategias ecológicas locales y decisiones políticas hechas localmente, pueden ser clave para crear la diversidad social que hará a la sociedad humana más resistente frente al futuro difícil que hemos creado nosotros mismos.

La milpa mixteca también tiene un mensaje importante sobre la merma de "recursos." Desde el punto de vista de la Madre Tierra, la rica variedad de vida y el potencial mineral y energético del planeta no es que sean exactamente "recursos" sólo para ayudar a la familia humana a alcanzar sus sueños y objetivos. Al contrario, según la cosmovisión mixteca del mundo, las capacidades cuidadosamente equilibradas de la tierra para sostener la vida, están debidamente ordenadas para el sustento de todos los sistemas, especies, e individuos presentes en el organismo total que se llama planeta tierra. La milpa, plantada sobre la diversidad, la interdependencia y la complementariedad es un sistema integral, simple, ahorrativo, y cíclico, que casi no produce desperdicios. Es un ejemplo de cómo trabaja la Madre Tierra. Ofrece un contraste radical con el funcionamiento de la sociedad occidental de hoy. En un tiempo en que la sobre explotación drástica de los sistemas que sostienen la vida en este planeta amenaza el potencial de sobrevivencia de la familia humana, el respeto mixteco hacia la Madre Tierra y su preferencia por sistemas agrícolas y comunitarios que son ahorrativos, auto sostenibles y eficientes, pueden servir como una lección para la comprensión occidental de cómo vivir de una manera sostenible en nuestra generosa pero limitada Tierra.

Y la "experiencia milpa" también tiene un mensaje sobre el actual impacto de la concentración de riquezas y poder sobre la probabilidad de nuestra sobrevivencia como especie. Según el agrónomo Angus Wright, las costumbres de las comunidades mixtecas como el tequio, gueza y ayuda mutua se basan en una sola y básica observación económica: vivimos en un mundo suma cero. Hoy cuando la familia humana enfrenta los límites del potencial de las fuérzas del planeta que soportan la vida, la sabiduría de esta comprensión, de que en un ambiente limitado, si algunos tienen demasiado otros no tendrán lo suficiente para vivir, queda radicalmente claro.

La Milpa biológica demuestra que un uso balanceado y armónico de lo que siempre es un ambiente limitado, es productivo y sostenible. La comunidad biológica donde la milpa funciona a la perfección, demuestra la importancia tanto de conocer como de reconocer y manejar en común todo lo que indiscutiblemente compartimos. La visión occidental, con su fijación por el individualismo y acumulación, ha convencido a algunas personas que ellos no dependen del balance total de las fuérzas de vida de la tierra para su ser y su bienestar. Estas personas piensan que son creadores independientes de su propio destino. Este engaño, que es contra todo entendimiento racional de nuestro lugar y rol en esta tierra, ha minado nuestro sentido social. Nos ha hecho ciegos a nuestra dependencia entre nosotros, nuestra dependencia en nuestros sistemas sociales, y en el balance delicado de los sistemas y especies naturales de nuestro planeta. Es una dependencia que por fuérza nosotros tenemos que aceptar como condición de nuestra sobrevivencia en el planeta. En nuestros días, el engaño sobre el individualismo y la acumulación nos ha conducido a la concentración de riqueza y control en las manos de una minoría diminuta de la familia humana, y esta minoría está manejando estas riquezas y este poder de una manera siempre más egoísta e irresponsable.

Tomando el ejemplo de la milpa, tenemos que reconocer un hecho obvio: dependemos los unos de los otros y de las relaciones armoniosas y balanceadas entre toda la comunidad de los seres vivos para nuestra sobrevivencia y felicidad. En las comunidades humanas así como en la milpa son verdaderamente prácticos, eficientes, y eficaces, los sistemas de ayuda mutua y manejo comunal de los bienes y territorios básicos de los que todos dependemos, como en el ejemplo de las comunidades mixtecas. Los "valores de la milpa" de balance, equilibrio, ayuda mutua, complementariedad, y comunalidad, y no los extremos de consumismo e individualismo, nos ofrecen una fuérza para sobrevivir frente a un futuro humano incierto.

Hace un poco más de quinientos años, una invasión europea hizo el intento de destruir aquí la vida comunal de las antiguas culturas indígenas y privatizar las tierras y recursos comunales de sus pueblos. El ataque contra este acervo común y los pueblos comunales continúa con implicaciones para el suministro debido de alimentos y la salud ecológica y social de todo el planeta. CEDICAM, en conjunto con estos pueblos indígenas de Oaxaca, lucha para hacer de su sabiduría tradicional, y del bien común biológico y agrícola de esta antigua cultura, la base de una agricultura y una manera de vivir que sea respetuosa de las necesidades y capacidades de nuestra generosa Madre Tierra y de la rica variedad de vida que habita este planeta. Al mismo tiempo, estos pueblos indígenas esperan estimular a las sociedades occidentales a reflexionar sobre el tipo de presencia que nosotros, la familia humana, debemos tener para sostener nuestra existencia en este planeta en crisis.

GLOBALIZING MILPA

Phil Dahl-Bredine

My wife and I arrived in the Mixteca Alta fourteen years ago, and I began working with the campesino men and women of the Center for Integral Campesino Development of the Mixteca (CEDICAM). At that time I knew virtually nothing about the Mixtec culture. But I suspected that the ignorance I shared with most people from the U.S., and for that matter with urban Mexicans, held a wealth of wisdom and experience, so I began to investigate. My time here has been a profound cultural experience, a gift from a culture that boasts at least 5,000 years of living in these rugged mountains of southern Mexico.

Last year I had the honor of being appointed *suplente,* which might translate to "assistant mayor" of one of the tiny Mixtec villages of Santiago Tilantongo, in the historic heart of the Mixteca Alta.

Legends recount that on the banks of the rivers of the nearby village of Santiago Apoala, two *ahuehuete,* or water cypress trees, fell in love. From their desire to create something beautiful as the fruit of their love, the first Mixtec people were born. The mountainsides are indeed alive with beautiful legends and histories.

The Mixtecs were some of the first in the Americas to develop writing. They are the only peoples of the Americas with one thousand years of written history existing in their ancient codices, carefully inscribed in deerskin books that can be read as pictograms, as ideograms, and at the same time phonetically from the sounds of the spoken names of the images.

Somewhere between 9,000 and 10,000 years ago the Mixtec ancestors, along with these indigenous peoples of Oaxaca, created corn from the wild *teosintle* parent. These "people of corn," as the legends and current perceptions refer to them, also invented a revolutionary planting system called the milpa, the subject of this book.

In our village of San Isidro Yukuyoko Tilantongo, the strongest evidence of the long Mixtec history is perhaps found in the communal customs, which underlie our village life. The forests and fields of the pueblo are held in common. Each family, over the years, has obtained plots of land to plant that are handed across generations and can be sold to others within the larger pueblo. But if left unused, the land can revert back to the community for the use of others. It is through regular *tequios,* or community work projects, that we maintain the road into the village and keep the village clean. Mutual aid in times of planting or harvest, weddings and funerals, is still a large part of the culture of San Isidro. This interchange of help in times of need is called *gueza.* When the village assembly appoints an individual to a leadership position as *agente* or *suplente* (i.e., mayor or assistant mayor) it is both an honor—and an obligation. Common areas managed by the council of *bienes comunales* (common goods) give grazing rights, access to firewood, and medicinal herbs to all citizens, much the way the European "commons" did in the late Middle Ages. Sensible systems of wealth redistribution still function during fiestas when the community comes together to celebrate being community. Those with more resources share free food and drink with all who attend the three or four days of fiesta. There is still a sense that if someone has too much, someone else will certainly not have enough. All of these community structures, called *usos y costumbres,* function throughout the indigenous communities of Oaxaca.

We can only imagine the shock experienced by the culture when invaded by gold-seeking Europeans offering their alien economic vision of the sixteenth century. Ninety percent of the population disappeared, victims of war, slavery, and European diseases. Today we see the footprints left by this cultural collision in the scarred canyons of the eroded hillsides. First, the plow, goats, and sheep, and later, the new industrial production of lime and mezcal, which consumed huge quantities of trees and undercut the ecological base of the delicate mountainsides. One United Nations (UN) study estimates that an average of 5 meters of soil has been lost to erosion since the Spanish conquest.

In the early 1980s the men and women of CEDICAM told us the story of the milpa Mixteca recounted in the previous pages. Assisted by organized Guatemalan campesinos fleeing the violence of the repressive regimes of the Guatemalan coup of the 1940s, in the early 1980s they began to plant trees and dig soil-retaining contour ditches on the mountainsides of the municipality of Santiago Tilantongo. Their work and vision has inspired area villagers to plant *millions* of native trees and reforest hundreds of acres of eroded lands. In many areas this has transformed barren rocky arroyos into shady native forests. Newly planted local varieties of trees have taken root where they have not been able to grow for centuries. In recent years, as the vision of CEDICAM has become more widely known, Mexican government entities have begun similar projects of reforestation, soil conservation, and erosion control. CEDICAM has turned much of its effort into the promotion and defense of the great indigenous agricultural wisdom, of the milpa, and of the tremendous biological richness represented by the native corn varieties and other agricultural varieties that the Mixteca has inherited from its ancient culture.

What Is at Stake

As we have seen, the ancient system of the milpa—growing complementary crops such as corn, beans, tomatillos, squash, and wild edible plants in the same space—produces high yields of nutritious food in an ecologically sound and balanced environment. But the milpa not only represents an extremely efficient and well-designed agro-ecological system that traditional Mixtec culture (along with the traditional culture of other Mesoamerican peoples) has preserved and shares as a patrimony of humanity. It not only suggests efficient and sustainable ways to meet the food crises of the twenty-first century. It also serves as a symbol of everything we have to gain by listening to the traditional voices of the planet. They have survived centuries of dominance by western civilization and worldview—and we have a lot to lose by refusing to listen.

Most of our political leaders refuse to acknowledge that we are all living through a critical period in the history of our planet. These are unique times. Never before has our way of living brought us into such direct conflict with the limits of the planet's capability to support us. Never before have we seen such socially unsustainable chasms between rich and poor, middle class and the extremely wealthy. And never before have the extremely rich, along with wealthy corporations, had such a stranglehold on the future of humanity. Consequently, what indigenous and traditional communities can teach us about alternatives to the political, social, and production systems that have brought us to this impasse has become *vitally important.*

A few corporations working with friendly government agencies now have the power to eliminate most traditional agricultural knowledge, most native seeds, and most traditional farming communities from the entire planet. In a matter of a few decades, using false claims about energy efficiency, environmental safety, and productivity, massive commercial enterprises are now promoting a dangerous homogenization and limitation of agro-biodiversity and an equally dangerous concentration of control of our food systems. Small, biodiverse, traditional subsistence farming systems like the milpa depend on low external input costs. Therefore, access to animal fertilizer, free seeds saved from the previous year's harvest, labor intensive technologies, locally produced tools, and area-specific traditional techniques are essential to the world's more than 1 billion subsistence farmers who successfully feed their families and market their excess production to neighbors. Yet this type of agriculture and the conditions that make it possible represent a serious obstacle to the commercial interests of these international corporations.

Stimulated by free trade agreements favorable to business, large agro-industrial consortia would like to end this independence that traditional and many small farms have from costly external inputs. Genetically modified seeds (GMOs) that are highly dependent on costly fertilizer and pesticides are one of the techniques used to accomplish this end. Government-supported patent processes and seed certification laws which favor the large corporation's technical capacities threaten to make it illegal for traditional communities to save and interchange seeds. At the same time, free trade agreements displace many small farmers around the world from their domestic markets with imported food crops.

Milpa,,the book you have just read, tells the story with a different ending. It provides an engaging story about how indigenous wisdom and small biodiverse farms can meet the food crises of today and tomorrow. It suggests how our food production processes can improve the quality of our foods and the richness of their flavors, while improving the very soils on which our future on this planet depends. And it challenges us to look beyond some of our prejudices about what is "progress," what is "efficient," and what is "scientific."

The Mixtec people, along with the indigenous communities of the planet today, are not only suggesting different approaches to agriculture that have been tested over millennia, but they go much farther, suggesting economically important understandings of community responsibility and mutual aid. The wisdom of the indigenous system of *bienes comunales or "common goods,"* such as forests and grazing lands, communally regulated by democratically elected teams, has been tested through millennia.

The agricultural and ecological part of *Milpa*'s story has the support of a significant part of the independent scientific community. In 2008 over four hundred experts from around the world, after eleven consultations, issued the International Assessment of Agricultural Knowledge, Science and Technology for Development (IAASTD) Report. Among its conclusions was the need to "maintain sustainable production through practices such as low-input resource-conserving technologies based on integral management systems and an understanding of agro-ecology and soil science."

In March of 2009, the United Nations (UN) Office of the High Commissioner for Human Rights issued a Report on the Right to Food which stated, "Small-scale farmers can double food production within 10 years in critical regions by using ecological methods."

The potential food production and the positive ecological impact of small-scale, bio-diverse, campesino production in traditional forms such as the milpa, is supported by the research of scientists like Dr. Ivette Perfecto of the University of Michigan. Keying on research such as the superior production of total food per acre in small, biodiverse, campesino-style systems, Dr. Perfecto proposes that if we replace large, toxic extensions of commercial agricultural production with matrices of wildlife reserves separated by highly biodiverse agro-ecological milpa-style farms, we can both increase production and reduce wildlife extinctions. As documented by the UN Report on the Right to Food, such matrices could achieve higher total food production while encouraging the wild and agricultural biodiversity necessary for inter-reserve migration and meta-population survival.

Which Ending?

Milpa proffers a story with an ending much more complex, more diverse, and more ecologically and socially sustainable than the shortsighted and economically self-serving vision that currently dominates the thought of the large western corporations. At the same time it suggests some lessons of a global character. The milpa experience has something to tell us about the crises faced by the human family: climate change, depletion, and contamination of the world's life-sustaining capacities, and privatization and concentration of financial resources and political power in the hands of a tiny percentage of the super-wealthy.

After the shock of seeing a good part of New York City under water in the fall of 2012, even those in the North who have been skeptical about the threat that climate change represents for the planet have a hard time denying that something is occurring. Though the ultimate direction of these climate changes is still unclear, campesinos of the Mixteca Alta have taken measures to protect soils and livelihoods from whatever may come. They are protecting soils and crops by reforesting lands that surround the milpa plots, and are digging contour retention ditches across the hillsides to retain soils and water during extreme weather events. The diversity of crops contained in the milpa itself not only maintains a balanced and varied biological environment that is more resistant to climate extremes, it also assures that if one of those crops fails due to such extremes, others will likely survive and fill the vacuum created in the family food system.

The diversity that is represented in a landscape of reforestation and milpa encourages productivity and sustainability. It also is a part of what provides new forms of resistance in the face of climate change. Something similar can happen with our basic systems of social organization. With diversity comes new resistance in the face of the current risks to the human family.

Many of our basic systems for social survival—from production, transport, financing, and resource use—have been concentrated under the control of large private or governmental organizations. This concentration of control over our technological choices and our social options makes us particularly vulnerable when face to face with the kind of inevitable political, environmental, and economic changes we have brought upon ourselves. Growing local food production for local consumption, as well as prioritizing for our basic needs, provides much more resilience to unpredictable extreme weather events than does concentrating food production in urban or agricultural enclaves far from the end-users. At the same time it will lower greenhouse gas emissions by reducing the need for long-distance transport of basic food items. Locally based environmental strategies and political decision-making may also be key to creating the social diversity that can make human society more resistant when facing the difficult times ahead.

The Mixtec milpa also has an important message about "resource" depletion. Currently, the rich varieties of life, and the natural mineral and energetic potentials of the planet are not considered "resources" to help us achieve our goals. According to the Mixtec world view, the earth's carefully balanced, life-sustaining capacities are arranged for the sustenance of all the systems, species, and individuals present in the whole organism we call planet Earth. The milpa, built on diversity, interdependence, and complementarity, is an integral system that is simple, thrifty, and cyclical, producing virtually no waste, and is an example of how efficiently Mother Earth works. It offers a dramatic contrast to the way western society functions today. In a time when drastic over-use of the basic life-sustaining systems of the planet threatens its very existence, the Mixtec peoples' respect for Mother Earth, and their preference for community and thrifty, self-sustaining, and efficient agricultural systems, can serve as lessons on how to live sustainably on our generous but limited planet.

The milpa experience also has a message about the impact of the concentration of wealth and power on the likelihood of our surviving as a species. According to agronomist Angus Wright, the Mixtec community customs of *tequio, gueza, cargos,* and *mayordomías* are based on one basic economic observation: we live in a zero-sum world. It becomes clear today that as the human family confronts the limits of the planet's life-giving capacity, the truth held in the concept that in a limited environment "if some have too much, then others will have too little," becomes painfully obvious.

We need to recognize the obvious: we depend on one another and the intricate, harmonious, and balanced relationships that exist among the community of all living creatures for our survival and our happiness. In human communities the systems of mutual aid and the common management of the basic goods and spaces upon which we all depend, are practical, efficient, and effective. The values of the milpa of balance, equity, mutual aid, complementarity, and communality, *not* the extremes of consumption and individualism, offer us the ability to survive in the face of the uncertain future of the human family.

Over five hundred years ago a European invasion attempted to destroy the communal life of the ancient indigenous cultures here and privatize the common lands and resources of its peoples. The assault continues today, with implications for the food supply and the ecological and social health of the entire planet. CEDICAM, along with other indigenous peoples of Oaxaca, struggles to make the traditional wisdom of the indigenous peoples and the great biological and agricultural commons of this ancient culture the basis for an agricultural system and a way of life that is respectful of the needs and capacities of our generous Mother Earth and of the rich variety of life it sustains. At the same time these indigenous peoples hope to stimulate occidental societies to reflect carefully about the type of presence that the human family needs to demonstrate to be able to sustain its existence on our planet in crisis.

CONVIVENCIA

Susana Trilling

El nombre de Jesús León Santos lo escuché por primer a vez de unos amigos: Luz Elena Moctezuma y Toño González. Nos hablaron de él, después de un viaje que hicieron a la Mixteca; ya que al igual que nosotros también se dedicaban al cultivo de la tierra y estaban muy emocionados con los resultados obtenidos por Jesús y el grupo CEDICAM al usar una técnica para recuperar las tierras erosionadas que aprendieron de unos campesinos guatemaltecos. Durante la época colonial la mixteca alta sufrió una deforestación y sobrepastoreo a gran escala, dando como resultado una erosión desafortunada de la tierra. Jesús ha estado dirigiendo a su grupo para construir represas y reforestar barrancos erosionados, que las lluvias de primavera han destruido. Mi pareja y yo ya no tuvimos la oportunidad de conocerlo, pero decidimos construir unas cuantas represas en nuestro rancho, para "recuperar y captar" agua para nuestros pozos y hemos obtenido muy buenos resultados.

Muchos años han pasado y muchas cosas han sucedido. Un día, de repente, de la nada, Judith Haden, una fotógrafa de Santa Fe, me contactó. Quería saber si me interesaba escribir un libro con este grupo. Me contó apasionadamente sobre cómo están conservando la tierra de manera tradicional, con clases de permacultura, el cultivo de milpa de manera orgánica y me habló de Phil y Kathy Dahl-Bredine, quienes están viviendo y trabajando con el grupo CEDICAM en la Mixteca. Yo soy chef y soy parte del movimiento de Slow Food—siempre he fomentado el uso de ingredientes orgánicos en nuestros alimentos. Más que nada, soy una profesora tradicionalista que siente una profunda responsabilidad con la madre tierra. Este libro y el proyecto me vinieron como anillo al dedo. Juntas hicimos varios viajes a la mixteca para conocer a Phil y Jesús. Vi cómo ellos se sienten una gran pasión por la conservación del ambiente, la soberanía de la comida, y el llamado a proteger y defender el origen del maíz, que ha sido plantado en los valles y montañas de Oaxaca por muchos siglos y que ahora se encuentra en peligro de ser genéticamente modificado. También me contaron sobre los hombres y mujeres que están sembrando milpas, intercambiando semillas, y dando sustento alimenticio a sus familias, igualmente me hablaron de diferentes programas educativos que están dirigiendo y cómo empoderan a su gente. Esto me preocupaba y me inspiraba al mismo tiempo.

Después de vivir 26 años en el campo, en Oaxaca, y con mi profesión de chef por 35 años, me siento muy conectada con la gente de aquí. Escribí y presenté una serie de 13 episodios para la compañía PBS TV que además viene acompañada de un libro, acerca de la vida y la comida de Oaxaca, en los cuales, muchos amigos campesinos, gente del mercado, trabajadores de la sal, caficultores han sido parte. En estos capitulos, exploramos la compleja red de personas que teje la vida del estado de Oaxaca y su variedad de microclimas. Al escuchar de este proyecto, sentí que estaba lista para regresar a las cocinas y colaborar en ellas; ya que siempre me he sentido cómoda en el campo y he disfrutado de la compañía de las cocineras de las diferentes regiones.

He aprendido a cocinar diferentes platillos y más que nada, he hecho maravillosas amistades. Antes de venir a Oaxaca, pensé que la manera de hacer tortillas era solamente poner la harina en un tazón, se le añadía agua y se mezclaba. Vivir en Oaxaca me ha enseñado que antes que nada, hay que sembrar el maíz. El maíz lo es todo aquí, es el bastón de vida, la base y sustento de los campesinos. El maíz no puede volverse a sembrar por sí mismo -necesita de la intervención humana para existir-. Es una simbiosis recíproca, una persona debe quitar la cáscara y los granos secos de la mazorca. Después se espera hasta que las condiciones sean favorables, todo dependiendo de la lluvia. Se debe agradecer con humildad a la madre tierra y hacer un sacrificio o dos para recibir buenas cosechas y poder alimentar a la familia. Se debe hacer un hoyo en la tierra con la coa (instrumento de siembra prehispánico) como se nos mostró en los pueblos de la mixteca, y después se pisotean las semillas en la tierra, con el pie, mientras se camina en las filas de cultivo. El maíz, el frijol y la calabaza son una "trinidad sagrada" para la cocina y la vida mexicana. Cuando se siembran juntos crean un ambiente ideal en la tierra, pero cuando se cocinan y comen juntos son un alimento perfecto. Si se siembran de manera orgánica, en la milpa brotan diferentes hierbas que añaden nutrientes y sabor a este trío. Es la base de nuestra alimentación en México y el propósito de este libro. Las recetas en el libro sirven de guía para utilizar tan preciado regalo que nos ofrece la milpa.

Comenzamos este viaje hace cuatro años en la casa de la madre y el hermano de Jesús. Viven en la villa de San Isidro Yukuyoko Tilantongo, donde Agustín estaba sembrando el maíz con la coa, respetando las viejas costumbres.

Durante mi investigación sobre la comida y cultura de Oaxaca, aprendí que el maíz es una parte integral de la cultura y existencia de todos los grupos indígenas. Durante la siembra y la cosecha se preparan diferentes platillos, por costumbre. Es en esta época donde todos trabajan como una gran comunidad, apoyándose unos a otros. Así fué como se inició la costumbre de la *gueza* o *guelaguetza* como la llaman en el estado Oaxaca. Es cuando la gente se apoya dando y recibiendo de forma espontánea.

Asistí a dos eventos que me causaron gran impacto, pero fué algo más que entendí después.

El primero fué patrocinado por CEDICAM, la Feria de la Milpa en Nochixtlán. No sólo fué una fiesta masiva si no una oportunidad para los campesinos de intercambiar sus semillas y sus productos. Hubo exponentes que inspiraron con sus palabras, avisando a los locales de los peligros en caso de si las semillas transgénicas entraran a sus campos. También hubo bailes folklóricos de los niños, talleres de cómo aprender técnicas para preservar los alimentos. Pero lo mejor para mí fuéron los puestos de comida de las diferentes comunidades cercanas, donde tuve la suerte de degustar platillos que nunca había probado. Un día antes, tuvimos la experiencia de visitar a las cocineras tradicionales del pueblo, para observar los platillos que estaban preparando, pero ahora teníamos una gran variedad, mucho para escoger de las diferentes comunidades. Probando los platillos de San Pedro Quilitongo, Zaragoza y Buena Vista fué el inicio de nuestra amistad con las cocineras de estos pueblos, quienes aparecen en este libro.

El segundo gran evento, fué el día de San José. A esta fiesta fuimos invitadas gracias a la Sra. Silvia López García, su madre, Francisca García Ferrer y su cuñada Rosa Hernández García del pueblo Hidalgo Jaltepec. Para esta fiesta, las peregrinaciones de las diferentes iglesias llevan a sus banderas a la punta del cerro donde hacen procesiones, seguidas por una misa con muchas personas, banda y bailes.

Después de varias horas de entretenimiento se sirve una gran comida. La mayoría de los alimentos son cultivados en los pueblos y todo es muy rico. El platillo que Silvia y su madre decidieron preparar fué el pozole con mole amarillo, un plato delicioso y muy picante. En la Mixteca alta, les encanta la comida picosa, y unos creen que si la comida no es lo suficientemente picante puede hacerte daño. Cada iglesia compartió comida para intercambiarlas con otras iglesias. Fue fantástico; todos aceptaron los alimentos con gratitud y respeto hacia la Madre Tierra. Hablando de abundancia, había carretillas llenas de comida, regalos de las cosechas para compartir: esto es la gueza.

Muchas de las mujeres con las que colaboramos han tenido experiencias de trabajar en la ciudad de México o en los Estados Unidos. Todas se van buscando lo que tanto dicen en la tele "una mejor vida." Pero después de un tiempo de estar fuéra de sus pueblos, el hecho de regresar, trabajar sus tierras y vivir de ellas, es más valioso que el dinero que ganas allá. Todas ellas son mujeres listas e inteligentes, que se dieron cuenta que tienen una mejor calidad de vida aquí en el campo. Con la libertad de vivir como quieren y cultivar su relación con la naturaleza y su comunidad. Todas llegaron a la misma conclusión: tal y como Berta Santiago Cruz recitó de una manera tan poética la letra de Los Tigres Del Norte: "Aunque la jaula sea de oro, no deja de ser prisión." Puedes vivir con muchos lujos en las ciudades más grandes, puedes vivir el sueño americano, pero esto jamás valdrá tanto como estar con tu familia y tus raíces.

Uno de los conceptos más importantes que me llevé de mis viajes a la Mixteca, fué entender cómo estas fiestas son una labor del trabajo en equipo, toda una experiencia unida. Aquí sí se demuestra que el trabajo en equipo es mucho más ligero y divertido. Los miembros de la comunidad colaborando, juntos comparten ideas, improvisan y realmente disfrutan el trabajo. Esto hace que nadie quiera ser excluido. ¡Esto si es convivencia!, el estar reunidos, el ser parte de una comunidad, el respetar a tus mayores, el sentir ser necesitado y saber que para cualquiera cosa hay gente que te puede apoyar en las buenas y en las malas.

El pueblo de San Isidro Jaltepetongo es una comunidad encantadora de gente muy linda. Este pueblo se encuentra de lado de una loma, con una vista envidiable. Aquí hay campos de trigo, borregos pastando y también unas milpas muy bellas. Un grupo de mujeres: mamás, hijas, hermanas, cuñadas y comadres; se juntaron un día para enseñarnos cómo preparar los tamales de gallina en mole amarillo.

Una de las mujeres sugirió no sólo hacer ese tamal, si no aprovechar y preparar otro tipo de tamales, atole de trigo y tortillas de trigo. Todo estuvo excelente y aprendimos mucho. Apareció don Felipe (Phil) a saludarnos, y todos se emocionaron por su visita.

Las mujeres estaban muy contentas ya que sería el primero en probar nuestros tamales. Poco a poco, la gente empezó a llegar, saludaban, todos los hombre que venían del campo. Entonces, alguien llegó con un tocadiscos. La música ranchera empezó a sonar y todos a bailar, mientras los tamales se cocían. Cuando nos dimos cuenta; ya era toda una fiesta. Lo que hizo de este día aun más memorable, a parte de la clase de cocina, fué la fiesta espontánea: es una ocasión que no olvidaremos.

Un día especial, mientras trabajábamos en este proyecto, fué cuando invitamos a las mujeres participantes a que vinieran a una clase en Seasons of My Heart Cooking School, en San Lorenzo Cacaotepec, Etla, Oaxaca. Kathy y Phil proporcionaron el transporte. Había mucha emoción, porque varias de las mujeres nunca habían salido de su pueblo antes. Yo les había prometido muchas cosas: que les iba a dar un taller para enseñarles algunas recetas, usando ingredientes que eran familiares para ellas. Mis parámetros eran que todo lo que yo usara, fuéra algo que ellas tenían disponibles en sus milpas, en sus tiendas y en el mercado de los domingos en Nochixtlán. Yo especialmente quería ampliar las ideas de las cocineras comunitarias, las cuales tenían el trabajo de alimentar a los niños de las escuelas con una almuerzo nutritivo, usando toneladas de soya nutricional, la cual se las había dado el gobierno. Cuando ellas por fin llegaron, muchas habían traído regalos de sus propios ranchos –miel, huevos, manteca fresca, peras, duraznos, tortillas de maíz y trigo, panes, quintoniles, etc. ¡Parecía Navidad! Todas se presentaron, y seguimos con una plática sobre las recetas y sus ingredientes. Se hicieron grupos y cada uno escogió una receta y empezamos nuestra clase-práctica con todas ellas trabajando y aprendiendo. Había mucho amor e intercambio de ideas. Mientras preparábamos la comida para hacer algo inolvidable, había muchas risas, trenzas con listones coloridos, diversión y cocina seria en nuestra escuela. Al final del día, a las mujeres se les dieron hermosos diplomas, hechos por Judith, y todas se fuéron felices y entusiasmadas. ¡Yo creo que este fué uno de los mejores días que he pasado en la cocina, hasta la fecha! Me sentí, y todavía me siento, verdaderamente bendecida y agradecida por haber podido compartir tantos momentos memorables con las cocineras y sus familias mientras trabajé en este proyecto.

Después de casi cuatro años de investigación y convivencia, terminando todo, el libro se vuelve cada vez más una realidad. Gracias a esta experiencia me di cuenta de la importancia de mantener vivas las tradiciones. Observé cómo en estas comunidades todos los alimentos se cultivan y se cosechan en armonía. La comida se produce para mantener una dieta sana y sustentable. Prepararla y disfrutarla juntos es lo que hace más fuérte el espíritu de la comunidad.

Es por eso que es muy importante que este estilo de vida sobreviva, y además es importante enseñar a nuestros hijos, para que ellos puedan vivir y disfrutar de esta armonía con sus nietos en una sociedad abundante. A través de la convivencia y la reconexión con la madre tierra, esta comunidad de granjeros encontró el secreto de una existencia balanceada y llena de paz. Es una cosa intrínseca para el espíritu humano vivir de esta manera y conectar con la tierra, y es algo que no se debe perder.

¡Viva la milpa! ¡Vivan las cocineras tradicionales! ¡Viva la libertad a sembrar y comer como queramos! ¡Viva la comunidad y la devoción a la Madre Tierra! ¡Viva la convivencia!

A COMMUNAL VISION

Susana Trilling

I heard about Jesús León Santos from friends Luz Elena Monctezuma and Toño González after they made a trip to the Mixteca Alta. They, like us, were growers and were very excited about the results that Jes ▪ s and his group, CEDICAM, were getting from a technique to recover parched lands taught to them by Guatemalan farmers. The Mixteca Alta suffered from massive overgrazing and deforestation in the colonial period, which resulted in devastating erosion. Jes ▪ s was leading his group in reforesting and building dams in the dry ravines where the spring rains had ravaged the land. His theory and action encouraged my partner and me to build a few dams in a ravine on our ranch. This effort to "recover and capture" water for our wells provided us with good results.

Years passed, and Judith Haden, a Santa Fe photographer, contacted me about doing a book with this group. She spoke passionately about their conservation of the old ways, their permaculture teachings, and their organically grown milpas. She spoke of Phil and Kathy Dahl-Bredine, who were living a traditional lifestyle in the Mixteca and working with CEDICAM. As a chef and a participant in the Slow Food Movement, I use organic ingredients whenever possible in our prepared food. More than that, I am a traditionalist teacher who feels a responsibility to Mother Earth.

This book project was aligned with my belief in preserving and honoring old ways. Judith and I traveled to the Mixteca to meet Phil, Kathy, and Jesús. They were passionate about the conservation movement, food sovereignty, and the call to arms to protect the native strain of corn that had been planted in the valleys and mountains of Oaxaca. This heritage corn was now in danger of being contaminated by genetically modified corn. They spoke of the women and men who were growing organic milpas, exchanging a wide variety of seeds, and providing food for their families. CEDICAM was teaching educational programs and empowering its people with knowledge. I was inspired.

As a chef for over thirty-five years and having lived in the Oaxacan countryside for almost twenty-two, I feel very connected to the people here. My PBS-TV series and book, *Seasons of My Heart,* featured many farmer friends, market women, salt flat workers, coffee growers, etc. I explored the intricate web of people that weave the fabric of life in Oaxaca State and its many microclimates. Feeling comfortable in the countryside and enjoying the company of local cooks, I was ready to return to an indigenous kitchen to learn and collaborate on this book project.

Through our experiences during the next couple of years, I learned many new dishes and made wonderful new friends. Before coming to Oaxaca I thought the way to make a tortilla was to mix masa harina in a bowl and add enough water to make a soft dough. Living in Oaxaca taught me that you must first plant the corn. Corn is everything here, the staff of life, and the base of our food and the subsistence of farmers: it rules our lives. Corn cannot reseed itself, and actually needs human intervention to exist. It's a reciprocal symbiosis—an individual must actually pull the cornhusks back and remove the dried corn seeds from the cobs. Farming requires the right conditions, which are dependent upon the rains. One must give humble thanks to Mother Earth and make a sacrifice or two to have a good harvest that will feed your family. We were shown in the Mixtecan villages how to make a hole in the earth with the coa and stomp the seeds into the ground with your foot as you walk along the rows. Corn, beans, and squash are the "holy trinity" of the Mexican cuisine and life. When grown together, they make a perfect growing environment, and when eaten together, they make a perfect food. Grown organically, there are many volunteer plants that sprout alongside in fertile milpa, all of which add nutrition and flavor to the trio. This trinity is the basis for Mexican food, and the focus of this book. These recipes show us how to create wonderful meals from the remarkably simple gifts that the milpa gives to us.

We began our journey at the home of Jesús' mother and brother in the village of San Isidro Yukuyoko Tilantongo where Agustín was planting corn with the *coa* in the time-honored way. In my exploration of Oaxacan food and culture I learned that all the indigenous groups have corn as an integral part of their culture and existence. Certain foods are prepared to serve at the planting and others at the harvest. People work in community to help each other. This is the custom of the *gueza*, or *gueleguetza* as it is called in Oaxaca. People help each other in spontaneous giving, in a reciprocal way.

Two big events occurred that brought a new understanding to me, although I didn't realize it at the time. The first event was the *Féria de la Milpa*. This was a massive party, as well as a seed and product exchange in Noxchitlán, hosted by CEDICAM. There were inspiring speakers that warned the locals to not allow genetically modified organisms (GMOs) to enter their communities. There were dances by the schoolchildren and workshops to learn new preservation techniques, but the part I enjoyed the most were the food booths from the different communities. They offered many dishes that I had never tasted before. We had visited some of the village cooks the previous day to see what they were preparing for the festivities, but now we could choose from a wide array of dishes from many communities. We made friends with cooks from San Pedro Quilitongo, Zaragoza, and Buena Vista and have included their contributions in this book in addition to those of other CEDICAM communities. Eating the dishes they presented that day was the beginning of my relationship with many of them.

The second big event was the *Día de San Jose*. For this fiesta, many pilgrims from churches in the parish carry their saints' banners in a procession which is followed by a religious Mass under a tent and includes music and dancers. Finally, after hours of performances, a huge meal is served to all. Much of the food was grown in the villages and everything was extremely tasty. Silvia and her mother prepared pozole with mole amarillo that was very rich and very hot. People in the Mixteca Alta love hot food. In fact, some believe that if food is not really hot, it could be bad for you. Each church brought food to share and exchange with the other churches. It was a fantastic event. The worshippers accepted the meal with respect and gratitude to Mother Earth. There was abundance—they shared wheelbarrows full of food, the gifts from their harvests. This is *gueza*.

Several women we worked with had had experiences in Mexico City or the USA, seeking money and "the good life" as seen on TV. But contrary to what the TV may have told them, they were happy to return to their pueblos, to live on their land, and to grow their food together. They are smart, savvy women, and have come to the realization that they have it much better here. They enjoy the freedom to live their lives as they wish and to have a relationship with nature and community. They had all come to the same conclusion, as Bertha Santiago Cruz summed up poetically in the words of a song by Los Tigres del Norte, "*Aunqué la jaula es del oro, no se deja de ser prisión,*" which translates as "Even if the cage is gilded, it still keeps you captive." There may be more luxury in the big cities or in following the American Dream, but you become a slave to it, away from your family and your roots.

One of the most important concepts that I took away from my Mixteca experience was how most events are group experiences. *Many hands make light work* is demonstrated again and again as the community members pitch in and improvise and truly enjoy working together. This makes work fun and no one who wants to work is excluded. This is what they call convivencia. Being together. The experience of belonging to community is extremely important, including the reverence and respect for elders, and the feeling of being helped and cared for.

San Isidro Jaltepetongo is a charming community of lovely people, on a hillside. The sweeping view includes fields of wheat, sheep roaming the hills, and beautiful milpas. A group of women—mothers, daughters, sisters, and comadres—all gathered together to show us how they make tamales with hen and mole amarillo. Someone suggested another style of tamales, plus atole de trigo and tortillas de trigo. All of a sudden, Don Felipe (Phil) showed up, and the group was thrilled that he would be included in the merriment. Someone pulled out a boom box and put on ranchero music and we all danced until the tamales were done. The impromptu party made this cooking class a day to remember!

We invited all the women participants to come to a class at Seasons of My Heart Cooking School, in San Lorenzo Cacaotepec, Etla, Oaxaca. Kathy and Phil provided the transportation, and excitement filled the air. Some of the women had never been outside of their pueblos. I had promised that I was going to host everyone for a workshop, to teach the village cooks new recipes using their familiar ingredients. My parameters were that everything used had to be available to them, from their milpas, from their local shops, or from the Sunday market in Nochixtlán. I especially wanted to broaden the ideas of the village cooks whose job it was to feed the school children a nourishing breakfast, making use of the tons of soy protein that is given to them by the government. When they arrived, many of them had brought gifts from their own ranchos: honey, ranch eggs, freshly rendered lard, pears, peaches, corn and wheat tortillas, breads, wild greens, etc. It felt like Christmas. Women from the different villages introduced themselves and we discussed the recipes and the ingredients. Teams chose recipes and we provided a hands-on class where everyone worked together, learning together. There was so much love and exchange of ideas in the school that day. There was much laughter, fun, and serious cooking in our kitchen as we prepared the food to make an unforgettable meal. At the end of the day, the women were given beautiful diplomas, that Judith made, and they all went home happy and excited. I think this was one of the most gratifying days I have spent at the cooking school to date. I felt and still feel truly blessed and grateful that this project allowed me to share so many memorable moments with the cooks and their families.

As the four-year project comes to a close and the book becomes a reality, I continue to feel the importance of keeping the old traditions alive as food is grown and consumed in harmony. Food can be produced for a healthy and sustainable diet, and preparing and eating together strengthens the spirit of the community. It is imperative that this way of life survives. It is important to teach our children so that they can live with their grandchildren in an abundant society. Through *convivencia* and rekindling the connection with Mother Earth, this community of farmers has found the secret to a peaceful, balanced existence that is integral to the human spirit—and must not be lost.

Long live the milpa! Long live the guardians of the traditions! Long live the ability to grow and eat what we choose! Long live stewardship and respect of our Mother Earth! Long live the *convivencia*!

San Pedro Apostol, 1876; Buena Vista Tilantongo

AGRADECIMIENTOS
Acknowledgments

GLOSSARY & KITCHEN EQUIPMENT

CONTRIBUYENTES
Contributors

NOTAS AL PIE
Footnotes

AGRADECIMIENTO

Phil Dahl-Bredine

Tenemos que dar las gracias primero y sobre todo a las comunidades mixtecas, y a las mujeres de la Mixteca Alta, quienes participaron en la preparación de recetas y en comunicar la cultura indígena que este libro comparta con sus lectores, por medio de sus palabras y su manera de vivir.

También fueron muchos los que participaron para hacer económicamente posible esta primera impresión del libro. Entre ellos son nuestros padrinos y amigos de muchos años, Joseph Weber y la ya fallecida Sarah Appleton Weber, y Mary y Steve Hicken. También tenemos que agradecer a David Ungerleider y la Fundación de la Universidad Iberoamericana, igual como al Maestro Francisco Toledo y la Fundación Pro/Oax, y a Henry Wangeman y Amate Books por sus importantes aportes a los costos de la imprenta. Damos las gracias también al diputado Mexicano Martín Vásquez Villanueva por su generosa contribución hacía los costos de publicación. Kent Halla y Martha Sharp-Halla hicieron contribuciones importantes durante el desarrollo del texto, y Elizabeth Mulford ayudó durante las preparativas finales. Nuestros sinceros agradecimientos a todas y todos estos amigos y fundaciones que han hecho posible esta publicación.

Armando un libro bilingüe como "Milpa" tiene sus detalles. Damos las gracias especialmente a Carlos Rodriguez Rivera y a Bibiana Royero Benavides por su importante ayuda en editar y hacer sugerencias sobre el texto en español. La ayuda de Valentina Nadeau también fue esencial en editar y formular el texto en el inglés y en el español. Jody Randall nos ayudó con las traducciones de los nombres botánicos.

Kathy Dahl-Bredine en verdad funcionó como coautora del libro con todo el trabajo de editar y afinar la redacción. También fungió como guía y contacto con las mujeres Mixtecas en las comunidades de la Mixteca Alta que conoce por sus 14 años de trabajo aquí.

Sobre todo nuestros agradecimientos a todas las mujeres y hombres del Centro de Desarrollo Integral Campesino de la Mixteca (CEDICAM). Su trabajo ha sido la inspiración para estas páginas.

Judith Cooper Haden

Primero que nada, mi enorme gratitud hacia Jesús León Santos, y a todos los miembros, sus familias, y en especial a las mujeres de CEDICAM en la Mixteca Alta por su extraordinaria generosidad de tiempo, paciencia y conocimiento. Me recordaron una y otra vez, los profundos valores y recompensas inherentes a un franco y más simple estilo de vida saludable basado en trabajo duro y espíritu de comunidad.

Hay una gran cantidad de otras personas quienes también merecen mi reconocimiento. Amigos mutuos, antiguos voluntarios del Cuerpo de Paz, Helenmarie y John Zachritz (▪ gracias!) me presentaron por vez primera a los excepcionales Phil y Kathy Dahl-Bredine, antiguos misioneros Maryknoll, quienes habían estado residiendo en la Mixteca Alta durante más de catorce años, trabajando y viviendo en las mismas condiciones económicas de sus vecinos. Un agradecimiento enorme a Phil y Kathy, así como a su Instituto Paz en las Am ▪ ricas, sin fines de lucro, el cual nos ayudó a llegar a la línea de meta. Ellos encarnan el generoso, conocedor y comprometido espíritu voluntario que presenci ▪ frecuentemente durante mis días con el Cuerpo de Paz en El Salvador. Me acerqué a Phil en torno a un chocolate caliente una mañana de diciembre en el Z ▪ calo de Oaxaca, y le pregunté si había algo que yo pudiera hacer como fotógrafa documental para contribuir con CEDICAM, la organización mexicana no lucrativa con la que Phil estaba trabajando. En 45 minutos habíamos conceptualizado lo que ahora t ▪ tienes en sus manos. Sabíamos que Susana Trilling, renombrada chef oaxaque ▪ a, sería el siguiente miembro obvio del equipo, ella acept ▪ , y repentinamente estábamos en marcha! Su amor y admiración por las mujeres, irradia a través de estas páginas. Kathy Dahl-Bredine se convirtió en nuestra persona de apoyo suprema, tan fundamental para organizar entrevistas y sesiones de cocina en varios pueblos con mujeres de la localidad, como para donar horas de tiempo de edición, y para obsequiarnos tardes encantadoras y deliciosas comidas de su cocina solar, así como también pasar la noche en su acogedor hogar de adobe en Yucuyoco, Tilantongo. La experiencia, respeto y dedicación de Kathy para con las mujeres de estas aldeas son una inspiración. Gracias, Kathy. Este también es tu libro.

Muchos otros han contribuido con tiempo, energ ▪ a y dinero para dar vida a este libro, después de cuatro años de investigación, viajes remotos, pruebas de cocina, edición biling ▪ e e incontables horas de edición fotográfica y conceptualizaci ▪ n. Le debo a mi buena amiga Judy Richardson, directora ejecutiva de Global Education Fund en Santa Fé, Nuevo Mexico, un enorme " ▪ gracias!" por apoyar nuestro proyecto y guiar nuestros esfuerzos de recaudación de fondos sin fines de lucro. Las generosas donaciones de Kent Halla, de Sierra Vista Growers en el sur de Nuevo México, y su esposa Martha Sharp-Halla llegaron en un momento importante. Donadores adicionales incluyen a Victor Giammattei, Esha Chiocchio, Beverley Spears, Sue Stevens, Shari Brautigam, Laurie Bower, y el Reverendo Bernardo Monserrat. El encantador hotel Casa Colonial fue mi hogar lejos de mi hogar en la ciudad de Oaxaca durante varios meses gracias a la generosidad de brazos abiertos de su propietaria Jane Robison, su suntuoso apartamento de Residencia Artística, su excepcional personal de cocina y el eficiente gerente del hotel, Amado Bolaños. Gracias también a Shari Brown por indagar sobre Residencias Artísticas en Oaxaca, y a Colleen Shaw en Santa Fe y a Nan Newell en Oaxaca y sus muchas horas de edición del manuscrito final, fueron un auténtico salvavidas. Ricardo Portillo y Armando Espinosa—mil gracias por sus traducciones de última hora. Nuestra talentosa y comprometida diseñadora gráfica Autumn Leach, donó incontable tiempo de diseño editorial fuera de horario – no hubiéramos podido hacerlo sin ti, Autumn. Felicidades a todos ustedes.

Mi más profunda gratitud a la Onaway Trust (www.OnawayTrust.org), organización británica sin fin de lucro. Onaway invierte en pequeños proyectos que constituyan una diferencia positiva para los pueblos indígenas que quedan en el mundo quienes son ejemplos verdaderos de cómo se pueden mantener los recursos, la sustentabilidad y la diversidad cultura de la Tierra. Me siento honorada de que ellos hayan proporcionado el apoyo financiero necesario para ayudarnos a terminar el presente manuscrito en un momento crucial.

Susana Trilling

Estoy llena de gratitud y respeto por las mujeres y los hombres de CEDICAM en la Mixteca Alta, Oaxaca. Me invitaron a entrar a sus cocinas y comunidades para aprender acerca de sus costumbres y tradiciones culinarias. Todos fueron tan generosos y divertidos; además de receptivos para trabajar conmigo.

Gracias a Kathy y Phil Dahl-Bredine por abrir puertas y a Judith Haden por incluirme en este proyecto y por mantener las cosas en marcha durante los momentos difíciles. Mil gracias a mi maravilloso personal en Seasons of my Heart Cooking School quienes verificaron recetas y me ayudaron de muchas maneras: Nancy Sánchez, Lorenza Taboada, Norma Santiago, Margarita Santiago y Jesús Cruz Martínez. Vaya mi reconocimiento para Valerie Nadeau por su edición, preguntas de sondeo y sabiduría, y para Christina Schibler por todo su apoyo. Muchas gracias para aquellos que tradujeron y editaron: Nancy Sánchez, Nicole Fox, Ninfa Raigosa, Nuri Quintana, Alejandra Muñuzuri, Paulina Salas y Fredrick J. Silva.

Finalmente, mucho amor y todo mi aprecio al apoyo de mis hijos, Kaelin Ulrich Trilling y Jesse Beau Ulrich Trilling, quienes también aman *La Cocina Oaxaqueña*.

¡Buen Provecho, Qué Dios los bendiga, y gracias a la Madre Tierra y a la Naturaleza, que dan de comer a todos!

ACKNOWLEDGMENT

Phil Dahl-Bredine

We need to thank all of the villages and especially the women of the Mixteca Alta who participated in preparing the recipes and communicating the indigenous culture that this book shares with its readers through their words and their way of living.

Many also joined in to make this first printing of the book financially possible. Among them our godparents and longtime friends, Joseph Weber and now deceased, Sarah Appleton Weber, and Mary and Steve Hicken. We also thank David Ungerleider and the Iberoamericana University Foundation, Maestro Francisco Toledo and the Fundacion Pro/Oax, and Henry Wangeman and Amate Books for their important contributions to printing costs. Our thanks also to the Mexican congressional deputy, Diputado Martín Vásquez Villanueva, for generous financial assistance toward publication costs. Kent and Martha Halla made crucial initial contributions to us during the compilation of the book and Elizabeth Mulford contributed toward the final preparation. Our sincere thanks to all of these friends and foundations that have made this publication possible.

Putting together a bilingual book such as *Milpa* has its complications. We especially thank Carlos Rodriguez Rivera and Bibiana Royero Benavides for their essential help in editing and making suggestions on the Spanish text. Valentina Nadeau´s help was also crucial in the editing and the wording for both our Spanish and the English texts. Jodie Randall helped us with the Spanish/English/Latin botanical names.

Kathy Dahl-Bredine really functioned as a co-author with all of her editing and wording suggestions and played the key role of guide and contact person with the women of the Mixteca and the villages of the Mixteca Alta she has come to know during her work here these past fourteen years.

Of course, our thanks also go out to all the women and men of the Center for Integral Campesino Development of the Mixteca (CEDICAM) whose work inspired the idea for this book.

Judith Cooper Haden

First, my gratitude to CEDICAM founder Jesús León Campos for allowing us access into the community. And to the members, their families, and especially the women of CEDICAM in the Mixteca Alta for their astonishing generosity of time, patience, and knowledge. It is really their book. They reminded me over and over of the rich values and rewards inherent in a straightforward, simpler, healthy lifestyle based on hard work and community spirit.

There is a score of others who also deserve recognition. Mutual friends, former Peace Corps volunteers Helenmarie and John Zachritz (thank you!) first introduced me to the remarkable Phil and Kathy Dahl-Bredine, former Maryknoll missionaries, who have been living in the Mixteca Alta for over fourteen years working with and living at the economic standard of their neighbors. Huge thanks to them and to their non-profit Instituto Paz en las Américas that helped get us to the finish line. They embody the generous, knowledgeable, and committed volunteer spirit I witnessed so often during my Peace Corps days in El Salvador. I approached Phil over hot chocolate on the Zócalo in Oaxaca one December morning and asked if there was anything that I could do as a documentary photographer to help CEDICAM, the Mexican non-profit with which Phil was working. Within forty-five minutes we had conceptualized what you now have in your hands. We knew Susana Trilling, renowned Oaxacan chef, would be the next obvious member of the team, she accepted, and suddenly we were on! Her love and admiration for the women shines through these pages. Kathy Dahl-Bredine became our supreme support person, so instrumental in setting up interviews and cooking sessions with local women in several towns, in donating hours of editing time, and in treating us to lovely evenings and delicious meals from her solar cooker and as well as to overnights in their cozy cob home in Yukuyoko, Tilantongo. Kathy's expertise, respect, and dedication to the women of these villages are an inspiration. Thank you, Kathy. This is also your book.

Many others have contributed time, energy, and money to give birth to this undertaking after four years of research, remote travel, kitchen testing, bilingual editing, and countless of hours of photographic editing and conceptualizing. I owe my good friend Judy Richardson, executive director of Santa Fe's Global Education Fund, a huge "thank you!" for supporting our project and guiding our non-profit fundraising efforts. Generous donations from Kent Halla, of Sierra Vista Growers in southern New Mexico, and his wife, Martha Sharp-Halla, came at an important time. Additional donors include Victor Giammattei, Esha Chiocchio, Beverley Spears, Sue Stevens, Shari Brautigam, Laurie Bower, and the Reverend Bernardo Monserrat. The enchanting hotel Casa Colonial was my home-away-from-home in Oaxaca City for several months thanks to the open arms of owner Jane Robison, her sumptious Artist-in-Residence apartment, her remarkable kitchen staff, and the hotel manager, Amado Bolaños. Thanks as well to Shari Brown for her Artist-in-Residence digs in Oaxaca so available. Ricardo Portillo and Armando Espinosa—your emergency translating services were such a huge help. In Santa Fe, New Mexico, Colleen Shaw was a lifesaver, thanks to her many editing hours on the final manuscript. I serendipitously reconnected in Oaxaca with Nan Newell, editor *par excellence* (Ms. Eagle Eye), at exactly the right moment. Our gifted and committed graphic designer, Autumn deHosse, donated countless after-hours book design time—we couldn't have done it without you, Autumn. Kudos to you all.

My heartfelt gratitude goes to the Onaway Trust (www.OnawayTrust.org), a British non-profit organization. Onaway invests in small projects that make a positive difference to the world's remaining indigenous peoples, who are examples of how the Earth's resources, sustainability, and cultural diversity can be maintained. I am honored they provided the financial support necessary to help us complete this manuscript.

Susana Trilling

I am full of gratitude and respect for the women and men of CEDICAM in the Mixteca Alta, Oaxaca. They invited me into their kitchens and communities to learn about their customs and food traditions. Everyone was so generous and fun and receptive to working with me.

Thank you to Kathy and Phil Dahl-Bredine for opening doors and to Judith Haden for including me in this project and for keeping the ball rolling during difficult times. *Mil gracias* to my wonderful staff at Seasons of My Heart Cooking School who tested recipes and helped me in numerous ways: Nancy Sánchez, Lorenza Taboada, Norma Santiago, Margarita Santiago, and Jesús Cruz Martínez. My appreciation goes to Valerie Nadeau for her editing, probing questions, and wisdom, and to Christina Schibler for all her support. Many thanks to those who translated and edited: Nancy Sánchez, Nicole Fox, Ninfa Raigosa, Nuri Quintana, Alejandra Muñuzuri, Paulina Salas, and Fredrick J. Silva.

And lastly, lots of love and appreciation for the support of my sons, Kaelin Ulrich Trilling and Jesse Beau Ulrich Trilling, who also love *La Cocina Oaxaqueña*.

¡ Buen Provecho, Qué Dios los bendiga, y gracias á la Madre Tierra y á la Naturaleza, que dan de comer a todos !

GLOSSARY

ADOBE: Sun-dried bricks made of mud mixed with horse manure or hay.

ALMUERZO: Late breakfast or early lunch.

AMATL: Tree bark used as an early form of paper.

AMIGAS/OS: Friends.

APROVECHAR: To take advantage of.

ATOLE: Hot corn or wheat gruel.

BABA: Juice inside nopal cactus leaves.

BLANDAS or BLANDITAS: Soft corn tortillas.

¡BUEN PROVECHO! Enjoy! Digest well.

BUEN SAZÓN: Having a good taste bud or palate, or a good hand at seasoning.

CALABACITAS: Tender, round native squash.

CALDILLO: Sauce with the consistency of thin soup.

CALENDA: Procession, parade.

CAMPESINA/O: Farmer, country folk.

CAMPO: Field, countryside.

CARBÓN: Burned wood used in a grill, like charcoal.

CARRIZO: Bamboo-like reed that is used for baskets and for building

CENA: Light evening meal (soup, *antojitos*, tamales, or *pan dulce*).

CHINTESTLE: Smoked chile paste with garlic and sea salt.

CHOCHOYONES: Also called chochoyotes, small corn masa dumplings kneaded with lard or oil and cooked in soups or mole.

COCINERA/O: Cook.

COCINERA COMMUNITARIA: Village cook who feeds the school children.

COCINERAS TRADICIONALES: Village cooks who serve as guardians of culinary traditions.

COCINERAS DEL PUEBLO: Village cooks who make food for the fiestas.

COLECTIVO: Group taxi, or group working together.

COMEDOR: Dining room, restaurant, café.

COMIDA: Food, large midday meal.

COMIDA CORRIDA: Menu of the day, "food on the run."

COPAL: Incense made of tree resin; burned in churches and on personal altars.

CRIOLLA/O: Native to the area.

DÍA DE LOS MUERTOS: Day of the Dead.

DÍA DE PLAZA: Market Day.

DEDO VERDE: Green thumb, as in gardening.

DOÑA: Madam, Mrs., also title of respect.

DULCE: Sweet, candy.

ELOTE TIERNO: Young, tender corn.

EJIDO: Communal land that was divided into individual parcels during the *reforma agraria* after the Mexican Revolution.

ENCINO: Type of oak wood used for cooking.

EPAZOTE: Ancient medicinal herb used in cooking.

FANDANGO: Collective party or *fiesta*.

FERIA: Fair.

FIESTA: Holiday, celebration.

FINCA: Property, piece of real estate.

FONDA: Small restaurant or inn.

FUERZA: Strength.

GUEZA: Spontaneous gift-giving.

GUIAS DE CALABAZA: Pumpkin squash vines.

HIERBA SANTA (PIPER AURITUM): Also called *hoja santa*, a native plant with heart-shaped leaves used as an anise-flavored flavoring

HIJA/O: Daughter, son.

HUARACHE: Sandal.

HUERTA: Large vegetable garden.

HUIPIL: Native woman's tunic.

HUITLACOCHE: Corn fungus considered a delicacy.

IZOTE: White, cascading yucca flower.

JEFE/A: Boss, leader, manager.

JICAMA: Crispy root vegetable that grows in Mexico.

LIENZO: Fragment of an ancient codex.

LIMPIA: Spiritual cleansing, clean.

MASA HARINA: Nixtamalized corn flour used for making tortillas or tamales, empanadas, or many other dishes.

MAESTRO/A: Master, chef, teacher.

MAIZ: Dried corn.

MAIZ CAJETE: Dried corn planted with an ancient planting stick in a bowl-shaped hole in the soil.

MAYORDOMIA/ MAYORDOMO: Host family or host of a village fiesta honoring a saint.

MERCADO: Market.

MEZCAL: Distilled maguey spirit.

MEZCAL JOVEN: Recently distilled mezcal, not aged.

MIEL DE MAGUEY: Honey extracted from the center of the maguey (agave plant).

MILPA: Cornfield.

MUERTEROS: Band of dancing men wearing masks and dressed as women who travel from house to house during the Día de los Muertos fiesta.

NACIMIENTO: Creche scene or fiesta on Christmas Eve.

NANA: Variety of wheat.

NIXTAMAL: Dried corn kernels that have been boiled and soaked in slaked lime water and will be washed and ground to make masa.

NOPALES: Prickly pear cactus leaves.

NOVIA/O: Girlfriend, boyfriend, fiancé(e).

OMBLIGO: Navel.

OTRO LADO: The other side (of the border), the United States.

PADRINO/MADRINA: Godfather or godmother of a child or a sponsor of an item at a fiesta.

PALENQUE: Home factory where small quantities of mezscal are produced.

PAISANO: Countryman.

PARQUE: Area in front of church with trees and benches.

PAVON: Variety of wheat.

PETATE: An all-purpose woven palm mat.

PILONCILLO: Extracted sugar cane juice, boiled for hours and then poured into forms. It is sold in dark cones, bricks, or half moons.

PLATO FUERTE: Main dish.

POZOLE: Hominy corn.

PUESTO: Stand or stall.

PULQUE: Fermented agave drink, not distilled.

QUELITES: Wild, edible, tender greens.

QUESILLO: Oaxacan string cheese.

QUINCEAÑOS: Fifteenth birthday of a young girl. A large celebration or coming-out party to present the young woman to society.

QUINTONIL: Wild, edible, nutritional greens that grow in the cornfield.

RAJAS: Roasted, peeled strips of chiles.

REBOZO: Wrap, shawl.

SABROSO/A: Delicious, tasty, savory.

SALUDOS: Greetings.

SEÑOR/A: Madam, Mrs., Mr., title of respect.

SERRANO: From the mountains.

SIEMBRA DE MAIZ: Annual planting of the corn.

SIERRA: Mountain.

SOMBRERO: Hat.

TAMAL(ES): Corn dough whipped with or without lard and steamed in totomoxtle (cornhusks), corn leaves, or banana leaves.

TEJATERA: Woman who makes *tejate*.

TEMPORADA DE LLUVIAS: Rainy season.

TIA: Aunt; also title of respect.

TORTILLERAS: Women who make tortillas for sale.

TORTITAS: Little patties that are fried.

TOTOMOXTLE: Dried cornhusks.

TURISTA: Tourist; also slang word for intestinal illness.

VERDOLAGA: Purslane, succulent herb.

VIGILIA: Lent.

XOCONOSTLES: Cactus fruits.

YUNTA: Team of oxen that draws carts or plows the fields.

KITCHEN EQUIPMENT

ANAFRE: A portable charcoal grill.

APAZLE: A huge pottery vat to cook mole for a fiesta.

CAZUELA: Large clay cooking casserole.

CAZUELITA: Small clay cooking casserole.

CHIRMOLERA: A ceramic *molcajete* used for making salsa.

COMAL: Flat, round griddle made of unglazed pottery used to bake tortillas and to dry-roast or toast spices. To season clay comal, mix a piece of cal with water and stir to dissolve. With a comal brush (or any type of brush), paint the surface of the cold comal completely with the cal water. Allow to dry. The comal surface will be white.

GARROTE: A large paddle or oar used to stir a large amount of mole.

HORNO: Oven, either adobe or within a stove.

JARRA: Jug or pitcher.

LEÑA: Firewood.

MANO: A stone rolling pin-shaped utensil used with the *metate* to grind seeds, tomatoes, *chiles*, etc.

METATE: Pre-Hispanic grinding stone with three legs; still in use today.

MOLCAJETE: Stone grinding bowl for *chiles*, spices, and salsas. To season a *molcajete*, grind dry corn in the molcajete, then discard. Grind rice in the molcajete until fine; discard. Continue grinding corn and rice in turn until the rice grinds to a clean white powder with no traces of gray stone. Wash the molcajete well, and it is ready for use.

MOLINILLO: Wooden whisk for whipping chocolate.

MOLINITO DE MANO: Little hand grinder.

MOLINO: Mill. A wet molino is used for grinding corn, chiles, beans, or rice drinks. A dry molino is used for grinding chocolate or flour.

OLLA: Clay pot or stockpot.

PARRILLA: Grill.

SERVILLETA: Embroidered cloth napkin to keep tortillas warm.

TAMALERA: Pot for steaming tamales.

TEJOLOTE: Handheld grinding stone used with the molcajete or chirmolera.

TENATE: Palm basket used for carrying nixtamal, masa, and tortillas.

CONTRIBUYENTES
Contributors

Phil Dahl-Bredine, Co-Author. Dahl-Bredine is a former Maryknoll lay missioner, who with his wife, Kathy, has lived and worked in the tiny village of San Isidro Tilantongo in the Mixteca Alta of Oaxaca for fourteen years and is a much-loved and elected town official there. He is co-founder and one of the directors of Instituto Paz en las Americas, a 501(c)3 nonprofit corporation. He is co-author of *THE OTHER GAME: Lessons from How Life is Played in Mexican Villages*, Maryknoll, New York: Orbis Books, 2009. kpdbmx@gmail.com

Jesús León Campos, Co-Author. Leon Campos is an activist and self-taught indigenous leader and environmentalist from Tilantongo, Oaxaca, Mexico. He is a co-founder of CEDICAM, winner of the GOLDMAN ENVIRONMENTAL PRIZE, 2008.

http://www.treehugger.com/culture/2008-goldman-prize-winner-jesus-leon-santos-on-bringing-desert-lands-back-to-life.html

http://www.goldmanprize.org/2008/northamerica

Susana Trilling, Chef. Trilling has lived and taught at Seasons of My Heart Cooking School in Oaxaca for over twenty years, and has been bringing the local cuisine to life in her classes, culinary tours, lectures, and television shows which focus on pre-Hispanic foods and culinary traditions. Trilling is author of the cookbook *SEASONS OF MY HEART: A Culinary Journey through Oaxaca, Mexico.* New York: Ballantine Books, 1999. Companion to the popular National Public Television Series of the same name. http://seasonsofmyheart.com, susanatrilling@gmail.com

Judith Cooper Haden, Photographer. Haden is a former Peace Corps Volunteer in El Salvador and since then has worked with and photographed world artisans, the women's microcredit movement, and the indigenous peoples of Latin America. She is a free-lance travel and documentary photographer and writer. Haden graduated from the University of Washington in Spanish and Latin American Studies. She is the author of *OAXACA: The Spirit Of Mexico.* New York: Artisan Publishing, 2002. Haden lives in Santa Fe, New Mexico. http://www.JudithHadenPhotography.com, sustainablemilpa.blogspot.com, haden.judith@gmail.com

Muchos Pueblos, Muchas Manos

Many Villages, Many Hands

¡Gracias a Todos!

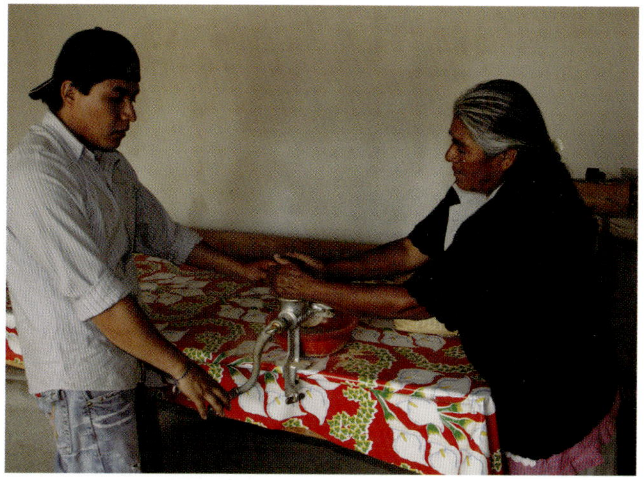

LARGA DISTANCIA

ITALIA

GAME

REFERENCIAS
References

Introduction:

1. David Pimentel, Marcia Pimentel, *Food, Energy, and Society*, University of Colorado Press, 1996.
2. H. Garrison Wilkes, quoted in Charles C. Mann, 1491, Vintage Books, 2006, pg. 221.
3. Stephen R. Gliessman, *Agroecology*, CRC Press. 2007, Taylor and Francis Group, LLC, 2007, pp. 213-215. The *milpa* polycultures exceeded production of monocultures in terms of land equivalent rations of 1.77 to 1.97.
4. See Miguel Altieri, Food First paper, "Small Farms as a Planetary Ecological Asset," May 9, 2008.

Chapter 1:

1. Winona LaDuke, "Keepers of the Seeds," *YES!* Magazine, May 14, 2011.
2. Stephen Leahy, *Europe is Sowing the Seeds of Hunger*, Inter Press Service, May 26, 2011.

Chapter 3:

1. Ariane Díaz, "Los quelites, una opción alimentaria de bajo costo y alto valor nutricional," *La Jornada*, Saturday, December 29, 2012, pg. 30.

Chapter 4:

1. Anonymous, "El Vivir Bien Como Respuesta a la Crisis Global," pg. 138.
2. Stephen R. Gliessman, *Agroecology: The Ecology of Sustainable Food Systems*, pp. 213-214.
3. See, for instance, Moore Lappé, Frances, *Diet for a Small Planet*, New York, Ballantine Books, 1991.
4. A Bolivian study, for instance, asserts that the United States with 5% of world population uses 40% of the atmosphere's capacity to clean and recycle contaminants. (see "El Vivir Bien Como Respuesta a la Crisis Global")

Chapter 5:

1. Butel, Jane, *Real Women Eat Chiles*, Northland Press, 2006
2. Agenda Latinoamericana Mundial 2012, pg. 224

Chapter 6:

1. From the website of the state government of Puebla, Mexico, www.pue.gob.mx/index.php?opcion-flor de maguey

   And "*Los Usos y Aplicaciones del Nopal*, cpnt.org.mx/paf/usosApliNopal.pdf

Chapter 9:

1. See, for instance, David Pimentel, Marcia Pimentel, *Food, Energy, and Society*, University Press of Colorado, 1996.
2. Alejandro Espinoza Calderon and Antonio Turrent Fernandez, "Transgénicos y Contaminación del Maiz Nativo," *La Jornada*, February 11, 2013.
3. News Release: United Nations Office of the High Commissioner for Human Rights, "Eco-Farming Can Double Food Production in 10 Years," *says new UN Report*, pp. 1-2, www.ohchr.org, March 8, 2011. Full report available at www2.ohchr.org/English/issues/food/annual.htm

Afterword:

1. International Assessment of Agricultural Knowledge, Science and Technology for Development (IAASTD), 2009. *Issues in brief: Towards multifunctional agriculture for social, environmental and economic sustainability*. Washington, D.C.: Island Press, pp. 1-2.

2. News Release: United Nations Office of the High Commissioner for Human Rights, "Eco-Farming Can Double Food Production in 10 Years, says new UN Report," pp.1-2, www.ohchr.org, March 8, 2011. Full report available at www2.ohchr.org/English/issues/food/annual.htm

3. Ivette Perfecto and John Vandermeer, "The Agroecological Matrix as Alternative to the Land-sparing/Agricultural Intensification Model," Proceedings of the National Academy of Sciences, www.pnas.org/cgi/doi/10.1073/pnas.0905455107

PRINTED BY: Global Interprint, Inc.
CONCEPT AND PRODUCTION: Judith Cooper Haden <haden.judith@gmail.com>
BOOK DESIGN: Autumn Leach <autumn.leach@icloud.com>
EDITING: Colleen Shaw, Nan Newell <nnewell5@comcast.net>

Printed in China

ISBN# 978-0-692-30220-0